Introduction to Geochemistry of Mineral Deposits

矿床地球化学导论

朱永峰　编著

北京大学出版社
PEKING UNIVERSITY PRESS

内 容 简 介

矿床地球化学是采用现代地球化学技术方法和理论研究矿床学的专门学科,研究对象包括各种金属矿床和非金属矿床。通过应用地球化学理论和实验技术,确定成矿时代,厘定成矿物质源区的性质,研究元素聚集形成矿床的机制和过程,分析矿体与其他相关地质单元之间的演化关系。结合矿床地质研究成果,针对不同类型矿床的地球化学特点及其地质学特征,从物质演化角度研究矿床的形成过程以及成矿作用在不同阶段的表现特征,建立矿床勘查的地球化学模型,预测新的矿床,指导找矿勘探实践。矿床是地质演化的阶段性产物,不同类型矿床产出在一定的地质构造环境中。矿床地球化学的研究不仅仅限于为找矿勘探服务,而且还为建立矿床产出地区的地质演化提供必要的限定。通过矿床地球化学研究,可以达到反演形成该矿床的相关地质过程、认识地质演化规律的目的。

本书可作为高等院校地质学和地球化学专业高年级本科生和研究生的教材,也可供找矿勘探工作者及成矿理论研究者参考。

图书在版编目(CIP)数据

矿床地球化学导论/朱永峰编著. —北京:北京大学出版社,2012.10
ISBN 978-7-301-21386-5

Ⅰ. ①矿… Ⅱ. ①朱… Ⅲ. ①矿床－地球化学－高等学校－教材 Ⅳ. ①P61

中国版本图书馆 CIP 数据核字(2012)第 238412 号

书　　　名:	矿床地球化学导论
著作责任者:	朱永峰　编著
责 任 编 辑:	郑月娥
封 面 设 计:	张　虹
标 准 书 号:	ISBN 978-7-301-21386-5/P · 0083
出 版 发 行:	北京大学出版社
地　　　址:	北京市海淀区成府路 205 号　100871
网　　　址:	http://www.pup.cn　电子信箱:zye@pup.pku.edu.cn
电　　　话:	邮购部 62752015　发行部 62750672　编辑部 62767347　出版部 62754962
印 刷 者:	北京中科印刷有限公司
经 销 者:	新华书店
	787 毫米×1092 毫米　16 开本　14 印张　380 千字
	2012 年 10 月第 1 版　2012 年 10 月第 1 次印刷
定　　　价:	38.00 元

前　　言

由于现代社会对各种矿产资源的旺盛需求,赋存在地壳浅部的大部分矿床已经被开采利用,找矿勘探的难度不断加大,近 20 年来新发现的矿床都是应用现代成矿理论和利用现代勘查技术找到的。地球化学作为一门集成现代科学理论和技术方法的学科,在找矿勘探领域得到了普遍应用,并取得了良好效果。

通过多年的实践积累和理论探索,矿床地球化学逐步形成了一门独立的学科。矿床地球化学采用现代地球化学理论和技术方法,研究地质矿产资源(包括各种金属矿床、非金属矿床和油气矿藏)的形成和演化过程。通过应用地球化学理论和技术,厘定成矿物质源区;研究矿床的形成过程及其与地壳演化的关系,确定成矿时代;结合矿床学和地球化学的相关知识和基本理论,针对不同类型矿床的地质特征和地球化学特点,从物质演化角度研究矿床的形成过程以及成矿作用在不同阶段的表现特征,建立矿床成因假说和地球化学勘查模型,指导找矿勘探实践。矿床地球化学的研究不局限于为找矿勘探服务,而且还为建立成矿带的地质演化提供必要限定,因为矿床是地质演化的阶段性产物,不同类型的矿床往往产出在一定的地质环境中。从地质演化的角度观察成矿作用发生的过程,是目前的国际学术前沿,涉及地球科学的多个热点学科问题。

本教材是北京大学"十二五"教材建设的规划任务,为北京大学地质学和地球化学专业的本科生和研究生教学需要而编写。由于篇幅所限,本教材主要关注内生金属矿床的地球化学问题,主要针对已学过矿床学和地球化学的读者。地球化学方法和技术日新月异,最近几年不断涌现出利用新技术和方法研究矿床的实例。本教材在编写过程中主要通过研究实例,展示矿床地球化学的主要研究内容和基本工作方法。

本教材编写过程中得到了邱添、安芳、谭娟娟、魏少妮、王磊和孙德慧的协助,同时得到了北京大学教材建设基金和国家自然科学基金创新群体项目的资助。曾贻善教授审阅了部分章节,提出了宝贵的建议。在此一并致谢。由于编著者水平有限,且编写过程漫长,涉及内容繁杂,难免存在各种问题,请读者指正。

朱永峰

2012 年 9 月

目　　录

第一章 绪　　论

现代工业可以开采利用赋存在地壳浅部的绝大多数自然元素,这些元素具有不同的地球化学性质,且在不同的地质过程中往往表现出复杂的地球化学行为,各种元素富集形成矿床的地质和地球化学过程千差万别。通过开采和利用矿产资源,人们在不断积累矿床资料和完善矿床类型的同时,积极思考矿床的形成机制和矿床分布规律,预测新的矿床和矿集区。由于成矿作用的复杂性以及我们对自然规律认识的局限性,近百年来,新矿床的发现往往出人意料地改变对成矿作用固有的(或者传统的)认识或者提出新的成矿理论。现代地球化学理论和技术的应用不断揭示出新的成矿机制,深化人们对成矿作用的理解。矿床地球化学就是在这种背景下应运而生,年轻而生机勃勃。

人们之所以开采利用某个矿床,主要是认识到该矿床中赋存着具有特殊组成或者性质的某种矿物(或元素)。具特殊性的这种物质,本质上是某些元素发生化学反应的结果。因此,矿床地球化学与矿床学如影随形。当然,在矿床学发展初期,人们无法认识矿石的元素和同位素地球化学行为及其演化规律。因为研究元素和同位素需要高精度的现代分析技术,而且,对元素和同位素测试结果的正确解析,需要依据现代地球化学理论。地球化学的创始人之一,苏联科学家费尔斯曼在1954年出版的《趣味地球化学》中写到:地球化学不但研究化学元素在地球内部以及整个宇宙中的分布和迁移规律,而且研究在某些地区(例如高加索和乌拉尔)这些元素在一定地质条件下的分布和迁移,以便拟订勘探矿产的路线……,这样,地球化学家就变成了勘探者,可指出在地壳的哪些地方寻找各种不同的金属矿产,并且说出原因。可以看出,地球化学学科诞生初期,就以研究成矿元素在地壳中的分配、迁移和聚积成矿为重要目标。因此,矿床地球化学是在矿床学和地球化学基础上发展起来的学科。

戈尔德施密特、维尔纳茨基和费尔斯曼等先驱科学家创立了地球化学学科。第二次世界大战后,地球化学作为一门独立学科基本成形,并以自己的研究范围、研究方法、研究方向和研究思路,从地质学和化学的交接处脱颖而出(倪集众 & 欧阳自远,再版《趣味地球化学》跋,湖南教育出版社,1999)。在地球化学学科创立和发展初期,矿床就是地球化学家重点研究的对象,许多重要元素的地球化学行为就是通过研究矿石而获得的。目前,世界各地的采矿场和相关实验室,不断揭示出新的地质现象,获得新的地球化学数据,这些新资料在丰富有关成矿元素地球化学知识的同时,可能改变目前对成矿理论的认识,甚至颠覆某些观点。因此,要求我们不迷信,不盲从,不故步自封,应以完全开放的心态和胸怀,在前人的工作基础上,认真研究矿床和成矿带的地质和地球化学特征,总结成矿规律,预测新矿床或者矿集区。

Geochemistry of Hydrothermal Ore Deposits(Barnes,Wiley-Interscience,1970)和《矿床地球化学》(中国科学院矿床地球化学开放研究实验室,地质出版社,1997)系统地论述了矿床地球化学研究的多个方面,带动并促进了矿床地球化学研究的快速发展。矿床地球化学研究里程碑性质的著作还包括《分散元素地球化学及其成矿机制》(涂光炽等,地质出版社,2004)、*Hydro-*

thermal Mineral Deposits(Pirajino，Springer-Verlag，1992)以及 *Introduction to Ore-forming Processes*(Robb，Blackwell Publishing，2005)。其他的相关论著还有很多，限于篇幅，不能一一列举，请读者见谅。

如果考察近 30 年来研究矿床的学术论文，我们会发现一个显著特点：绝大多数论文中包含各种元素和同位素的分析数据，而且，很多结论基于这些地球化学数据。这表明，地球化学理论和技术已经成为研究矿床的主要手段和理论支柱。然而，该领域的教学工作没有跟上学科快速发展的脚步。10 多年来，我为北京大学地质学和地球化学专业讲授"矿床地球化学"课程，部分兄弟院校也开设了类似课程，但缺乏有针对性的教材。希望本教材的出版能够为矿床地球化学的教学提供参考。

1.1 内涵和目标

矿床是地质演化过程中，成矿物质在地壳浅部局部高度富集并保存的产物。成矿作用和成岩过程存在密切联系，这要求我们在地质演化基础上考虑与成矿作用有关的科学问题。例如，32～31 亿年和 21～19 亿年的陆壳增生过程，对应着大规模金矿成矿事件。太古宙 Witwatersrand 金矿占全球已知金储量的 58%，西非和南美古元古代造山带中的金矿储量占已知金矿的 6% (Frimmel，2008)。地球大气圈中 O_2 和 CO_2 含量随时间变化对于矿床的形成起重要作用，太古宙还原性大气有利于条带状磁铁矿的形成以及沉积盆地中沥青铀矿和黄铁矿的保存。地球大气圈中 O_2 和 CO_2 含量的变化基本没有周期性，且不可逆，这导致在特定时期形成特定的矿床类型 (Robb，2005)。地壳演化、大陆聚合和裂解对成矿省的形成有控制意义。某些矿床类型与大陆裂解有关，另一些矿床类型通常与超大陆聚合有关。中生代以来的重要金属成矿作用主要与 Pangean 超大陆西缘的俯冲带演化有关。例如，太平洋在向北美和南美大陆俯冲消减过程中，形成了大量斑岩和浅成低温热液矿床。

成矿元素在地球（或者地壳）中的分配非常不均匀，地球上没有一个比较大的区域具有相同的元素丰度。地壳的化学组成高度不均一，矿床在地壳中的分布也极不均匀（一些国家拥有丰富的矿产资源，另一些国家却匮乏矿产资源）。南美大陆拥有与南非大陆完全不同的矿产资源，相应的成矿作用自然迥然不同。尽管对金矿成矿作用的研究已经持续了数百年（博伊尔，1984），但近 20 年出版的大量相关文献（有关金矿研究的论文占矿床研究论文的比例较大）表明，学术界对金矿成矿作用的认识还远远没有达到建立理论的高度，过去提出的几乎所有成矿模型和"理论"，都不断被新揭露的地质现象和新获得的地球化学数据所修正（甚至推翻）。对其他矿种的研究不及金矿的程度高，存在的问题可能会更多，例如对铀矿的研究（杜乐天，1996）。因此，矿床地球化学任重道远。

地壳生长与地球物质循环构成一幅完美的图画，地球深部物质通过大洋中脊、大陆裂谷或者地幔柱系统迁移到地球表层。同时，大陆地壳和洋壳通过俯冲带将地球表层物质循环到地球深部。著名的例子包括哈萨克斯坦 Kokchetav 含金刚石大理岩、德国 Saxonian Erzgebirge 含金刚石榴辉岩、西南天山柯石英榴辉岩和大理岩、我国苏鲁-大别山含金刚石榴辉岩以及含柯石英菱镁矿大理岩(Sobolev & Schatsky，1990；Xu et al，1992；Zheng et al，2003；Zhang et al，2005；Zhu et al，2009；Zhu，2012)。Kokchetav 含金刚石大理岩中发现的白云石分解结构证明，大陆地壳物质的循环深度＞240 km(Zhu & Ogasawara，2002)。俯冲带是地球物质循环的主要场所，与俯冲带有关的断裂体系和岩浆活动控制着成矿作用以及矿床分布。俯冲带的低温区域中，元素在矿物与流体之间的扩散有限，改变 p-T 或流体组分时，一些矿物相溶解或结晶。一些微量元素的运移取决于载有这些元素的主要矿物是否溶解/结晶及其机制。流体从反应域中带走元素的能力与其配位和聚合能力有关。俯冲的蚀变洋壳中含水矿物分解所释放的变质流体，迁移各种微量元素，导致地幔楔蚀变，使高场强元素(HFSE)和稀土元素分别解耦而分异。俯冲板片上部含黏土矿物(包括云母和其他热液矿物)分解将释放出大量 Ba 和其他大离子亲石元素(LILE)，而 HFSE 主要残留在金红石和石榴石中。因此，俯冲带流体富集 LILE 并亏损 HFSE。这种流体交代地幔楔，形成钙碱性岛弧岩浆岩。俯冲带流体和岛弧岩浆演化形成的矿床，必然有上述流体地球化学的烙印。重要成矿元素(如 Cu，Pb，Zn，As，Sb，Bi，Au，Ag)倾向于分配进入流体(包括硅酸盐、硫化物熔体和碳酸盐熔体)，形成独立的矿物相，并富集形成矿床。这是分散在地球中的微量成矿元素可以通过地质过程，最终形成工业矿床的基本前提。

矿床地球化学将矿床的形成与成矿元素的地球化学行为结合起来，作为统一的成矿过程来研究，服务于矿产资源的寻找、评价和开发利用。"矿床学研究至少有两个基本目的：综合成矿理论，使之达到与当代科学相适应的水平；指导找矿，提高理论找矿的命中率"(张贻侠，1993)。绝大多数矿床是长期、多阶段复杂地质过程演化的产物。很多矿床的形成过程既包括了同生作用，又有后生作用；既是内生成矿，又是外生成矿。例如，加拿大 Athabasca 盆地金铀砾岩型矿床的早期成矿作用发生在中元古代早期，晚泥盆世发生铀再次富集事件，最后一次成矿作用发生在上新世(Alexandre et al，2012)。我国白云鄂博稀土-铁-铌矿床，在中元古代早期形成了稀土-铁建造(外生成矿过程)，石炭纪岩浆活动使铌和部分稀土元素再次富集成矿(内生成矿过程)。矿床地球化学的研究对象包括几乎所有金属矿床以及大部分非金属(如金刚石、钾盐、磷灰石、石棉等)和化石能源矿床。本教材仅涉及金属矿床地球化学的研究和勘探实践。限于篇幅，并且为了聚焦矿床地球化学的核心内涵，并考虑教学工作的实际要求，这里主要关注热液矿床地球化学问题。

含矿热液与岩石发生交代反应，使一些元素富集形成的矿床均称为热液矿床。这类矿床可以产在多种地质环境和岩石类型中，是分布最广的矿床类型，构成了现代工业的基础。Lindgren(1933)主要依据成矿温度，将热液矿床分为深成高温热液矿床(hypodrothermal，成矿深度3000～15000 m，300～600℃)、中温热液矿床(mesothermal，1200～4500 m，200～300℃)、浅成低温热液矿床(epithermal，＜1500 m，＜200℃)和远成低温热液矿床(telethermal，近地表环境成矿)。这种矿床分类的界限是模糊的，往往重叠或过渡。与高温热液作用有关的矿床包括钨、锡、钼、铍、锂、铁、钴、稀土、铌、钽、铜等；与中温热液活动有关的矿床包括金、银、铜、钼、铋、铅、锌、镍、砷、铀等；低温热液活动往往形成汞、锑、铋、金、银、铅、锌、重晶石、雄黄、明矾石等矿床。热液矿床的形成涉及成矿元素的迁移、汇集和保存过程。通过研究矿床的地质和地球化学特征，我们能够恢复成矿作用发生的物理化学过程，分析研究成矿机理，建立矿床成因和地球化学勘查模型，指导找矿勘探实践。

成矿热液包括岩浆水、变质水、地下水、盆地卤水和海水。如果成矿热液来自与岩浆平衡的流体，形成的矿床通常称为岩浆热液矿床。金属可以通过多种途径进入岩浆热液体系，包括地幔部分熔融、俯冲带流体循环和地壳部分熔融。尽管大多数亲铁元素(包括铂族元素)被封锁在地核中,但赋存在上地幔中的 Fe-Ni 硫化物在地幔部分熔融时,进入玄武质岩浆并上升到地壳浅部。玄武岩与大洋沉积物最终通过俯冲带循环到地幔深处。俯冲过程导致成矿元素再循环,为在岛弧环境中形成大量金属矿床做好物质准备。例如,新西兰白岛的热液系统已经活动了近10000 年,每年释放大约 13 万吨 SO_2、44 万吨 CO_2、110 吨 Cu 和＞350 千克 Au(Hedenquest & Lowenstern,1994)。成矿作用不仅发生在地质历史中,而且到现在依然进行着。例如,与海底黑烟囱有关的多金属硫化物矿床。

矿床地球化学采用现代地球化学理论和技术方法,研究地质矿产资源的形成和演化过程。通过应用地球化学理论和实验技术,厘定成矿物质源区、示踪成矿过程中成矿元素的迁移富集规律、分析矿床形成机制、确定成矿时代,针对不同类型矿床的地质和地球化学特征,从物质演化角度研究矿床形成过程,创建矿床成因理论和矿床地球化学勘查模型,预测新的矿产勘查靶区,指导找矿勘探实践。

1.2　　主要研究方法

矿床是特定地区地质演化的产物,对区域地质背景的全面理解是研究矿床成因以及找矿勘探的基础。要正确认识矿床的基本特征以及矿床的形成过程,必须系统研究与形成矿床有关的岩石学、矿石学、地球化学、成矿环境等。矿床地球化学是实践性很强的科学,在研究中需要重视以下几方面的工作:地质背景、矿体规模、矿体形状、大小和空间展布、矿脉结构和组成、矿物集合体的稳定性、矿化和蚀变分带、流体包裹体、微量元素组成、稳定同位素和放射性同位素特征等。应该遵循以下原则:(1)在研究区域地质背景、构造和矿床地质的基础上,测绘大比例尺剖面并进行矿区地质填图,系统采集代表性样品;(2)在研究岩石和矿石结构的基础上,分析岩石和矿石化学成分(包括主量元素、微量元素、放射性同位素和稳定同位素组成);(3)研究不同成矿阶段的元素和同位素的变化特征;(4)研究矿石和赋矿围岩的变质、变形历史;(5)研究成矿流体的化学组成和演化轨迹;(6)分析成矿环境(p,T,f_{O_2},f_{S_2},pH 等参数),探讨成矿作用与地壳演化的关系;(7)建立矿床成因模式和勘查模型,指导地质找矿工作。这里简述矿床地质、矿物相平衡关系以及流体包裹体的基本研究方法,矿床地球化学涉及的诸多研究方法将在后续章节中通过实例展示。

1.2.1　　矿床地质

以查明矿体的大小、形状以及空间展布特征为目的,在矿区或者矿化异常区开展大比例尺地质填图(详细测绘地质剖面),是开展矿床地球化学研究的基础。在此基础上系统采集样品。野外工作的重点内容包括:描述矿区出露的地层、侵入体、脉岩、构造(褶皱和断裂)以及它们之间的关系,重点观察矿脉(或者矿体)与上述地质单元之间的关系,描述热液蚀变特征,分析构造蚀变带的空间展布规律及其与矿体(或者侵入体、脉岩、构造等)的空间关系。在矿山开拓条件较好的矿区,绘制矿体立体图,展示矿体的空间分布特征。图 1-1 显示新疆哈图金矿中心矿区的矿体空间展布特征。这种图件依据矿山勘探(钻孔岩芯)和采矿工程(巷道开拓)资料绘制,反映矿体的规模、形状以及空间变化特征,是研究矿床地球化学的最重要基础材料。

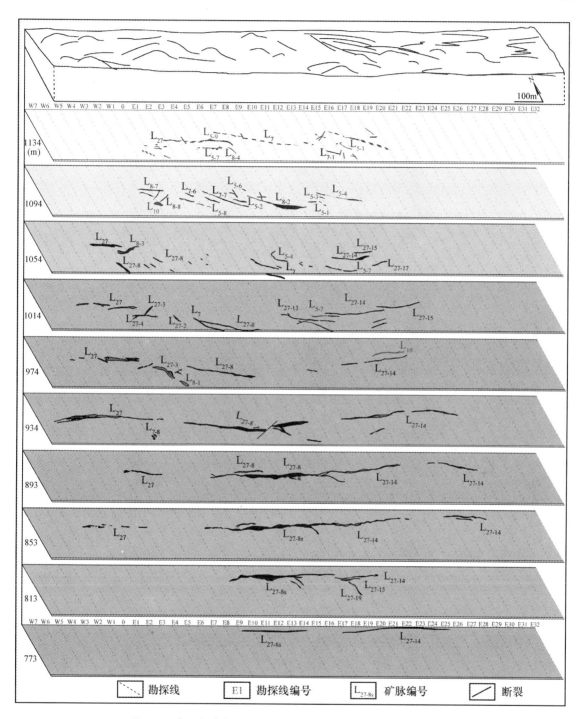

图 1-1 哈图金矿中心矿区矿体空间分布特征(朱永峰等, 2012)

在一些矿床中,可以通过矿脉的相互穿切关系,厘定成矿流体的演化阶段。如图 1-2 所示,早期糜棱岩化石英脉被轻微变形的黄铁矿-石英脉穿切,它们又被更晚期的黄铁矿-云母脉穿切。

在矿床地质研究中,一般要求根据矿脉和矿物的空间分布以及矿石组构特征(包括矿物集合体之间的关系以及矿脉的穿切关系),建立矿物生成顺序,划分成矿阶段。例如,在新疆哈图金矿蚀变岩型矿体中识别出五个成矿阶段(安芳 & 朱永峰,2007):阶段 I 主要由钠长石、石英和绢云母组成,黄铁矿、闪锌矿和毒砂一般分布在矿脉边部;阶段 II 主要由钠长石、菱铁矿、方解石、石英、金红石以及黄铁矿、毒砂、黄铜矿、闪锌矿和磁黄铁矿组成;阶段 III 以发育毒砂-碳酸盐细脉为特征,矿石矿物主要包括毒砂、黄铁矿、黄铜矿、闪锌矿和自然金,为主要成矿阶段,自然金一般呈包体出现在黄铁矿中;阶段 IV 以发育黄铜矿为特征,黄铜矿-碳酸盐脉穿切石英-钠长石脉和毒砂-碳酸盐脉,矿石矿物包括黄铜矿、辉铜矿、自然金、闪锌矿、黄铁矿和毒砂,自然金存在于毒砂颗粒间隙或被黄铁矿包裹;阶段 V 主要由方解石和少量石英、钠长石组成(石英-方解石脉)。

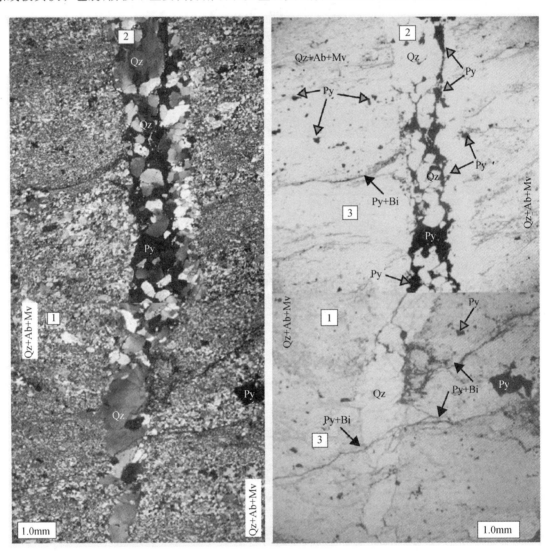

图 1-2　弱变形黄铁矿-石英脉穿切糜棱岩化石英脉,正交偏光(左)和单偏光(右)显微照片互相对应,存在三期热液脉:1—糜棱岩化石英脉,2—轻微变形的黄铁矿-石英脉,3—更晚期黄铁矿-云母脉(天格尔金矿,Zhu, 2011). Qz—石英, Ab—钠长石, Bi—黑云母, Mv—白云母, Py—黄铁矿

在野外地质工作基础上,利用偏光显微镜并配合使用电子显微镜,鉴别各种矿石矿物和脉石矿物,准确测定其化学成分。矿石结构包括矿物的颗粒大小、形状和接触关系,反映矿石的形成环境,为矿床成因分析提供依据(斯米尔诺夫,1981;袁见齐等,1985;Taylor,2009)。例如,岩浆结晶过程和开放空间充填等环境中往往形成自形晶体,甚至美丽的晶体生长环带。多晶集合体结构形成于出溶、交代、晶体变形分解以及重结晶等过程。这些结构记录着热液的化学组成及其变化规律。草莓状黄铁矿(图 1-3a)可以形成在多种地质环境中,在热液金矿中见到早期草莓状黄铁矿被晚期热液黄铁矿交代的现象,其核心依然保留草莓状黄铁矿的特征,边部已经重结晶(图 1-3b)。特殊情况下还观察到黄铁矿角砾被热液黄铁矿胶结之后,包裹在热液黄铁矿自形晶体中的现象(图 1-3c~d)。有关草莓状黄铁矿的成因问题请读者参考 Scott(2009)以及相关文献。

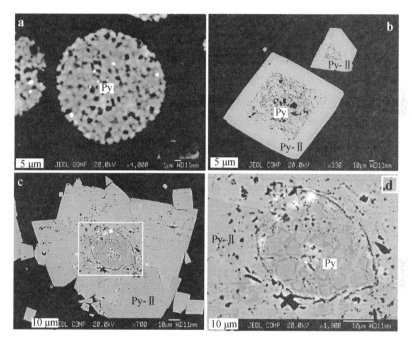

图 1-3 背散射电子图像(BSE)显示矿石矿物的特殊结构:(a)草莓状黄铁矿;(b)草莓状黄铁矿(核部)被热液黄铁矿(Py-II)交代,形成自形晶体;(c)~(d)黄铁矿角砾(胶结物为热液黄铁矿)构成黄铁矿自形晶体的核部,被热液黄铁矿边包裹,d 为 c 的局部放大

矿石结构研究为建立矿床中矿物共生序列提供了重要证据支持。共生结构、出溶结构、交代结构、包裹关系等是常用的判断标准。如果矿物 A 交代了矿物 B,那么 A 比较年轻;如果 A 作为B 的包体出现,那么 A 形成较早(除非 A 是出溶产物或者为选择性交代的结果)。温度或压力迅速降低时,均一的物相可能分解为两个相(出溶结构)。例如,方铜矿、黝黄铜矿、斑铜矿从黄铜矿中出溶,镍黄铁矿出溶于磁黄铁矿,赤铁矿出溶于钛铁矿等。这些新生物相一般具严格排布方向和分布规律(整合出溶结构)。与之相反,一些矿物发育不整合出溶结构(如闪锌矿中常见乳滴状黄铜矿)。原生结构可以在后期地质过程中被改造。同样的结构可以形成于多种不同的地质

过程,例如闪锌矿中的黄铜矿可以有三种解释:闪锌矿固溶体出溶黄铜矿、含铜热液交代闪锌矿、黄铜矿与闪锌矿共生。交代过程为包括一个或多个矿物的溶解、同时又沉淀其他矿物的过程。同时溶解与沉淀,在显微尺度上考虑时,包括交代离子从交代介质(流体)向界面扩散,同时被交代的离子向相反方向扩散两个化学平衡。一个给定体系中的交代过程,不仅受控于先前存在矿物相和即将生成矿物相的稳定性,还受控于影响离子扩散速率的物理化学因素。矿物边界、断裂面、晶面都是交代作用优先发生的位置,因为这些地方的离子扩散速度更快。

矿物集合体的形成,都倾向于在一定 $p\text{-}T$ 条件下把整个体系的自由能降到最低。作用于矿物集合体的差应力超过其弹性极限时会发生的变形。温度、围压、液压、流体应变率均影响着变形的程度和形式。重结晶使一些晶粒变得更粗大,同时消耗了另一些颗粒,达到减少表面自由能的效果(一些重结晶过程往往与变形过程伴生)。

1.2.2　矿物相平衡关系

简单系统中的相关系可以通过温度-成分图显示。对三元体系而言(比如 Fe-Ni-S),可以先用两变量的相图来表示,一般把温度固定,构建压力-成分变异图。在硫化物体系各相之间的反应中,体积的变化很小(对压力不敏感)。标准状态下,硫的活度(a_{S_2})在数值上与其逸度(f_{S_2})相等。如果硫化作用中除硫外,所有反应物和生成物都处于标准状态,那么这个反应的平衡常数:

$$K = 1/(a_{S_2}) = 1/(f_{S_2})$$

在恒压条件下,平衡常数随温度的变化可以由范特霍夫方程给出:

$$\frac{\mathrm{d}(\lg K)}{\mathrm{d}(1/T)} = \frac{-\Delta H^{\ominus}}{2.303R} = \frac{-\mathrm{d}(\lg a_{S_2})}{\mathrm{d}(1/T)}$$

其中 $\Delta H^{\ominus}$ 是标准反应焓,T 是开尔文温度,R 是理想气体常数。

$\lg K$ 是 $1/T$ 的线性函数。以 $\lg a_{S_2}$ 和 $1/T$ 为坐标构成的函数图呈一条直线,其斜率为 $\Delta H^{\ominus}/2.303R$,这条直线上的点就是生成物和反应物所处的标准状态。如果生成物和反应物并不处于标准状态,就要考虑它们的活度。图 1-4 展示部分常见矿石矿物的反应线。同理,氧化反应的平

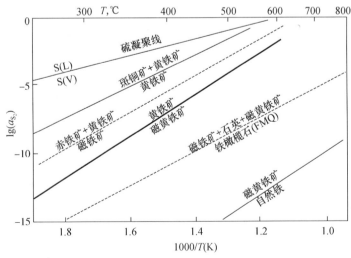

图 1-4　$\lg a_{S_2}$-T 图解显示常见矿石矿物的反应线

衡常数随温度的变化关系如下:

$$\frac{\mathrm{d}(\lg K)}{\mathrm{d}(1/T)} = \frac{-\Delta H^{\ominus}}{2.303R} = \frac{-\mathrm{d}(\lg a_{O_2})}{\mathrm{d}(1/T)}$$

由 $\lg a_{O_2}$ 和 $1/T$ 确定的单变线可以限定含氧矿物集合体的稳定域。

$\lg f_{O_2}$-$\lg f_{S_2}$ 协变图对显示硫化物与含氧矿物的平衡关系非常有用(图 1-5a)。对相图的分析可以帮助我们预测和考察不同的矿物相,分析矿物集合体之间是否达到平衡,理解矿物结构的物理化学意义,并估算成矿作用发生的温度和压力。例如,加拿大 Sudbury 矿床主要由磁黄铁矿、镍黄铁矿、黄铁矿、黄铜矿和磁铁矿组成,含少量方黄铜矿和紫硫镍矿。在 Cu-Ni-Fe-S 体系中,固溶体在高温下可以形成类黄铜矿相,在低温下可以形成黄铜矿。镍黄铁矿从固溶体中分离出来(<400℃)将使系统贫硫。磁黄铁矿中出溶镍黄铁矿的过程发生在低温条件下。对于富硫体系(S>39%),黄铁矿比镍黄铁矿更早从固溶体中出溶。对于贫硫体系,直到硫化物固溶体变得不连续时(~200℃),黄铁矿才能出溶。

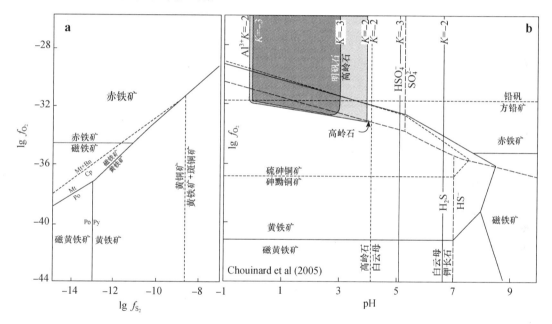

图 1-5 (a) 硫化物与含氧矿物的 $\lg f_{O_2}$-$\lg f_{S_2}$ 关系图;(b) $\lg f_{O_2}$-pH 关系图(250 ℃),显示斑铜矿-黄铁矿-黄铜矿-磁黄铁矿-磁铁矿-赤铁矿的稳定域以及明矾石-高岭石-白云母-钾长石蚀变的条件。Bn—斑铜矿,Cp—黄铜矿,Mt—磁铁矿,Po—磁黄铁矿,Py—黄铁矿

$\lg f_{O_2}$-pH 关系图可以直观地表示矿石矿物共生关系以及相关热液蚀变发生的氧逸度(f_{O_2})和 pH(图 1-5b)。构成该图的化学平衡关系包括(250℃饱和蒸气压条件下):

$H_2S \Longrightarrow HS^- + H^+$ ($\lg K = -7.02$)

$H_2S + 2O_2 \Longrightarrow HSO_4^- + H^+$ ($\lg K = 61.97$)

$H_2S + 2O_2 \Longrightarrow SO_4^{2-} + 2H^+$ ($\lg K = 40.80$)

$3FeS_2 + 6H_2O + 11O_2 \Longrightarrow Fe_3O_4 + 6SO_4^{2-} + 12H^+$ ($\lg K = 251.25$)

$2Fe_3O_4 + 0.5O_2 \Longrightarrow 3Fe_2O_3$ ($\lg K = 16.19$)

$2KAl_3(SO_4)_2(OH)_6 + 6SiO_2 + 3H_2O == 3Al_2Si_2O_5(OH)_4 + 2K^+ + 4HSO_4^- + 2H^+$　　（$lgK =$ -267.94）

$2KAl_3(SO_4)_2(OH)_6 + 2H^+ + 6SiO_2 + 3H_2O == 3Al_2Si_2O_5(OH)_4 + 8O_2 + 2K^+ + 4H_2S$ （$lgK = -14.76$）

$3Al_2Si_2O_5(OH)_4 + 2K^+ == 2KAl_3Si_3O_{10}(OH)_2 + 2H^+ + 3H_2O$　　（$lgK = -7.87$）

$2KAl_3Si_3O_{10}(OH)_2 + 6SiO_2 + 2K^+ == 3KAlSi_3O_8 + 2H^+$

$8Cu_3AsS_4 + 9O_2 + 6H_2O == 2Cu_{12}As_4S_{13} + 12H^+ + 6SO_4^{2-}$　　（$lgK = 249.09$）

$8Cu_3AsS_4 + 6H_2O == 2Cu_{12}As_4S_{13} + 3O_2 + 6H_2S$　　（$lgK = -165.63$）

1.2.3　流体包裹体

流体包裹体可以代表晶体形成时环境中的流体，一个晶体可能携带多期原生和次生包裹体，每一期都代表不同的流体。通过研究流体包裹体，理论上可以获得不同阶段成矿流体的温度、压力和成分特征，但由于受到种种限制，需要做一些假设（假定包裹体形成后，完全处于封闭状态、利用冷热台观测的温度数据可靠、解析温度数据所依据的状态方程或者相图适用于所研究的流体包裹体等）。正是由于这些假设，依据流体包裹体数据获得的结论，需要谨慎地结合矿床地质事实进行综合分析。适合流体包裹体研究的矿物包括闪锌矿、萤石、方解石、石英、重晶石、白钨矿、黄玉、锂辉石、石榴石等。对于流体包裹体的研究，已经发表了很多论著（如 Bodnar, 1993）。不同类型成矿流体的盐度和温度差异巨大。一些成矿流体的盐度比海水还低，斑岩型矿床流体的盐度甚至＞60%；远成低温热液矿床的成矿温度可以＜100℃，矽卡岩和斑岩型矿床的成矿温度可以高达600℃。在多数热液矿床形成的晚期，流体盐度和温度迅速降低，反映热源和流体源衰减，或者大气降水的混入。例如，太行山中生代花岗岩中硫化物-石英脉型金矿的矿石矿物包括黄铁矿、方铅矿、闪锌矿、黄铜矿、磁黄铁矿、斑铜矿、辉银矿、银金矿和碲银矿。黄铁矿普遍破裂，并填充黄铜矿、方铅矿、闪锌矿、辉银矿、石英、方解石、银金矿和碲金矿。石英中流体包裹体分为三类：Ⅰ型包裹体含石盐子晶和气泡，独立、随机分布，属于原生包裹体；Ⅱ型为两相包裹体（液相＞气相），既出现在愈合微裂隙中（次生），也独立分布（原生）；Ⅲ型为富气相包裹体，主要分布在愈合微裂隙中。傅里叶转换红外光谱（FTIR）显示强度变化的 CO_2 和 H_2O 峰。Ⅱ型包裹体的 FTIR 光谱变化特别大，一些包裹体显示微弱 CO_2 峰，另一些包裹体具有显著的 CO_2 峰。Ⅲ型包裹体显示 H_2O、CO_2、CH_4 和 H_2S 谱峰（Zhu et al, 2001）。与类型Ⅰ和Ⅲ包裹体相比，类型Ⅱ包裹体的充填度、均一温度和成分变化很大。Ⅱ型包裹体的测温和 FTIR 谱的巨大差异意味着流体在捕获时不均一。流体盐度与温度的变异关系显示出三个近于平行的趋势（图1-6）。Ⅰ型包裹体所代表的流体可能来源于岩浆流体（380℃，39% NaCl）与少量大气水（104℃，0.3% NaCl）的混合。大气循环水被花岗岩加热时混入岩浆流体，被Ⅱ型包裹体捕获（图1-6中的混合线）。石英中Ⅱ型和Ⅲ型流体共存。包裹体的 CO_2 含量变化很大，既可均一为液相，也可均一为气相，说明流体发生了相分离（沸腾）。沸腾形成角砾岩带并诱发硫化物和 Au 沉积，此成矿过程伴随着 CO_2 逃逸（pH 升高）。

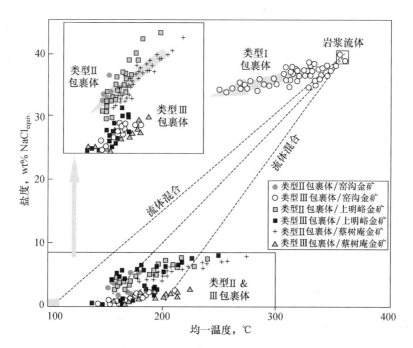

图 1-6　太行山金矿三种流体包裹体的均一温度与盐度的协变图(Zhu et al, 2001)

第二章　重要成矿元素及相关化学反应

　　炼金术士以及早期的一些化学家都用行星的名字来称呼七种金属：把金称为太阳，银—月亮，汞—水星，铜—金星，铁—火星，锡—木星，铅—土星。炼金术士知道砷和锑在受热时容易被氧化和升华。炼金术士常把自己的处方用一些奇怪的比喻说出来。"炼金术士的哲人手"上的鱼是汞的符号，火代表硫。鱼在火里表示汞在硫里，照炼金术士的意见，这是一切物质的起始。从这些元素的化合物，产生5种主要的盐（就像一只手掌上生出5个手指），盐的符号就画在五个手指上：王冠和月亮是硝石的符号，六角星代表绿矾，太阳代表硇砂（天然氯化铵），提灯代表明矾，钥匙代表食盐。如炼金术士说："取国王，把他煮沸……"，"他"即指的是硝石。

2.1　发现成矿元素

　　早期人类注意到河沙里金子的光泽，有些石块很好看或者很重。人类后来又学会开采和提炼铜、锡、金和铁。古埃及人已经知道，产铜和钴的矿物可以用来制造蓝色颜料。

　　1669年，布兰德发现了磷。18世纪中叶发现钴和镍，同时能从"锌灰"里提取金属锌。1784年卡汾狄士电解水而发现了氢。以后新元素的发现都是在研究自然界新发现物体成分过程中完成的，如锰、钼、钨、铀、锆等。1808年，台维改善了俄罗斯科学家雅可比的电解方法，他增加了电流强度，将电解生成物保存在煤油里（免得被氧化），制得了钾、钠、钙、镁、钡、锶。1859年发明光谱分析方法后，陆续发现了铷、铯、铊、铟、铒、铽等新元素。到1868年门捷列夫制作元素周期表时，人类所知道的元素已经有60种了。

　　1781年，瑞典人舍勒从黑钨矿中分离出了钨。纯金属钨相当柔软，一旦混入杂质就变得又脆又硬。钨主要呈从+2价到+6价的氧化状态。+6价的氟化钨在常温下是密度最大的气体。钨的熔点很高，蒸气压低，可以加工成细线。因在加热条件下与硼化玻璃的膨胀系数相同，可以制作灯丝。钢铁中加入钨后硬度明显增加，由于碳化钨的硬度仅次于钻石和碳化硼，常用于机械材料及切削工具材料。黑钨矿、白钨矿是冶炼钨的重要矿石。我国江西西华山钨矿世界著名。早在1882年，以传教为名的大庾福音堂德国牧师邬礼亨发现西华山"乌金"，买通西华山庆云寺和尚妙园，盗运钨砂出口。1901年，大庾爆发以陈大毛为首的反洋教群众运动，火烧梅岭教堂。1908年（光绪三十四年）在大庾人民的强烈要求下，江西巡抚俞明震与德国牧师邬礼亨及德国驻华机构多次交涉，最终收回西华山。

　　1795年德国人克拉普罗特在金矿石中发现了钛。1910年，美国人亨特提炼出纯度为99.9%的钛。钛的密度比铝大1.5倍，硬度为铝的6倍。钛容易锻造、加工，具有极强的抗腐蚀性。含5%铜和3%铝的钛合金比不锈钢硬2倍，而重量只是不锈钢的60%。高浓度的二氧化钛是纯白色的，可用于白色颜料和化妆品。四氯化钛（$TiCl_4$）液体具发烟性，可以用于飞机在空中表演时描绘图形的着色发烟剂。德国人齐格勒在1952年发现了含有钛的触媒，1955年后经意大利人纳塔的改良,作为乙烯与 α 链烯烃在常温常压下有效的立体特异的聚合用触媒。他们二人因此在 1963 年获得诺贝尔化学奖。

1830 年瑞典化学家塞夫斯特穆发现了金属钒,并以斯堪的纳维亚的神话中出现的女神凡娜迪丝命名。1865 年英国化学家罗斯科第一次用氢还原氯化物制取金属钒。钒金属软且有延展性,加热或者冷却时容易加工,其强度受共存的不纯物质影响。在钢铁中加入钒可生成氧化钒,使钢非常坚硬,而且耐水性强。以含钒的砂铁为原料制成的刀坚硬并且锋利。钒和钛的合金轻且坚硬,而且很难腐蚀。钒和镓的合金 V_3Ga 是最坚硬的超导体(在 16.8K 以下显示超导性)。钒随着氧化状态变化呈现不同颜色。V^{2+}、V^{3+}、VO^{2+} 以及 VO_2^+ 的颜色分别是紫、绿、蓝色和无色,V_2O_5 呈黄色。这些离子一旦生成络合物会变成各种不同的颜色。我国四川攀枝花 V-Ti 磁铁矿矿床中钒、钛储量分别占全国已探明储量的 87% 和 94%,分别居世界第三位和第一位,有"世界钒钛之都"之称。

铁、钴、镍都是强磁性体。这三种元素统称为铁族元素。铁是银白色金属,遇水在空气中会被渐渐侵蚀。含铁的矿石矿物包括赤铁矿(Fe_2O_3)、褐铁矿($Fe_2O_3 \cdot 3H_2O$)、磁铁矿(Fe_3O_4)、菱铁矿($FeCO_3$)、黄铁矿(FeS_2)、铬铁矿($Fe(CrO_2)_2$)等。

钴不受水和空气的影响,但与硫酸、盐酸、硝酸等能剧烈反应。含钴 20%～65% 及镍、铬、钼等的金属在高温下强度大,广泛用于制造飞机发动机、燃汽轮机等。钴还被大量用于磁铁的生产。由钴、铬、钨、铁等结合形成的合金坚硬,耐摩擦性和耐腐蚀性强,广泛用于切削工具及硬质加工面等。含铁 36.5%、铜 9.5%、钴 54% 的合金,其膨胀系数为零。含钴 65%、铬 30%、钼 5%(或钨)形成的合金维塔利姆,不被体液侵蚀,同时不会给组织带来伤害,可用做牙科、外科用材料。1798 年发现的 $CoCl_3 \cdot 6NH_3$ 是历史上第二古老的金属络合物(普鲁士蓝 $KCN \cdot Fe(CN)_2 \cdot Fe(CN)_3$ 是最早的络合物,在 8 世纪初由柏林绘画工具制造商基斯巴哈发现)。钴氯化物和氨的络合物,根据组成的不同可呈现各种不同的颜色,因而自古就被当做色素使用。钴氯化物根据水的存在与否,颜色发生极大变化。为了能够通过颜色简单地评定作为干燥剂使用的硅胶是否起作用,可在硅胶中加入钴氯化物。$Co(CoCl_4)$ 呈蓝色,吸水后变成 $[Co(H_2O)_6]Cl_2$(粉红色)。把 $[Co(H_2O)_6]Cl_2$ 溶于水中形成稀溶液,将笔沾此溶液在纸上写字或画画,室温下看不清,将其加热干燥后就显现蓝色,之后,吸收空气中的水分后,将再次看不见字或画。

1861 年,本生和基尔霍夫通过对云母加光及热,检测其发出红色光谱时发现了铷。之后,从云母中分离出单质铷。铷元素在地球上的分布很广,主要包含在含钾矿物中。在玻璃中添加碳酸铷(Rb_2CO_3),导电性降低,稳定性增加。锶的元素名称是因苏格兰的 Strontian 地方特产锶石($SrCO_3$)而来。1807 年,英国人戴维通过电解法分离出金属锶。含锶的主要矿石包括天青石($SrSO_4$)和锶石。

一些金属往往在同一地方被发现,例如锡、铜和锌。这提醒人们去制造它们的合金(青铜)。黄金和宝石在自然界中往往伴生产出。中世纪的炼金术士在神秘而肃静的实验室里试着炼出金子和哲人石来。炼金术士已经知道,有几种金属常常共生在一起。例如闪亮的方铅矿晶体和闪锌矿常在同一矿脉里,银总与金伴生,铜与砷共生。就这样,在矿坑深处建立了地球化学原理的雏形,阐明了哪些物质会在自然界同一地方被发现,在什么样的条件下哪些规律强迫某些元素聚集在同一个地方或者分散在不同的地方。"现在我们知道,元素的行为遵循一定的规律,我们可以利用这些规律来勘探矿藏"(费尔斯曼,1954)。花岗岩特有的化学元素必然和含硼、铍、锂、氟的宝石生长在一起,钨、铌、钽、锂等矿床也多与花岗岩有关。与之相反,玄武岩中赋存着含镍、铜、铁、铂的矿物。各种原子在化学性质上相近,有一定规律,正是这些规律决定着元素在地球内部的分布特征及其地球化学行为。门捷列夫元素周期表是最重要的武器,人们用它来发掘地下宝藏,找到有用的矿产资源(费尔斯曼,1954)。

2.2　硫-砷-氯-氟-磷

自古以来,硫给人以神秘的印象。火山可以析出硫单质及其化合物,硫溶于温泉,硫磺的沉淀物在温泉地被称为"水的精华",且具有漂白作用,能使人皮肤变白。硫有很多同素异形体。通常的黄色结晶是斜方硫磺(熔点为 112.8℃),是室温下唯一的稳定形。加热到 95.5℃ 即可变为单斜硫磺(熔点 119.0℃)。熔化为液体的硫具有随温度上升而黏度增加的特性(这与其他物质相反)。硫是现代化学工业的基础,主要用于制造染料、药物、磷肥、玻璃、硫酸、炸药等。硫酸(H_2SO_4)是现代工业生产的重要原料,例如用于制造磷酸肥料、化学药品、火药、纤维、塑料、蓄电池制造和石油炼制等。硫在地球表面生成多种金属矿物,如黄铁矿、黄铜矿、方铅矿等。盐湖里和干涸的海底有大量含石膏的沉积层。硫的化合物的溶液里分解出硫化氢和其他挥发性气体,含有石油的地下水涌出地面的时候,这些挥发性气体也大量逸出,充满在湖沼等低地的空气里。硫化氢溶于水中而形成弱酸,加入金属离子,即可沉淀出难溶的金属硫化物。

意大利西西里岛曾经是硫的重要供应地,英国舰队从 18 世纪初起,好几次炮轰西西里岛沿岸,企图侵占这个资源产地。后来瑞典人发明从黄铁矿提取硫和制造硫酸的方法,于是西班牙丰富的黄铁矿又成了欧洲列强关注的目标。1891 年,美国人弗拉施开发了弗拉施采硫法。其操作如下:向矿床注入 165℃ 的热水蒸气,使硫磺熔化(硫的熔点 119℃),然后加热压缩空气把它压到地面上。熔化的硫涌到地面上,凝固成一座山丘。哈萨克斯坦卡拉-库姆的硫矿石是硫和沙的混合物。化学工程师沃尔科夫想出了独特的方法来把硫和沙分开。在一只高压锅里装好小块的矿石,加好水,密封起来,从另外一个蒸汽锅向它通进 5～6 个大气压的蒸汽。这样,高压锅里的温度就升到 130～140℃,硫就熔化而聚集在高压锅底部,而沙和黏土被蒸汽冲着往上升。过一会儿,打开高压锅的放硫口,让硫静静地流进特制的槽里。

圈闭在沉积层中的硫受到高温烘烤后,有可能融化并聚积形成熔硫池。火山锥或火山口中的这种熔硫池对形成高硫型热液矿床具有重要意义。马里亚纳海沟 Nikko 和 Daikoku 海底火山口中观察到熔硫池(Embley et al,2007)。在西南太平洋 Lau 盆地一个活火山口中发现的熔硫池(位于海平面以下～1700 m)属于火山升华的产物(Kim et al,2011),其中富集 Cu、As、Au、Bi、Te 和 Sb,δ^{34}s 在 $-8.2‰～-7.5‰$ 之间变化,指示其源于岩浆去气过程。

砷的元素名 Arsenic 来自希腊语中 arsenikon,意思为黄色颜料。自然界形成的砷矿物很多(表 2-1),常见的包括毒砂、雄黄、雌黄、磷灰石、方钴矿、砷铂矿等。13 世纪,德国人马格努斯首先分离出单质砷。18 世纪,英国的外科医生福勒制成了亚砷酸钾水溶液(福勒水,有毒)。As_2O_3 俗称砒霜,微溶于水,溶解后生成亚砷酸(H_3AsO_3)。

As 元素是金矿热液体系中的主要组分之一,含量通常为 $1×10^{-6}～10×10^{-6}$,部分高达 $50×10^{-6}$(Ballantyne & Mooke,1988)。金矿中的 As 主要赋存在毒砂和黄铁矿中,当热液温度较低、硫逸度和 As 浓度较高时会形成雌黄和雄黄。在碱性成矿热液中,金溶解度随热液中 As 含量增加而增大,且 Au 与含 As 矿物(含砷黄铁矿和毒砂)正相关。自然砷为罕见矿物。新疆包古图金矿中发现的自然砷包裹着自然金(图 2-1a)。矿石中自然砷的新鲜断面呈锡白色,呈参差状断面,硬度较低,具强非均质性,棕色-浅灰色或淡绿灰色多色性。自然砷形成于主要的金成矿阶段,自然砷除了包裹银金矿外,也包裹辉锑银矿和银黝铜矿,且与长柱状或针状辉锑矿共生,与其伴生的矿物主要为毒砂、磁黄铁矿和黄铁矿。自然砷主要由 As(98%~98.7%)和 Sb(1.4%~2.0%)构成。被自然砷包裹的银金矿一般呈浑圆粒状(粒度 1~10 μm),其中 Au 含量 70%~75%,Ag 25%~30%,As 0.5%~1.3%(表 2-2)。与自然砷共生的梳状构造石英普遍发育生长环带,从颗粒内部向外表现出石英→石英+自然砷+阳起石→石英→石英+自然砷+阳起石的周期。包古图金矿晚期形成的方解石脉中常见辉锑矿和自然锑(图 2-1b)。

表 2-1　自然界发现的含砷矿物(http://www.mindat.org)

英文名	中文名	化学式
自然元素		
Native arsenic	自然砷	As
Arsenolamprite	自然砷铋	AsBi
As(Ⅲ)氧化物		
Arsenolite	砷华	As_2O
Claudetite	白砷石	As_2O_3
Trippkeite	软砷铜矿	$CuAs_2O_4$
Leiteite	亚砷锌石	$ZnAs_2O_4$
Reinerite	砷锌矿	$Zn_3(AsO_3)_2$
Rouseite	水砷锰铅矿	$Pb_2Mn(AsO_3)_2 \cdot 2H_2O$
Cafarsite	砷钛铁钙石	$Ca_8(Ti,Fe,Mn)_{6\sim7}(AsO_3)_{12} \cdot 4H_2O$
As(Ⅴ)氧化物,X=P, As, V		
Apatite 型:$A_5(XO_4)_3(OH, F, Cl)$	磷灰石	
A=Ca, Ba, Pb, Sr		
Johnbaumite	羟砷钙石	$Ca_5(AsO_4)_3(OH)$
Mimetite	砷铅石	$Pb_5(AsO_4)_3(Cl)$
Adelite 型:$AB(XO_4)(OH)$	砷钙镁石	
A=Ca, Pb; B=Fe^{2+}, Co, Cu, Zn		
Austinite	砷锌钙矿	$CaZn(AsO_4)(OH)$
Conichalcite	砷钙铜矿	$CaCu(AsO_4)(OH)$
Variscite 型:$A(XO_4) \cdot 2H_2O$	磷铝石	
A=Al, Fe^{3+}		
Scorodite	臭葱石	$FeAsO_4 \cdot 2H_2O$
Mansfieldite	砷铝石	$AlAsO_4 \cdot 2H_2O$
Vivianite 型:$A_3(XO_4)_2 \cdot 8H_2O$	蓝铁矿	
A=Co, Ni, Zn, Fe, Mn, Mg		
Hörnesite	砷镁石	$Mg_3(AsO_4)_2 \cdot 8H_2O$
Erythrite	钴华	$Co_3(AsO_4)_2 \cdot 8H_2O$

英文名	中文名	化学式
Pharmacosiderite 型：$AB_4(AsO_4)_3(OH)_4 \cdot 5 \sim 7H_2O$ A＝K，Na；B＝Al^{3+}，Fe^{3+}	毒铁石	
Sodium-pharmacosiderite	钠毒铁石	$NaFe_4(AsO_4)_3(OH)_4 \cdot 6 \sim 7H_2O$
Barium-pharmacosiderite	钡毒铁石	$BaFe_4(AsO_4)_3(OH)_5 \cdot 5H_2O$
Mixite-agardite group：$ACu_6(XO_4)_3(OH)_6 \cdot 3H_2O$ A＝Ca，REE，Bi	砷铋铜石 砷钇铜石	
Mixite	砷铋铜石	$BiCu_6(AsO_4)_3(OH)_6 \cdot 3H_2O$
Agardite-(Y)	砷钇铜石	$(Y,Ca)Cu_6(AsO_4)_3(OH)_6 \cdot 3H_2O$
砷硫盐		
Sarmientite	砷铁矾	$Fe_2(AsO_4)(SO_4)(OH) \cdot 5H_2O$
Zykaite	水硫砷铁石	$Fe_4(AsO_4)_3(SO_4)(OH) \cdot 15H_2O$
Uranyl arsenates	铀酰砷酸盐	
Arsenuranylite	砷钙铀矿	$Ca(UO_2)_4(AsO_4)_2(OH)_4 \cdot 6H_2O$
Zeunerite	翠砷铜铀矿	$Cu(UO_2)_2(AsO_4)_2 \cdot 12H_2O$
硫化物		
Arsenopyrite	毒砂	$FeAsS$
Cobaltite	辉砷钴矿	$CoAsS$
Gersdorffite	辉砷镍矿	$NiAsS$
Orpiment	雄黄	As_2S_3
Realgar	雌黄	AsS 或者 As_4S_4
Enargite	硫砷铜矿	Cu_3AsS_4
Proustite	硫砷银矿	Ag_3AsS_3
砷化物		
Domeykite	砷铜矿	Cu_3As
Löllingite	斜方砷铁矿	$FeAs_2$
Nickeline (aka Niccolite)	红砷镍矿	$NiAs$
Nickel-skutterudite	镍方钴矿	$(Ni,Co)As_{2\sim3}$
Rammelsbergite	斜方砷镍矿	$NiAs_2$
Safflorite	斜方砷钴矿	$CoAs_2$
Skutterudite	方钴矿	$CoAs_{2\sim3}$
Sperrylite	砷铂矿	$PtAs_2$

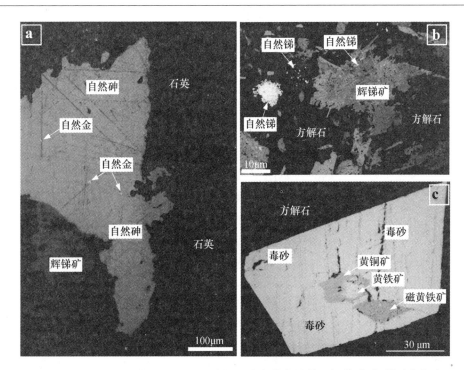

图 2-1　(a) 自然砷包裹自然金；(b) 方解石脉中的自然锑和辉锑矿，辉锑矿中包裹自然锑（包古图金矿）；(c) 自形毒砂包裹磁黄铁矿、黄铁矿和黄铜矿，萨尔托海金矿，均为反射光

表 2-2　包古图金矿中自然砷以及其中包体矿物的化学成分（wt％，An & Zhu, 2009）

矿物	S	As	Fe	Mn	Pb	Ag	Co	Ni	Sb	Cu	Te	Zn	Au	总计
自然砷	0.09	97.93	0	0.11	0.31	0	0.01	0	1.39	0	0.03	0	0.02	99.89
自然砷	0.09	98.34	0	0.11	0	0.01	0	0.02	1.98	0	0.04	0.06	0	100.65
自然砷	0.03	98.70	0.01	0.08	0.05	0.06	0.01	0	1.62	0	0.03	0.03	0.01	100.63
自然砷	0.02	98.49	0	0.08	0	0.02	0.02	0.02	1.98	0.01	0	0	0.05	100.69
辉锑银矿	21.40	1.73	0.03	0	34.56	0	0	0	40.80	1.25	0	0.11	0.03	99.91
银黝铜矿	24.63	3.37	2.15	0	10.98	0.02	0.02	0	23.55	30.56	0	4.97	0.32	100.57
银黝铜矿	25.24	3.85	2.48	0.02	10.25	0	0	0.01	21.99	31.49	0	4.53	0	99.88
银金矿	0	1.27	0.06	0	24.85	0.01	0	0.04	0.05	0	0.13	0	73.30	99.71
银金矿	0	0.48	0.02	0.02	24.77	0	0	0.01	0.06	0.01	0.12	0	74.27	99.76
银金矿	0	0.49	0	0	29.18	0	0	0	0.05	0	0.15	0	70.20	100.13
银金矿	0.02	0.52	0.01	0	25.34	0.02	0	0.02	0.08	0	0.09	0	73.36	99.46

电子探针 JXA-8100，电子束直径 1 μm，加速电压 20 kV，束流 1×10^{-8} 安培。

　　瑞典化学家舍勒 1774 年在向二氧化锰加入盐酸时首次发现了氯的单质（Cl_2）。氯（Chlorine）能与金属、非金属、有机化合物结合成无机氯化合物，具有水溶性。氯化氢的水溶液为盐酸。氯的单质氯气在工业上由氯化钠经过电解而制取。在阳极产生氯气，在阴极产生氢氧化钠。氯原子最外电子壳层易吸收 1 个电子成为具有 8 个电子的稳定结构，一般以 Cl^- 存在。

氯气可与许多物质发生剧烈反应。含 Cl 的矿物包括食盐 NaCl,钾盐 KCl,角银矿 AgCl,水氯镁石 $MgCl_2 \cdot 6H_2O$,氯铜矿 $CuCl(OH)_3$,光卤石 $KMgCl_3 \cdot 6H_2O$,方钠石 $Na_4(AlSiO_4)_3Cl$,方柱石 $Na_4(AlSi_3O_8)_3Cl$ 等。

氟(Fluorine)的英文名来源于萤石(fluorite)。自然界不存在氟的单质,氟多存在于一些矿物中,如萤石(CaF_2),冰晶石(Na_3AlF_6),氟磷灰石($3Ca_3(PO_4)_2 \cdot CaF_2$),黄玉($Al_2SiO_4F_2$),电气石($Na(Fe,Mg,Li,Al)_3(Al,Cr)_6Si_6O_8(BO_3)_3(OH,F)_4$),磷灰石($Ca_5(PO_4)_3(OH,F)$)等。法国人莫瓦桑 1886 年在低温条件下使氟化钾溶于液体氟化氢后电解,获得游离态氟,并储藏在萤石制的容器中。他由此获得了 1906 年的诺贝尔化学奖。

为了制造原子弹,必须分离^{235}U,并制取大量六氟化铀 UF_6。氢氟酸是 HF 的水溶液,它与二氧化硅反应生成气态 SiF_4。该反应一般用于测定岩石中 SiO_2 的含量,还用于在玻璃上刻标记或者花纹(如市场上常见的毛玻璃和磨砂灯泡也是用氢氟酸与玻璃反应的产物)。氟原子和有机化合物结合后会产生特殊的性质。比如,带氟原子的三氟醋酸 CF_3COOH,在氟原子影响下离子化后,容易释放出氢离子 H^+,因此,其酸性比醋酸 CH_3COOH 强 1 万倍。对花岗岩-KBF_4-Na_2MoO_4-WO_3 体系的实验研究(朱永峰等,1995;Zhu et al,1996;Zhu,1997)表明,成矿流体从花岗岩熔体中分离时,F 与 W、Mo 等成矿元素一起,强烈分配进入成矿流体中。

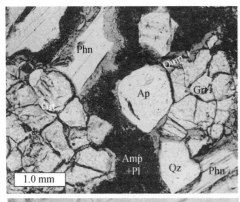

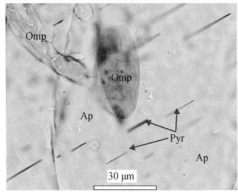

图 2-2　榴辉岩中磷灰石出溶磁黄铁矿针状晶体. Ap—磷灰石, Amp—角闪石, Grt—石榴石, Omp—绿辉石, Phn—多硅白云母, Pl—斜长石, Pyr—磁黄铁矿, Qz—石英(Zhu et al, 2009)

白磷在空气中会发生缓慢氧化,部分反应能量以光能形式放出,在黑暗中也可以发光,其英文名 Phosphorus 来自于希腊语"带来光明的东西"之意。白磷在隔绝空气的条件下加热到 300℃,可转变为红磷。白磷是透明的蜡状固体,其表面经常附着一层赤磷薄膜,呈淡黄色,因此被称为黄磷。白磷的同素异形体有紫磷和黑磷。这些同素异形体有不同的化学性质,白磷的反应性最高,黑磷最低。白磷的毒性很强,在空气中 50℃ 以上就能燃烧(在水中保存)。黑磷在空气中极难燃烧,比较稳定。红磷是暗红色粉末,在 260℃ 下才能燃烧。红磷与玻璃粉和胶混合,用于火柴的摩擦面。

磷灰石[$3Ca_3(PO_4)_2 \cdot CaX_2$, X＝F, Cl, OH]是自然界中磷的主要存在形式。动物的牙齿和骨骼的主要成分是磷酸钙 $Ca_3(PO_4)_2$。俄罗斯远东地区磷灰石城就是因为开采磷灰石矿床而逐渐建设发展起来的一座现代化城市。河北矾山磷灰石-磁铁矿矿床是目前我国最大的岩浆岩型磷灰石矿山。该矿山于 1997 年初建成,享有"北方磷都"之美誉。变质岩中往往含磷灰石,局部磷灰石含量可以达到开采程度。图 2-2 显示超高压变质岩中磷灰石出溶磁黄铁矿。说明在地球深部,磷灰石是重要的氟、硫和磷的储库。

2.3 铋-碲-锡-硒

铋(Bismuth)可以与金、银、镍、锡一起构成矿脉。在铋矿脉下部往往会找到银矿,所以中世纪的矿工将铋称为"银子的屋顶"。自然铋与自然金密切共生,熔融态自然铋在运移过程中可以吸附金,并在降温过程中形成黑铋金矿(Au$_2$Bi)-自然铋或自然金-自然铋组合(Cook & Ciobanu, 2004; Oberthur & Weiser, 2008)。

新疆包古图金矿的矿石矿物包括毒砂、黄铁矿、黄铜矿、磁铁矿、磁黄铁矿、闪锌矿、辉铋矿、自然铋和自然金(图 2-3)。石英-硫化物脉(阶段Ⅰ)不含矿,黄铁矿的 As 含量较高(平均0.31%)。硫化物-铋-金阶段(阶段Ⅱ)形成大量毒砂、黄铁矿、闪锌矿、磁黄铁矿和少量自然铋。黄铁矿的 As 含量低(0.03%),自然铋呈粒状或滴状被毒砂和黄铁矿包裹。阶段Ⅲ形成的自然铋-辉铋矿-自然金组合,与黄铁矿共生,并充填在毒砂裂隙中,自然铋常被辉铋矿交代。自然铋常被毒砂、黄铜矿和黄铁矿包裹,局部见自然铋细脉充填在毒砂和闪锌矿裂隙中(图2-3d)。存在两类自然铋:富 Fe 自然铋(Fe$_{0.06}$Bi$_{0.93}$)和较纯的自然铋。辉铋矿中常见自然金包体。自然金往往与自然铋和辉铋矿共生(自然金-辉铋矿-自然铋),分布在毒砂和黄铜矿粒间。

铋在流体中主要以 Bi$_2$S$_2$(OH)$_2$ 和 HBi$_2$S$_4^-$ 形式运移,在卤水中以 BiCl$_6^{2-}$ 形式运移(Skirrow & Walshe, 2002)。包古图金矿成矿阶段早期形成的毒砂和黄铁矿中包裹少量熔滴状自然铋,说明此时自然铋(熔点 271℃,图 2-4)呈液滴状在热液中运移。硫相对亏损的热液中,熔融态 Bi 能强烈吸附 Au,使 Au 富集在 Bi 熔体中,形成 Bi-Au 合金。被毒砂和黄铁矿包裹的液滴状自然铋由于处于封闭环境,在后期热液演化中很难吸附热液中的 Au,自然铋的纯度因此较高(99.1%,郑波等,2009)。在一些矿床中,还保存自然铋-自然金或者黑铋金矿-自然

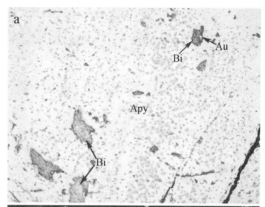
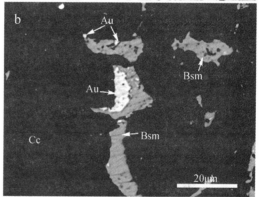
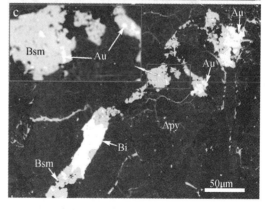

图 2-3 包古图金矿矿物组合显微照片:(a)自然金与自然铋共生,被毒砂包裹,反射光;(b)辉铋矿与自然金共生,自然金呈星点状分布,BSE;(c)自然金、辉铋矿和自然铋充填在毒砂的裂隙中,BSE. Apy—毒砂,Cc—方解石,Ccp—黄铜矿,Bsm—辉铋矿,Bi—自然铋,Au—自然金

铋组合(Tormanen & Koski，2005；Oberthur & Weiser，2008)。

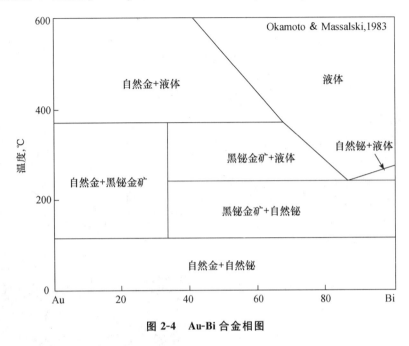

图 2-4　Au-Bi 合金相图

　　碲(Tellurium)属于半金属，有毒，能在空气中燃烧，不与水和盐酸反应，溶于硝酸。浅成热液金矿中常见金的碲化物，如奥地利 Golden 矿床 25%～30% 的金与碲化物有关。津巴布韦 Viceroy 金矿中发现了复杂的 Au-Bi-Te-S 缔合物。矿体赋存在太古代(27～26 亿年)变质玄武岩中，矿化受构造控制，0.5～2 m 宽的毒砂-石英脉组成的矿脉中，金品位达 80 g/t。Viceroy 矿往北 500 m 处有一小花岗岩体，那里开采过锡石和钽铁矿。矿石矿物主要为毒砂(>95%)，其次是磁黄铁矿(～4%)和少量黄铜矿、四方硫铁矿、方铅矿、硒铅矿、闪锌矿、石墨、白钨矿、自然金、自然铋、黑铋金矿 Au_2Bi、辉铋矿 Bi_2S_3、硫碲铋矿 A (Bi_4TeS_2)、硫碲铋矿 B (Bi_4Te_2S)、赫碲铋矿 Bi_7Te_3、脆硫铋矿 Bi_4S_3、jonassonite $AuBi_5S_4$、protojoseite Bi_3TeS 和 Bi_6Te_2S。某些毒砂含 Bi 达 1.6%。背散射电子图像显示，毒砂颗粒的化学组成随着 As/S 比值变化显示不均匀性，部分颗粒存在环带结构，一些颗粒边缘的 As/S 比值升高，如颗粒中心 As 含量 32.38%，边部 As 含量 34.49%。方铅矿含 Se 0.66%～2.04%，Bi 2.01%～5.66%。自然金、自然铋、Au-Bi-Te-S 矿物集合体出现在方解石脉中，也以包体形式出现在毒砂中。金银矿与黑铋金矿和自然铋共生，表明自然金由黑铋金矿分解而来($Au_2Bi \longrightarrow 2Au+Bi$，图 2-4)。

　　Bi-Te-S 体系中的矿物相如图 2-5 所示。Hedleyite(Bi_7Te_3)通常与 Au-Bi-Te-S 系统中其他物相共生，极少数以细脉状形式存在。Bi-Te 构成了从 Bi_3Te 至 Bi_2Te 的固溶体序列，多数成分接近 Bi_8Te_3，少量数据点接近 hedleyite 端元 Bi_7Te_3。硫碲铋矿 A 罕见，硫碲铋矿 B 常见。Paar et al (2006)在匈牙利 Nagyborzsony 矿床中发现 Jonassonite 通常与自然铋、自然金、hedleyite 和辉铋矿共生。在西北太平洋 Gorda 洋脊和 Escanaba 海沟硫化物矿体中，Jonassonite 与硫砷化物/砷化物共生(Tormanen & Koski，2005)。

　　Au-Bi-Te 矿物集合体的温度上限受矿物熔点制约：黑铋金矿 373℃，Au_2Bi-Bi 集合体 241℃，赫碲铋矿 266℃，Bi_7Te_3-Bi-Au_2Bi 集合体 235℃。Au-Bi-Te 矿物相的低熔点表明，它们可能以流体或熔体形式存在。Au 从早期含 Au 毒砂中被 Bi-Te-S 熔体萃取出来，通过热液演化富集形成矿石。因此，以 Au-Bi-Te-S 集合体为代表的浅成热液型矿化往往叠加在中温热液型矿化之上。Te 优先在气相中运移（以 Te_2、H_2Te、贵金属碲化物、碲硫化物和卤化物形式，Cooke & McPhail，2001）。Te/Au<0.1 的情况下，Te 不足以携带 Au。在一些成矿系统中，Au 能在气相中迁移。提高 CO_2 的分压也可以增加金属和非金属的溶解度。

　　对于浅成低温环境的成矿作用，冷却、流体混合、沸腾、凝聚以及与围岩反应均能导致成矿作用。沸腾促使 CO_2 和 H_2S 等挥发分逃逸，导致流体 pH 增加（从 3.3 升高到 3.7），残留液相中 HS^- 活度降低。这种去气机制会导致水压升高引起破裂，并加速围岩蚀变。pH=5.7 时，H_2Te 凝聚（Cooke & McPhail，2001），最终使热液系统中贵金属碲化物沉淀：

$$2Ag(HS)_2^- + HTe^- \Longrightarrow 4HS^- + Ag_2Te + H^+$$
$$Au(HS)_2^- + 2HTe^- + 0.75O_2 + H^+ \Longrightarrow 2HS^- + AuTe_2 + 1.5H_2O$$

　　碲一般在金矿中伴生产出，独立碲矿床罕见。我国四川大水沟碲矿床是一个独立碲矿床，矿脉产在三叠纪变基性火山岩及厚层状大理岩中。成矿作用可以分为磁黄铁矿-黄铁矿阶段、辉碲铋矿阶段和黄铜矿-黄铁矿-自然金阶段。成因矿物学和地球化学特征反映出大水沟碲矿床的成矿物质来自深源，其成矿作用与燕山期岩浆活动有关（毛景文等，1995）。

　　俄罗斯乌拉尔南部 Bereznyakovskoe Au-Te 矿床赋存在晚泥盆-早石炭世岛弧火山岩（凝灰岩-英安质-安山玢岩）中，矿化与侵位于其中的闪长玢岩有关。矿体主要为陡立网脉状、角砾状以及块状。矿化从早到晚依次为黄铁矿阶段、多金属硫化物阶段（硫砷铜矿、黝铜矿-碲化物和金碲化物浸染状分布于石英和碳酸盐中）、方铅矿-闪锌矿阶段、粉色或紫色石英脉以及更晚期碳酸

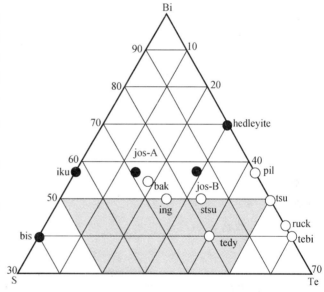

图 2-5　Bi-Te-S 体系的三相图，空心圈代表体系中矿物的理想组分（Cook et al，2007）. Iku ＝ 脆硫铋矿，bak ＝ $Bi_6Te_2S_3$，jos-B ＝ 硫碲铋矿 B，pil ＝ 叶碲铋矿，ing ＝ Bi_2TeS，stsu＝Bi_3Te_2S，tsu＝BiTe，bis ＝ 辉铋矿，tedy ＝ 辉碲铋矿，ruck ＝ (Bi, Pb)$_3$Te$_4$，tebi ＝ Bi$_2$Te$_3$

盐脉、氧化阶段（针铁矿，水针铁矿，黄钾铁矾，蓝辉铜矿，辉铜矿，碲铜矿和自然金）。含碲和含硒矿物包括碲铅矿、碲银矿、碲铜矿、硒铅矿、碲金矿、碲汞矿、碲铜金矿、斜方碲金银矿、针碲金银矿、碲铋矿、叶碲铋矿、碲金银矿和自然碲。自然碲常赋存在砷黝铜矿中，与碲汞矿或方铅矿伴生。针碲金银矿呈乳滴状分布在砷黝铜矿中。碲金矿赋存在与黝铜矿共生的石英中，常与碲铅矿、碲锑矿、碲汞矿、黄铁矿和自然金伴生。矿区中心广泛发育的自然碲-碲铅矿-碲汞矿组合在

$\lg f_{Te_2} > -9.5 \sim -7.25$ 范围内稳定。Au-Te 矿物组合稳定存在的条件：$<250℃$、$\lg f_{S_2} = -14.6 \sim -9.75$、$\lg f_{Te_2} = -9.5 \sim -7$ (Plotinskaya et al, 2006)。

哈萨克斯坦 Taldibulak Levoberezhny Au-Ag-Te-Se 矿床位于北天山晚古生代安山岩-英安岩-流纹岩地层中。矿体沿强烈剥蚀的火山穹窿边缘分布。矿化根部为二长闪长质岩石,与火山岩和爆破角砾岩伴生。矿化带中存在石英-镁碳酸盐条带,且与滑石菱镁片岩伴生。在矿石中识别出的矿物种类超过 80 种,主要包括自然金、黄铁矿、石英、白云母、绿泥石、电气石、黑云母、辉石、黄铜矿、闪锌矿、方铅矿、黝铜矿以及少量铬云母和蛇纹石。自然金主要出现在黄铁矿的裂隙或粒间,偶尔出现在石英裂隙,或黄铁矿与黄铜矿粒间。

含 Sn 1% 和 Cu 30% 的青铜是人类最早使用的一种合金。锡含量低的青铜用于首饰,锡含量适中的用来制作剑和枪,锡含量高的用来制作箭头和镜子。青铜因为坚硬而易铸,被用做轴承、阀门和机器部件。锡是柔软的银白色金属,因为有氧化膜而不易被氧化,也不与水反应。锡在室温时极富延展性,随温度不同有三种同素异形体:灰锡(α)、白锡(β)和脆锡(γ)。灰锡具有金刚石的构型,但因为锡和锡之间的键能是碳族元素中最小的,所以它很脆。拿破仑的军队与俄罗斯军队作战败退的时候,士兵衣服上的纽扣都变成灰色脱落了。这是因为纽扣(主要成分是白锡)在俄国冬天零下 30℃ 的低温下长期暴露,变成了灰锡。

锡既能与酸,也能与碱反应(两性元素)。除了用于焊接(Sn-Pb 合金)、电镀(马口铁是镀锡的铁皮)等外,还用于制造防止海藻和贝类粘在船底而涂的有机锡化合物涂料。有机锡化合物三苯基锡和三丁基锡被动植物摄取后显示毒性,可杀死海藻和贝类。氧化锡在空气中很稳定,能在透明状态下传导电。覆盖了氧化锡的玻璃被称为传导玻璃,飞机前方使用传导玻璃通电升温就可以防止结冰。

在碱性溶液中,$[Sn(OH)_4]^{2-}$ 可以将铋盐还原成金属铋:

$$2Bi^{3+} + 6OH^- + 3[Sn(OH)_4]^{2-} \Longrightarrow 2Bi + 3[Sn(OH)_6]^{2-}$$

$SnCl_2$ 是重要的还原剂,它能够将汞盐还原为亚汞盐:

$$2HgCl_2 + SnCl_2 \Longrightarrow Hg_2Cl_2 + SnCl_4$$

该反应可以用来鉴定溶液中的 Sn^{2+}。如果用过量的 $SnCl_2$,可以将 Hg_2Cl_2 进一步还原为金属汞:

$$Hg_2Cl_2 + SnCl_2 \Longrightarrow 2Hg + SnCl_4$$

锡盐和含氧酸盐均容易发生水解,生成碱式盐和氢氧化锡沉淀:

$$SnCl_2 + H_2O \Longrightarrow Sn(OH)Cl + HCl$$
$$SnO_2^{2-} + 2H_2O \Longrightarrow Sn(OH)_2 + 2OH^-$$

锡石(SnO_2)是冶炼锡的主要矿石。我国著名的云南个旧锡矿开采历史悠久。西汉时,锡、银、铅采冶业兴起,东汉时已形成较大规模。光绪十一年(1885 年),设个旧厅,建立衙署,专管矿务,个旧大锡开始大批量出口。光绪三十一年(1905 年),设个旧厂官商公司,使用进口机器设备和工艺,聘用外国专家开展锡生产作业。1910 年,云贵总督将个旧厂官商有限公司改组为个旧锡务股份有限公司,向德国购买洗选、冶炼、化验、动力及索道等机械设备,并聘请德国工程师指导生产,开创了云南冶金工业机械化生产的历史。20 世纪 90 年代以来,个旧年有色金属采选能力 1000 万吨、冶炼能力 22 万吨,产锡约 5 万吨,是我国最大的锡生产加工基地。

硒(Selenium)具有半导体性、光传导性。硒对于橙色和红色的光线尤其敏感。硒有红色、黑色的非金属同素异形体,化学性质都与硫相似,可制成很多的金属、非金属的硒化物。二氧化硒在常温常压下呈固态,溶于水。硒化镉是用于油漆和塑料中红颜料的镉红(CdSe)的主要成分。这种化合物也用于光电池。硒是电的绝缘体,只有被光照射时才能导电。根据这一性质,生产硒化物的感光材料,例如制造复印机、去屑洗发剂(SeS_2)、交通信号灯的红玻璃(镉红)、玻璃除铁剂、玻璃着色等。

Se 的地壳丰度(50×10^{-9})是 Au 的 10 倍。硒的独立矿物超过 100 种(表 2-3),包括自然元素 Se、氧化物、卤化物、硒化物、硫盐和含氧盐。加拿大 Finlayson 湖地区多金属块状硫化物矿床多含 Se(Layton-Matthews,2008),主要含 Se 矿物包括硒铅矿、方铅矿、黝铜矿、闪锌矿等。硫化物矿体底部 Se 含量局部达 3400×10^{-6}。在垂向上,矿石中 Se 含量变化很大,Se 含量从底部向上逐渐降低。黄铁矿中 Se 含量的变化范围为 $25 \times 10^{-6} \sim 3190 \times 10^{-6}$,闪锌矿 Se 含量变化范围为 $0 \sim 6880 \times 10^{-6}$。

表 2-3　自然界发现的部分含硒矿物

中文名	英文名	晶系	分类	化学式
灰硒银矿	Aguilarite	斜方	硒化物	Ag_4SeS
水硒镍石	Ahlfeldite	单斜	亚硒酸盐	$(Ni,Co)SeO_3 \cdot 2H_2O$
硒锑矿	Antimonselite	斜方	硒化物	Sb_2Se_3
斜方硒铜矿	Athabascaite	斜方	硒化物	Cu_5Se_4
班布金石	Babkinite	三方	硫盐	$Pb_2Bi_2(S,Se)_3$
碲硒铜矿	Bambollaite	四方	硒化物	$Cu(Se,Te)_2$
灰硒铜矿	Bellidoite	四方	硒化物	Cu_2Se
硒铜矿	Berzelianite	等轴	硒化物	Cu_2Se
硒铋银矿	Bohdanowiczite	三方	硫盐	$AgBiSe_2$
方硒钴矿	Bornhardtite	等轴	硒化物	$Co^{2+}Co_2^{3+}Se_4$
布若德矿	Brodtkorbite	单斜	硒化物	Cu_2HgSe_2
硒铊铁铜矿	Bukovite	四方	硒化物	$Tl_2Cu_3FeSe_4$
彭斯石	Burnsite	六方	硒酸盐	$KCdCu_7O_2(SeO_3)_2Cl_9$
硒镉矿	Cadmoselite	六方	硒化物	$CdSe$
蓝硒铜矿	Chalcomenite	斜方	亚硒酸盐	$CuSeO_3 \cdot 2H_2O$
砷硒铜矿	Chameanite	等轴	硫盐	$(Cu,Fe)_4As(Se,S)_4$
绿月石	Chloromenite	单斜	亚硒酸盐	$Cu_9O_2(SeO_3)_4Cl_6$
硒铅矿	Clausthalite	等轴	硒化物	$PbSe$
单斜蓝硒铜矿	Clinochalcomenite	单斜	亚硒酸盐	$CuSeO_3 \cdot 2H_2O$
水硒钴矿	Cobaltomenite	单斜	亚硒酸盐	$CoSeO_3 \cdot 2H_2O$
硒铊银铜矿	Crookesite	四方	硒化物	$Cu_7(Tl,Ag)Se_4$
硒铜铅铀矿	Demesmaekerite	三方	亚硒酸盐	$Pb_2Cu(UO_2)_2(SeO_3)_6(OH)_6 \cdot 2H_2O$
多硒铜铀矿	Derriksite	三斜	亚硒酸盐	$Cu_4(UO_2)(SeO_3)_2(OH)_6$
氧硒石	Downeyite	四方	氧化物	SeO_2
硒钼矿	Drysdallite	六方	硒化物	$Mo(Se,S)_2$
立方硒铁矿	Dzharkenite	等轴	硒化物	$FeSe_2$

中文名	英文名	晶系	分类	化学式
硒黄铜矿	Eskebornite	四方	硒化物	$CuFeSe_2$
硒铜银矿	Eucairite	斜方	硒化物	$CuAgSe$
白硒铁矿	Ferroselite	斜方	硒化物	$FeSe_2$
硒金银矿	Fischesserite	等轴	硒化物	Ag_3AuSe_2
六方硒钴矿	Freboldite	六方	硒化物	$CoSe$
砷黝铜矿	Giraudite	等轴	硫盐	$(Cu,Zn,Ag)_{12}(As,Sb)_4(Se,S)_{13}$
硒铋矿	Guanajuatite	斜方	硒化物	Bi_2Se_3
硒铀铜矿	Hakite	等轴	硫盐	$(Cu,Hg)_3(Sb,As)(Se,S)_3$
白硒钴矿	Hastite	斜方	硒化物	$CoSe_2$
哈伊内斯石	Haynesite	斜方	亚硒酸盐	$(UO_2)_3(SeO_3)_2(OH)_2 \cdot 5H_2O$
脆硫铋矿	Ikunolite	三方	硒化物	$Bi_4(S,Se)_3$
伊尔宁斯基石	Ilinskite	斜方	硒酸盐	$NaCu_5O_2(SeO_3)_2Cl$
硒砷镍矿	Jolliffeite	等轴	硒化物	$(Ni,Co)AsSe$
朱诺石	Junoite	单斜	硫盐	$Pb_3Cu_2Bi_8(S,Se)_{16}$
硒碲铋矿	Kawazulite	三方	硒化物	$Bi_2(Te,Se,S)_3$
硒碲镍矿	Kitkaite	三方	硒化物	$NiTeSe$
硒铜蓝	Klockmannite	六方	硒化物	$CuSe$
方硒铜矿	Krutaite	等轴	硒化物	$CuSe_2$
斜方硒镍矿	Kullerudite	吸附	硒化物	$NiSe_2$
硫硒铋矿	Laitakarite	三方	硒化物	$Bi_4(Se,S)_3$
硒雌黄	Laphamite	单斜	硒化物	$As_2(Se,S)_3$
三方硒镍矿	Makinenite	三方	硒化物	$NiSe$
水硒铁石	Mandarinoite	单斜	亚硒酸盐	$Fe_2Se_3O_9 \cdot 6H_2O$
白硒铅石	Molybdomenite	单斜	亚硒酸盐	$PbSeO_3$
莫兹戈娃石	Mozgovaite	斜方	硫盐	$PbBi_4(S,Se)_7$
硒银矿	Naumannite	斜方	硒化物	Ag_2Se
三方硒铋矿	Nevskite	三方	硒化物	$Bi(Se,S)$
硒硫铋铜铅矿	Nordstromite	单斜	硫盐	$PbCuBi_7(S_{10}Se_4)$
硒铅钒	Olsacherite	斜方	硫酸盐	$Pb_2(SeO_4)(SO_4)$
奥兰地石	Orlandiite	三斜	卤化物	$Pb_3(Cl,OH)_4(SeO_3) \cdot H_2O$
硒铋钯矿	Padmaite	等轴	硒化物	$PbBiSe$
等轴硒钯矿	Palladseite	等轴	硒化物	$Pb_{17}Se_{15}$
副硒铋矿	Paraguanajuatite	三方	硒化物	$Bi_2(Se,S)_3$
皮硫铋铜铅矿	Pekoite	斜方	硫盐	$PbCuBi_{11}(S,Se)_{18}$
硒铜镍矿	Penroseite	灯柱	硒化物	$(Ni,Co,Cu)Se_2$
硒硫金银铜矿	Penzhinite	六方	硒化物	$(Ag,Cu)_4Au(S,Se)_4$
硒锑铜矿	Permingeatite	四方	硫盐	Cu_3SbSe_4
硒铋铅汞铜矿	Petrovicite	斜方	硫盐	$PbHgCu_3BiSe_5$

续表

中文名	英文名	晶系	分类	化学式
硒硫金银矿	Petrovskaite	安歇	硒化物	$AuAg(S,Se)$
含水硒钙铀矿	Piretite	斜方	亚硒酸盐	$Ca(UO_2)_3(SeO_3)_2(OH)_4 \cdot 4H_2O$
硒碲铋铅矿	Poubaite	三方	硒化物	$PbBi_2Se_2(Te,S)_2$
硒硫铋铅矿	Proudite	单斜	硫盐	$(Pb,Cu)8Bi_{9\sim10}(S,Se)_{22}$
硒铊铜矿	Sabatierite	四方	硒化物	Cu_4TlSe_4
六方硒镍矿	Sederholmite	六方	硒化物	$NiSe$
自然硒	Selenium	三方	自然元素	Se
硒脆银矿	Selenostephanite	斜方	硫盐	$Ag_5Sb(Se,S)_4$
碲铋硒矿	Skippenite	三方	硒化物	$Bi_2Se_2(Te,S)_4$
氯硒锌石	Sophiite	斜方	亚硒酸盐	$Zn_2(SeO_3)Cl_2$
铋车轮矿	Soucekite	斜方	硫盐	$PbCuBi(S,Se)_3$
方硒锌矿	Stilleite	等轴	硒化物	$ZnSe$
肖德威石	Sudovikovite	三方	硒化物	$PtSe_2$
硒碲铋矿	Telluronevskite	三方	硒化物	Bi_3TeSe_2
灰硒汞矿	Tiemannite	等轴	硒化物	$HgSe$
硒汞钯矿	Tischendorfite	斜方	硒化物	$Pd_8Hg_3Se_9$
硬硒钴矿	Trogtalite	等轴	硒化物	$CoSe_2$
单斜硒镍矿	Trustedtite	等轴	硒化物	Ni_3Se_4
硒硫碲铅银矿	Tsnigriite	单斜	硫盐	$Ag_9SbTe_3(S,Se)_3$
狄瑞尔矿	Tyrrellite	等轴	硒化物	$(Cu,Co,Ni)_3Se_4$
红硒铜矿	Umangite	斜方	硒化物	Cu_3Se_2
硒钯矿	Verbeekite	单斜	硒化物	$PbSe_2$
硒铋铅矿	Watkinsonite	单斜	硫盐	$PbCu_2Bi_4(Se,S)_8$
灰硒铋钴矿	Weibullite	斜方	硫盐	$Ag_{0.3}Pb_{5.3}Bi_{8.3}Se_6S_{12}$
斜硒镍矿	Wilkmanite	单斜	硒化物	Ni_3Se_4
威硒硫铋铅矿	Wittite	单斜	硫盐	$Pb_3Bi_4(S,Se)_9$

2.4　铬和铂族元素

　　法国人 Vauquelin 在 1797 年发现了黄色的 Cr_2O_5，以及将其用 $SnCl_2$ 还原为绿色的 Cr^{3+} 离子。由于新元素在氧化状态下变化为紫、红、黄、绿等颜色，Vauquelin 的老师(化学家福克瓦和矿物学家阿诺伊)以希腊语中表示颜色的词"Chroma"将其命名为铬(Chromium)。德国人格尔特施密特于 1799 年开发了铝粉还原法从 Cr_2O_3 中制取金属铬(称为铝热剂法)。此外，还可以通过电解得到金属铬(镀铬)。铬铁合金又称不锈钢。铬与镍铁或者锰铁的合金为镍不锈钢或锰不锈钢。南非布什维尔德铬铁矿矿床是世界上最大的铬铁矿矿床和铂族元素矿床。我国西藏东巧和新疆达拉布特铬铁矿均与蛇绿岩的演化有关。图 2-6 显示达拉布特铬铁矿中发现的含铂族元素矿物组合。

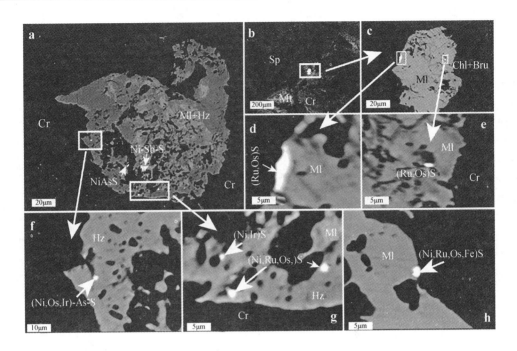

图 2-6   新疆达拉布特的铬铁矿中 PGE 矿物的 BSE 电子图像(谭娟娟 & 朱永峰,2010).
Bru—水镁石,Chl—绿泥石,Cr—铬铁矿,Hz—赫硫镍矿,Ml—针镍矿,Mt—磁铁矿,Sp—铬尖晶石

铂族元素(PGE:Ru 钌,Rh 铑,Pd 钯,Os 锇,Ir 铱,Pt 铂)在自然界中往往以合金或硫化物、砷化物形式存在。铂一般呈 +2 价或 +4 价的氧化状态,大多数情况下以络合物形式存在。常见的有 PtX_4 和 PtX_6(X 为氯、溴、碘的离子,硫化氰,酰胺,氨)。氧化物只有 PtO_2 一种形式。

铂和钯能吸收大量氢气(钯溶解氢的体积比为 1:700),所有 PGE 都有催化性能,作为触媒广泛用于石油提炼、氨氧化制硝酸、汽车尾气净化处理等。

$$3Pt + 4HNO_3 + 18HCl \Longrightarrow 3H_2[PtCl_6] + 4NO + 8H_2O$$

PGE 属于高度亲铁元素,与碳质球粒陨石标准相比,PGE 在地幔中高度亏损(比球粒陨石低 2 个数量级,图 2-7)。因此,形成 PGE 矿床需要强烈的富集机制。加拿大 Sudbury 杂岩下部的 Cu-Ni-PGE 矿床产在角砾岩化带中,矿石矿物主要包括黄铜矿、针镍矿、磁铁矿、黄铁矿、碲钯矿、方铋钯矿、碲银矿、硒铅矿、碲钯银矿、硒银矿、硒铋银矿、硫铋镍铜矿 $CuNiBiS_3$ 和 $CuPdBiS_3$ 等。南非布什维尔德杂岩体中赋存着世界上最富的 PGE 矿床。PGE 及其副产品金、银、镍、铜、钴等主要产出在与 Rustenburg 层状岩套超镁铁岩有关的三个层位:Merensky Reef 矿层、UG2 铬铁岩岩层和 Platreef 接触带。表 2-4 列举了主要铂族矿物以及它们在 Impala 矿床 Merensky 矿层和北部三个矿床的 Platreef 接触带中的相对含量。

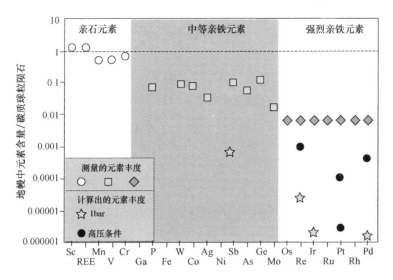

图 2-7　地幔中元素丰度的碳质球粒陨石标准化比较：亲石元素最富集，中等亲铁元素次之，高度亲铁的 PGE 最亏损（Lorand et al, 2008）

表 2-4　Merensky Reef（MR 型）和 Platreef 矿床的主要铂族矿物及相对含量

铂族矿物		化学式	Impala（MR）	Overysel（Platreef）	Sandsloot（Platreef）	Turfspruit（Platreef）
硫化物	硫铂矿	PtS	普遍存在	普遍存在		
	硫钯铂矿	(Pt,Pd)S				
	硫钌锇矿	(Ru,Os)S₂				
硫砷化物	硫砷铂矿	PtAsS	少量	普遍存在	少量	
	硫砷铑矿	RhAsS				
	硫砷铱矿	IrAsS				
砷锑铋化合物	砷铂矿	PtAs₂		少量	矿层中砷化物普遍存在；底盘普遍存在锑化物	砷化物和锑化物普遍存在；铋化物为主
	斜方砷钯矿	Pd₂As				
	锑铂矿	PtSb₂				
	六方锑铂矿	PtSb				
	六方锑钯矿	PdSb				
	铋钯矿	PdBi₂				
碲化物	碲铂矿	PtTe₂	普遍存在	普遍存在	普遍存在	少量
	黄碲钯矿	PdTe				
	铋碲钯矿	Pd(Te,Bi)₂				
	碲铋铂矿	PtBiTe				

2.5　铜-铀-金

自然界出现的含铜矿物多达 280 多种,其中 16 种具有工业意义(表 2-5)。铜可以作为单质金属(自然铜)产出,但主要以黄铜矿、赤铜矿(图 2-8)等形式出现。含铜矿物的形成环境复杂多样,在多种类型的矿床中与多种金属矿物共生产出。斑岩型矿床和块状硫化物型矿床是目前铜的最重要来源。工业生产铜主要来自黄铜矿,其次是辉铜矿、斑铜矿、孔雀石等。对于含铜品位较低的矿石需要经过选矿使品位富集成为铜精矿(含 Cu 8%～28%)。然后将精矿冶炼成冰铜(含 Cu 30%～45%),冰铜经过吹炼而成为粗铜(含 Cu 97%～99%),粗铜经火法精炼或电解得到阴极铜(含 Cu>99.9%)。

表 2-5　主要含铜矿物以及含铜量

矿　物	分子式	含铜量,%
自然铜	Cu	100
铜的硫化物		
黄铜矿	$CuFeS_2$	34.6
斑铜矿	Cu_5FeS_4	63.3
辉铜矿	Cu_2S	79.9
铜蓝	CuS	66.5
方黄铜矿	$CuFe_2S_3$	23.4
黝铜矿	$3Cu_2S \cdot Sb_2S_3$	46.7
砷黝铜矿	$3Cu_2S \cdot As_2S_3$	52.7
硫砷铜矿	Cu_3AsS_4	48.4
铜的(含)氧化物		
赤铜矿	Cu_2O	88.8
黑铜矿	CuO	79.9
孔雀石	$CuCO_3 \cdot Cu(OH)_2$	57.7
蓝铜矿	$2CuCO_3 \cdot Cu(OH)_2$	55.3
硅孔雀石	$CuSiO_3 \cdot 2H_2O$	36.2
水胆矾	$CuSO_4 \cdot 3Cu(OH)_2$	56.2
氯铜矿	$CuCl_2 \cdot 3Cu(OH)_2$	59.5

湖北大冶的铜绿山铜矿山是我国最早开采的矿山之一。矿体主要赋存在大理岩与岩浆岩接触带上,主要矿石矿物包括孔雀石、赤铜矿、自然铜等。铜绿山古铜矿遗址是我国保存最完好、采掘时间最古老的采矿遗址。1973—1979 年期间陆续发掘、清理出 7 个露天采场和 18 个规模宏大的地下开采区,古冶炼场 50 余处,古炼铜炉数十座(其中春秋时期的 8 座,战国时期的 6 座,宋代的 17 座)。春秋时期的井巷较小,战国时期井巷较大,并使用辘轳提升矿石并汲出地下水。春秋矿井中只出土青铜工具,战国矿井中多为铁工具。1982 年,铜绿山古铜矿遗址被列为国家文物重点保护单位。

1789 年，德国的克拉普罗特从沥青铀矿中发现了新的金属元素，并将其以 1781 年发现的新行星天王星（Uranus）的名字命名为铀（Uranium）。他在提炼新元素的最终阶段尝试用碳还原，得到了黑色粉末，他认为这就是铀的单质（其实是二氧化铀 UO_2）。1841 年，法国人佩利戈用钾还原四氯化铀，第一次成功地分离出金属铀。1896 年法国人贝可勒尔发现了铀的放射性（用黑纸包着的照相底片放到铀化合物边，底片感光）。两年后，居里夫妇发现了镭及其放射性能。

铀存在于几乎所有岩石中，沥青铀矿、钾钡铀矿、磷碳铀矿、磷铜铀矿、硅磷铀矿是重要的铀矿石。将由粗炼得到的双氧铀根（UO_2^{2+}）的化合物（黄色的称为黄饼）精炼，得到四氟化铀（UF_4），用镁还原四氟化铀即得到金属铀。铀的同位素是质量数从 226 到 240 的 15 种核素，全都具有放射性。寿命最长的是 ^{238}U，半衰期约为 45 亿年。

金属铀呈银白色，其粉末在空气中被氧化而燃烧，分解水生成氢气。金属铀的化学活性非常强，能与除稀有气体元素以外的所有元素反应。铀的化合价从 +2 价到 +6 价，稳定价态是 +4 价和 +6 价。+2 价的铀只有气体的氧化铀。

1939 年，德国人哈恩和施特劳斯曼用低能低速的中子（被称为热中子，能量为 0.025 eV）轰击 ^{235}U，使其分裂生成放射性 ^{141}Ba 和中子且释放出巨大的能量（一个 ^{235}U 原子释放出的能量为 200 MeV）。这种能量约为化学反应释放能量的 100 万倍。^{235}U 原子核吸收热中子变成不稳定的能量状态，分裂为两个核裂片。由一个中子进行一次核裂变会产生一个以上的中子。生成的中子使别的铀发生核裂变，那么就意味着核裂变能连锁地持续进行下去。利用这种核分裂的连锁反应能得到巨大的能量。

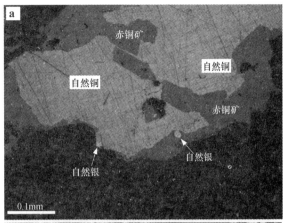
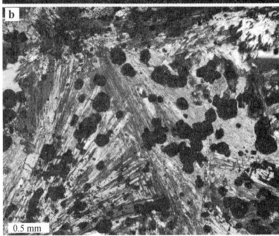
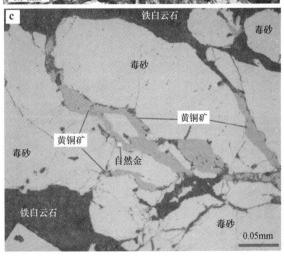

图 2-8　（a）自然铜，赤铜矿与自然银共生，反射光（新疆谢米斯台，王居里教授提供）；（b）透闪石矽卡岩中的黄铁矿和黄铜矿（别斯托别铜矿，朱永峰 & 徐新，2009）；（c）含金的黄铜矿细脉充填毒砂裂隙，反射光（萨尔托海金矿，邱添 & 朱永峰，2012）

　　目前,铀的工业开采对象主要是花岗岩、砂岩和砾岩中的矿床。南非 Witwatersrand 金铀砾岩矿床是世界最大的矿床,澳大利亚的奥林匹克坝矿床的铀储量也非常巨大。

　　金自古以来就作为世界货币,一个国家的黄金储备现在依然是国家实力的象征。2009 年的统计数字显示,美国的黄金储备(8000 吨)居世界第一,中国 2009 年将黄金储备调整到 1046 吨(居世界第六位,排在美国、德国、法国、意大利和瑞士之后)。

　　金是人类从古代就认识的金属,从大约公元前 2600 年伊拉克南部的王墓里出土了用金做的宝石工艺品。黄金可以加工成 0.001 mm 厚的金箔,1 g 黄金可以做成 3000 m 长的丝。金与铜、银、铂、镍等做成合金,一般用 18K 金、24K 金来表示。金的化学活性低,与通常的酸碱不反应,但溶于王水。在含氧环境中也能溶于含 CN^- 离子的溶液中(生成氰化物)。在水溶液中,Au 主要呈现 +1 价或 +3 价。作为化合物,+1 价的化合物一般不稳定,+3 价的化合物大多数稳定。含 $Na[AuCl_4]$ 和 $K[Au(CN)_4]$ 的溶液通常作为镀金的镀液使用。

　　含金的主要矿物有以下几类:

　　自然元素矿物:自然金 Au,银金矿 AuAg,金银矿 AgAu,合金 AuSb,Pt-、Ir-、Rh-Au 合金,铜金矿 AuCu

　　碲化物:碲金矿 $AuTe_2$、针碲金银矿 $AuAgTe_4$、碲金银矿 Ag_3AuTe_4、斜方碲金矿(Au,Ag)Te_2、碲铜金矿 $AuCuTe_4$

　　铋(硫)化物:黑铋金矿 Au_2Bi、Jonassonite $AuBi_5S_4$

　　硫化物:硫金银矿 Ag_3AuS_2

　　硒化物:硒金银矿 $AgAuSe_2$

　　锑化物:方金锑矿 $AuSb_2$

　　Witwatersrand 矿床是世界最大的 Au-U 矿床(砾岩型),穆龙套(Muruntau)金矿是世界上最大的热液金矿(表 2-6),主要矿石矿物包括自然金、黄铁矿、毒砂、白铁矿、磁黄铁矿、白钨矿、金和铋的碲化物、硒化物、方铅矿、闪锌矿、黄铜矿、辉钼矿、黑钨矿、磁铁矿和钛铁矿。

　　我国胶东、华南、三江、小秦岭、大兴安岭、祁连山、阿尔泰山等地均盛产黄金。黑龙江省的漠河金矿和呼玛尔河金矿历史悠久,在清朝历史中就有记载。吉林省桦甸县夹皮沟金矿历史悠久,清朝同治年间,有日产黄金 500 两的记录。直到现在,夹皮沟地区仍是吉林省的重要产金地。河北省的采矿历史可上溯到隋唐时代。山东省金矿开采至少可追溯到北宋时代,目前开采的金矿包括招远金矿和三山岛金矿。陕西省的秦岭之南、汉江两岸是黄金宝地,早在唐朝就已被列为贡金之地。汉中的阳平关大金矿和地处陕西与河南交界的小秦岭金矿均非常著名。湖南省的金矿开采在东周时期已有记载。古代的淘金场在衡阳以西燕水两岸,连绵达数十公里,在洪罗庙、隆古堂一带,古采金井有 1000 多个。新疆西准噶尔地区也是著名的产金区。1894 年,俄国学者奥勃鲁切夫首次到新疆开展科学考察时,意外地得到一张用藏文标注的藏宝图。在该图的指引下,奥勃鲁切夫找到了一桶黄金(5426 克)。在向俄罗斯科学院的报告中,奥勃鲁切夫详细描述了找到黄金的过程,并考证,该桶黄金是清朝中期,中国税收官员在哈图矿区(现在的哈图金矿依然是新疆最大的金矿之一)克扣下来没有带走的部分(《荒漠寻宝》,奥勃鲁切夫著,1896 年俄文版,2010 年中文版,新疆人民出版社)。

表 2-6 世界著名金矿

矿 床	储量,吨	品位,克/吨	国 家
Witwatersrand	90260	8.7	南非
Muruntau	6100	2.4	乌兹别克斯坦
Grasberg	2604	1.05	印度尼西亚
Bingham	1603	0.5	美国
Kal'makyr	1374	0.51	乌兹别克斯坦
Hauraki	1362	87.3	新西兰
Ladolam	>1300		巴布亚新几内亚
Golden Mile	1250	6.0	澳大利亚
Homestake	1218	15.0	美国
Olympic Dam	1200	0.6	澳大利亚
Mather Lode	1000	8.4	美国
LFSE	973	1.42	菲律宾
Cerro Casale	900	0.7	智利
Cadia	823	0.31	澳大利亚
Panguna	799	0.57	巴布亚新几内亚
Kolar	790	10.3	印度
Oyu Tolgoi	790	0.32	蒙古
Cripple Creek	755	11.9	美国
Minas Conga	606	0.79	秘鲁
Bendiho & Ballarat	600	12.4	澳大利亚
Hemlo	597	7.8	加拿大
Batu Hijau	572	0.35	印度尼西亚
Post-betze	551	6.0	美国
Serra Pelada	500		巴西

2.6 化学反应及其方向

自然界的自发过程(化学反应)一般朝着能量降低(体系混乱程度增大)的方向进行。能量越低,体系的状态就越稳定。体系内组成物质粒子运动的混乱程度用"熵"来表示(符号 S)。一定条件下处于一定状态的物质及整个体系都有其各自确定的熵值。熵是体系的状态函数。体系的混乱度越大,对应的熵值就越大。一个完整纯净晶体的原子(或者分子、离子)在 0K 时处于完全有序排列状态,此时的熵为零($S_{0K}=0$)。以此为基础,可求得其他温度下的熵(S_T)。例如,将一种纯晶体从 0K 升温到温度 T,并测量此过程的熵变量(ΔS):

$$\Delta S = S_T - S_0 = S_T - 0 = S_T$$

单位纯物质在标准态下的熵称为标准摩尔熵($S_m^\ominus$,单位 J/mol·K)。物理化学手册中往往给出常见物质 298.15K 时的标准摩尔熵。物质的聚集状态(气、液、固)不同,其熵不同。对同种物质,$S_{m气态}^\ominus > S_{m液态}^\ominus > S_{m固态}^\ominus$。物质的熵随温度升高而增大,气态物质的熵随压力增大而降低。化学反应熵变(ΔS_m)只取决于反应的始态和终态,与变化途径无关。应用标准摩尔熵可以算出化学反应的标准摩尔反应熵变:

$$\Delta S_m^{\ominus} = \sum \nu_i S_{m生成物}^{\ominus} - \sum \nu_i S_{m反应物}^{\ominus}$$

等温条件下,摩尔吉布斯自由能变(ΔG_m)与摩尔反应焓变(ΔH_m)、摩尔反应熵变(ΔS_m)和温度(T)之间有如下关系(吉布斯公式):

$$\Delta G_m = \Delta H_m - T\Delta S_m$$

在等温、等压的封闭体系内,不做非体积功的前提下,ΔG_m 可作为热化学反应自发过程的判据:

$\Delta G_m < 0$,自发过程,化学反应正向进行;

$\Delta G_m = 0$,平衡过程;

$\Delta G_m > 0$,非自发过程,化学反应逆向进行。

等温、等压的封闭体系内,不做非体积功的前提下,任何自发过程总是朝着吉布斯自由能减少的方向进行。$\Delta G_m = 0$ 时,反应达平衡。

标准态下,由稳定单质生成单位物质时的吉布斯自由能变称为标准摩尔吉布斯自由能($\Delta G_m^{\ominus}$)。稳定单质(如石墨、Ag、Cu、H_2)在任何温度下的标准摩尔吉布斯自由能均为零。吉布斯自由能变仅与反应的始态和终态有关,与反应途径无关。标准状态下:

$$\Delta G_m^{\ominus} = \sum \nu_i G_{m生成物}^{\ominus} - \sum \nu_i G_{m反应物}^{\ominus}$$

由于温度对焓变和熵变的影响较小:

$$\Delta H_{m(T)}^{\ominus} \approx \Delta H_{m(298.15K)}^{\ominus}$$

$$\Delta S_{m(T)}^{\ominus} \approx \Delta S_{m(298.15K)}^{\ominus}$$

任一温度 T 时,标准摩尔吉布斯自由能变可近似计算如下:

$$\Delta G_{m(T)}^{\ominus} = \Delta H_{m(T)}^{\ominus} - T\Delta S_{m(T)}^{\ominus} \approx \Delta H_{m(298.15K)}^{\ominus} - T\Delta S_{m(298.15K)}^{\ominus}$$

化学平衡具有以下特征:化学平衡状态最主要的特征是可逆反应的正、逆反应速率相等。可逆反应达到平衡后,只要外界条件不变,反应体系中各物质的量将不随时间而变。化学平衡是一种动态平衡。外界条件改变时,原平衡被破坏,并在新条件下,反应物与生成物建立起新的平衡。任何可逆反应,在一定温度下达平衡时,各生成物平衡浓度幂的乘积与反应物平衡浓度幂的乘积之比为一常数,称为化学平衡常数。以浓度表示的称为浓度平衡常数(K_c),以分压表示的为压力平衡常数(K_p)。在一定温度下,不同的反应各有其特定的平衡常数。平衡常数越大,表示正反应进行得越完全。平衡常数也可由化学反应等温方程式导出:

$$\Delta G_m = \Delta G_{m(T)}^{\ominus} + RT\ln J$$

式中 J 为难溶电解质的离子积。若体系处于平衡状态,则 $\Delta G_m = 0$,并且各气体的分压或各溶质的浓度均指平衡分压或平衡浓度(即 $J = K$):

$$\Delta G_{m(T)}^{\ominus} = -RT\ln K^{\ominus}$$

因外界条件改变使可逆反应从一种平衡状态向另一种平衡状态转变的过程称为化学平衡移动。可逆反应达到平衡时,$\Delta G_{m(T)} = 0$,$J = K^{\ominus}$。一切能导致 ΔG_m 或 J 值发生变化的外界条件(浓度、压力、温度)都会使平衡发生移动。对于可逆反应 $c\text{C} + d\text{D} \Longrightarrow y\text{Y} + z\text{Z}$,在一定温度下,根

据 $\Delta G_m = \Delta G_{m(T)}^{\ominus} + RT \ln J$ 以及 $\Delta G_{m(T)}^{\ominus} = -RT \ln K^{\ominus}$ 可得

$$\Delta G_m = -RT\ln K^{\ominus} + RT\ln J = RT\ln(J/K^{\ominus})$$

式中 $K^{\ominus}$ 为标准平衡常数,此式称为化学反应等温方程式。应用最小自由能原理,并结合此等温方程式,可判断平衡移动的方向:

$\Delta G_m = RT\ln(J/K^{\ominus}) < 0$ 即 $J < K^{\ominus}$ 时,化学平衡正向移动;

$\Delta G_m = RT\ln(J/K^{\ominus}) = 0$ 即 $J = K^{\ominus}$ 时,化学反应处于平衡状态;

$\Delta G_m = RT\ln(J/K^{\ominus}) > 0$ 即 $J > K^{\ominus}$ 时,化学平衡逆向移动。

对于已达平衡的体系,如果增加反应物的浓度或减少生成物的浓度,使 $J < K^{\ominus}$,化学平衡正向移动,使 J 增大,直到 J 重新等于 $K^{\ominus}$,体系又建立起新的平衡。反之,如果减少反应物的浓度或增加生成物的浓度,会导致 $J > K^{\ominus}$,平衡逆向移动。

对于有气态物质参加或生成的可逆反应,在恒温条件下,改变体系的总压力,会引起化学平衡的移动。(1) 对反应方程式两边气体分子总数不等的反应(亦即 $\Delta n = (y+z) - (c+d) \neq 0$),压力对化学平衡的影响总结在表 2-7 中。(2) 对反应方程式两边气体分子总数相等的反应($\Delta n = 0$):由于体系总压力的改变,同等程度地改变反应物和生成物的分压(降低或增加同等倍数),但 J 值不变($J = K^{\ominus}$),对平衡无影响。(3) 与反应体系无关的气体(指不参加反应的气体)的引入,对化学平衡是否有影响,要视反应具体条件而定。恒温和恒容条件下对化学平衡无影响;恒温和恒压条件下,无关气体的引入使反应体系体积增大、气体分压减小,化学平衡向气体分子总数增加的方向移动。

表 2-7　压力对化学平衡的影响($cC+dD \Longleftrightarrow yY+zZ, \Delta n = (y+z)-(c+d) \neq 0$)

	$\Delta n > 0$,气体分子总数增加	$\Delta n < 0$,气体分子总数减少
压缩体积以增加体系总压力	$J > K^{\ominus}$,平衡向逆反应方向移动	$J < K^{\ominus}$,平衡向正反应方向移动
	均向气体分子总数减少的方向移动	
增大体积以降低体系总压力	$J < K^{\ominus}$,平衡向正反应方向移动	$J > K^{\ominus}$,平衡向逆反应方向移动
	均向气体分子总数增多的方向移动	

对一个化学平衡关系,$\ln K_T^{\ominus}$ 与 $1/T$ 呈线性关系:

$$\ln K_T^{\ominus} = \Delta S_{m(T)}^{\ominus}/R - \Delta H_{m(T)}^{\ominus}/RT$$

设某一可逆反应,在 T_1、T_2 时,对应的平衡常数分别为 K_1 和 K_2,可以推导出:

$$\ln(K_2^{\ominus}/K_1^{\ominus}) = (-\Delta H_{m(298.15K)}^{\ominus}/R) \times [(1/T_2) - (1/T_1)]$$

此式表示 $K^{\ominus}$ 与 T 的关系,也显示其变化与反应焓变($\Delta H_m < 0$)有关(表 2-8)。

表 2-8　温度对化学平衡的影响

	$\Delta H_m < 0$(放热反应)	$\Delta H_m > 0$(吸热反应)
T 升高	$K^{\ominus}$ 减小	$K^{\ominus}$ 增大
T 降低	$K^{\ominus}$ 增大	$K^{\ominus}$ 减小

很多放热反应($\Delta H_m < 0$)在 298.15K、标准态下是自发的。例如:

$$3Fe + 2O_2 = Fe_3O_4 \quad \Delta H_m = -1118.4 \text{ kJ/mol}$$

$$C + O_2 = CO_2 \quad \Delta H_m = -393.509 \text{ kJ/mol}$$

然而,有些吸热过程($\Delta_r H_m > 0$)亦能自发进行。H_2O 的蒸发、Ag_2O 的分解都是吸热过程,例如 Ag_2O 的分解反应:

$$2Ag_2O = 4Ag + O_2 \quad \Delta H_m = 31.05 \text{ kJ/mol}$$

孔雀石和蓝铜矿在地壳浅部和地表环境的稳定域主要受 CO_2 分压控制,其化学平衡关系如下:

$$3Cu_2(OH)_2CO_{3孔雀石} + CO_2 = 2Cu_3(OH)_2(CO_3)_{2蓝铜矿} + H_2O$$

针对 CO_2 分压而言,反应平衡常数 $K = (a_{蓝铜矿}^2 a_{H_2O})/(a_{孔雀石}^3 p_{CO_2}) = 1/p_{CO_2}$(纯固体或者纯液体的活度为 1)。蓝铜矿、孔雀石、H_2O 和 CO_2 的生成自由能($\Delta G^\ominus$)分别为 -1429.55 kJ/mol、-900.41 kJ/mol、-237.23 kJ/mol 和 -394.37 kJ/mol,可以求得上述化学反应的 $\Delta G^\ominus = -0.75$ kJ/mol,$\lg K^\ominus = -0.175\Delta G^\ominus = 0.13$,$\lg p_{CO_2} = -0.13$。$CO_2$ 分压增加,进入蓝铜矿的稳定域;CO_2 分压降低,孔雀石则稳定存在;当 CO_2 分压降低到一定程度($\lg p_{CO_2} < -5$)时,孔雀石不稳定,体系进入黑铜矿的稳定域。上述三相的变化主要受 CO_2 分压的控制。在 $\lg p_{O_2} > -40$ 的条件下,不受 O_2 分压的影响(图 2-9)。

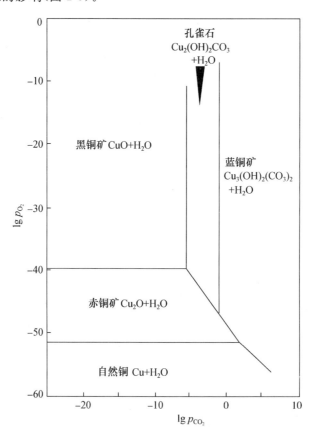

图 2-9　$\lg p_{CO_2}$-$\lg p_{O_2}$ 变异图显示含铜矿物的稳定域受体系 CO_2 和 O_2 分压控制(Wenk & Bulakh, 2008)

极高压力条件不仅会压缩反应物分子、原子、离子之间的距离,甚至会影响到反应物电子层的结构。若使原子轨道出现重叠,会发生某些在一般条件下不能发生的反应。例如,常压下,石墨→金刚石的 $\Delta G_{m(298.15K)} = 2.9\,kJ/mol > 0$,在任何温度下均不能自发进行,但在超高压($5 \times 10^9$ Pa)、高温(1500 K)条件下可以进行。气体因电离产生大量带电粒子(离子、电子)和中性粒子(分子、原子所组成的体系),因正、负电荷总量相等,称等离子体。处于等离子状态的物系具有特殊的反应活性。例如,用 CH_4 和 H_2 等离子体合成金刚石薄膜的反应,就发生在低压和较低温度环境中。

一定温度条件下难溶电解质饱和溶液中,相应离子浓度的乘积称为溶度积。对于同类难溶电解质,溶度积越大,其溶解度也越大。难溶性金属氢氧化物(或硫化物)从溶液中开始沉淀和沉淀完全的 pH 主要取决于其溶度积的大小(表 2-9)。调节溶液的 pH,可使溶液中某些金属离子沉淀为氢氧化物(或硫化物),另外一些金属离子仍留于溶液中。例如,对含 Fe^{3+} 的 $ZnSO_4$ 溶液,若单纯考虑分离 Fe^{3+},则 pH 越高,Fe^{3+} 被分离得越完全,但实际上 pH 不能大于 5.7,否则 Zn^{2+} 沉淀为 $Zn(OH)_2$。pH $= 3 \sim 4$ 时,并不能使 Fe^{2+} 沉淀为 $Fe(OH)_2$。因此,若 $ZnSO_4$ 溶液中除 Fe^{3+} 外还存在 Fe^{2+} 时,在除铁前要用适当方法(加入 H_2O_2)把 Fe^{2+} 氧化为 Fe^{3+}。

表 2-9　金属氢氧化物沉淀的 pH

金属氢氧化物		开始沉淀时的 pH		沉淀完全时的 pH
分子式	溶度积	金属离子浓度,$\times 1$ mol/L	金属离子浓度,$\times 0.1$ mol/L	金属离子浓度 $\leqslant \times 10^{-5}$ mol/L
$Mg(OH)_2$	5.61×10^{-12}	8.37	8.87	10.87
$Co(OH)_2$	5.92×10^{-15}	6.89	7.38	9.38
$Cd(OH)_2$	7.2×10^{-15}	6.9	7.4	9.4
$Zn(OH)_2$	3×10^{-17}	5.7	6.2	8.24
$Fe(OH)_2$	4.87×10^{-17}	5.8	6.34	8.34
$Pb(OH)_2$	1.43×10^{-15}	4.08	4.58	6.6
$Be(OH)_2$	6.92×10^{-22}	3.42	3.92	5.92
$Sn(OH)_2$	5.45×10^{-28}	0.87	1.37	3.37
$Fe(OH)_3$	2.79×10^{-39}	1.15	1.48	2.81

表 2-10 列出了一些常见矿物在水中的溶度积常数(K_{sp})。大多数常见金属元素(如 Pb、Zn、Cu、Ag、Mo、Hg)主要以硫化物形式存在,但这些矿物在纯水中的溶解度很低。$CaCO_3$ 有三种结晶形式(方解石、文石和六方方解石)。在温度相同的条件下,三种矿物的溶解存在明显差别,其中方解石的溶解度最小,文石稍大,六方方解石的溶解度最高。由于自然界大多数情况下是弱酸性至弱碱性环境,在弱酸性至中性条件下,方解石溶解(形成喀斯特溶洞);在弱碱性条件下,方解石沉淀,形成灰岩。$CaCO_3$ 的溶解度与 CO_2 的分压有关,高的 CO_2 分压使可溶性 H_2CO_3 含量增加,从而导致其溶解度随 CO_2 分压增大而升高。由于 $CaCO_3$ 溶解度随温度上升而下降,含 Ca^{2+} 和 HCO_3^- 的溶液在蒸发和加热时,碳酸钙可能沉淀。在通常情况下,海水几乎饱和 $CaCO_3$,在热带浅海地区常见石灰岩,但在温度较低的深海和高纬度地带,则不易沉淀出大量灰岩。

表 2-10　一些常见矿物在水中的溶度积常数（25℃）

矿　物	分子式	K_{sp}	矿　物	分子式	K_{sp}
方解石	$CaCO_3$	8.35	萤石	CaF_2	10.4
文石	$CaCO_3$	8.22	黄铁矿	FeS_2	42.5
菱镁矿	$MgCO_3$	7.5	闪锌矿	ZnS	24.7
硬石膏	$CaSO_4$	4.5	方铅矿	PbS	17.5
石膏	$CaSO_4 \cdot 2H_2O$	4.6	辰砂	HgS	53.0
重晶石	$BaSO_4$	10.0	辉铜矿	Cu_2S	48.5

体系中往往同时含多种离子,这些离子可能与加入的某一沉淀剂反应,生成难溶电解质。当难溶电解质的离子积 J 超过溶度积 K_{sp} 时,发生沉淀。例如,将稀 $AgNO_3$ 溶液逐滴加入到等浓度 Cl^- 和 I^- 的混合溶液中,首先析出的是黄色 AgI 沉淀,随着 $AgNO_3$ 溶液继续加入,出现白色 $AgCl$ 沉淀。

并非所有难溶弱酸盐都能溶于强酸,例如 CuS、HgS、As_2S_3 等,由于它们的 K_{sp} 太小,即使采用浓盐酸也不溶解。利用氧化还原反应可以降低难溶电解质的离子浓度。例如,CuS 溶于硝酸,正是由于 S^{2-} 被 HNO_3 氧化为 SO_2,S^{2-} 浓度显著降低,使 $J < K_{sp}$ 所致。

地质流体往往是一个多组分系统,如果已知其 p、V、T、x（x 代表组成）的实验数据或状态方程,就能进行化学势变化的计算,解决相平衡和化学平衡问题。将系统内任一组分的化学势定义为

$$\mu_i = (\partial U / \partial n_i)_{S,V,n_j(i \neq j)}$$

式中 μ_i 表示组分 i 的化学势,等于组分 i 的量（n_i）在恒熵、恒体积,以及其他组分恒定条件下发生变化时,系统热力学能的变化。对于组成可变的系统,热力学能的总变化可以用如下方程描述:

$$\Delta U = TdS - pdV + \sum \mu_i dn_i$$

主要通过三个途径使热力学能发生变化:（1）改变熵值;（2）对系统做功或由系统做功;（3）改变系统的组成。对于其他函数（例如 G）,可以写出类似的方程式:

$$\mu_i = (\partial G / \partial n_i)_{T,p,n_j(i \neq j)}$$

$$\Delta G = Vdp - SdT + \sum \mu_i dn_i$$

当两种或更多组分在同一个系统中混合时,因为混合过程改变了各组分对总系统吉布斯自由能的作用,所以不能通过累计各纯组分相应的每摩尔吉布斯自由能值计算系统的吉布斯自由能,必须考虑每种组分每摩尔的有效吉布斯自由能（化学势）。当一已知系统处于平衡状态时,任一特定组分在系统各项中的化学势必然相等。例如,花岗岩系统中,K^+ 在其中不同含钾矿物中的化学势应该相等。

为了把某个组分的化学势和实际状态的差异联系起来,必须考虑逸度和活度。理想气体的状态方程为 $pV = nRT$（p 代表压力,V 代表体积,n 是气体组分的量,R 是摩尔气体常数,T 是热力学温度）,同样可以表达出理想气体的各种热力学函数。当温度恒定时,由几种理想气体组成混合气体的化学势:

$$\mu_i = \mu_i^{\ominus} + RT \ln p_i$$

$\mu_i^{\ominus}$ 为混合物中组分 i 在标准压力下的化学势，p_i 是组分 i 的分压力（p_i 等于组分 i 的摩尔分数乘以气体总压力，$p_i = px_i$）。

逸度（f）代表体系在所处的状态下，分子逃逸的趋势，即物质迁移时的推动力或逸散能力：

$$dG = RTd(\ln f)$$

式中 G 为自由能，T 为温度，气体常数 $R = 8.31\ \text{J/mol·K}$。

理想的或非黏性溶液在恒温、恒压条件下的化学势：

$$\mu_i = \mu_i^{\ominus} + RT\ln x_i$$

x_i 是溶液中组分 i 的摩尔分数，$\mu_i^{\ominus}$ 是当 $x_i = 1$（纯 i）时的化学势。

在大多数情况下，溶液是非理想状态的。用一个物理量代替 x_i，使上面的方程式适用于真实（非理想）溶液。这一物理量为活度（用 a 表示）。活度指某物质的"有效浓度"。活度是为使理想溶液的热力学公式适用于真实溶液，用来代替浓度的一种物理量。活度和摩尔分数的关系如下：

$$a = \gamma_i x_i$$

式中 γ_i 代表组分 i 的活度系数。理想溶液的 $\gamma_i = 1$，此时任一组分的活度等于其摩尔分数。活度还可以用质量摩尔浓度表示为 $a = \gamma_i m_i$（对于非理想溶液），a 是组分 i 的有效浓度。

海水是十分复杂的溶液，1000 g 海水中平均溶解 35 g 盐。海水中的元素不仅以简单离子形式存在，还以复杂离子（如 $CaHCO_3^+$）和天然分子（如 $MgSO_4$）形式存在。这些离子和分子相互作用，使海水的性状不同于理想溶液。海水溶解的物质越多，各种离子、分子的活度系数就越小。如果海水的 CO_3^{2-} 浓度为 0.0003 mol/kg，由于 CO_3^{2-} 的活度系数低（0.20），且部分 CO_3^{2-} 以其他形式存在，其活度只是其实际浓度的 2% 左右。

活度与逸度之间的关系如下：

$$a = f_1/f_0$$

式中 f_1 是溶液中某一组分的逸度，f_0 代表该组分在标准态下的逸度。溶液中某一组分的活度就是该组分的逸度与其在标准态下逸度的比值。逸度和活度的计算很复杂，建议读者参考《逸度与活度》（郭润生 & 何福城，1965，高等教育出版社）或者相关物理化学教材。

含 Mg^{2+}、Ba^{2+}、Ni^{2+}、Cu^{2+}、Ag^+ 的混合溶液，利用沉淀反应可以逐个分离。向硫酸铜溶液中滴加氨水，开始有蓝色的碱式硫酸铜沉淀 $Cu_2(OH)_2SO_4$ 生成。当氨水过量时，蓝色沉淀消失，变成深蓝色的溶液。往该深蓝色溶液中加入乙醇，立即有深蓝色晶体析出，通过化学分析确定其组成为 $CuSO_4 \cdot 4NH_3 \cdot H_2O$。利用 X 射线结构分析确定晶体中 4 个 NH_3 与 1 个 Cu^{2+} 结合，形成复杂离子 $[Cu(NH_3)_4]^{2+}$。这类复杂离子称为配离子。由配离子形成的络合物，如 $[Cu(NH_3)_4]SO_4$ 由内界和外界两部分组成。内界为络合物的特征部分，是中心离子和配体之间通过配位键结合而成的稳定整体，在络合物化学式中以方括号标明。方括号外的离子，离中心较远，构成外界。内界与外界之间以离子键结合。有些络合物不存在外界，如 $[PtCl_2(NH_3)_2]$、$[CoCl_3(NH_3)_3]$ 等。另外，有些络合物由中心原子与配体构成，如 $[Ni(CO)_4]$、$[Fe(CO)_5]$ 等。配位个体中与一个中心离子成键的配体总数称为配位数。例如 $[Cu(NH_3)_4]^{2+}$ 中，Cu^{2+} 的配位数为 4；$[CoCl_3(NH_3)_3]$ 中 Co^{3+} 的配位数为 6。形成体配位数的多少取决于形成体和配体的性质（电荷、半径、核外电子分布等）。中心离子正电荷越多，配位数越大。

络合物中的化学键，是指配位个体中配体与形成体之间的化学键。形成络合物时，形成体的某些价层原子轨道在配体作用下进行杂化，用空的杂化轨道接受配体提供的孤对电子，以配位键的方式结合。形成体的杂化轨道与配位原子的某个孤对电子原子轨道相互重叠,形成配位键。

在 $[Cu(NH_3)_4]SO_4$ 溶液中, $[Cu(NH_3)_4]^{2+}$ 能微弱地解离出 Cu^{2+} 和 NH_3,存在如下平衡:

$$Cu^{2+} + 4NH_3 \rightleftharpoons [Cu(NH_3)_4]^{2+} \quad \text{(配离子的生成反应)}$$

$$[Cu(NH_3)_4]^{2+} \rightleftharpoons Cu^{2+} + 4NH_3 \quad \text{(配离子的解离反应)}$$

与之相应的标准平衡常数分别称配离子的生成常数和解离常数,也分别称为稳定常数和不稳定常数。一些常见配离子的稳定常数见表 2-11。

表 2-11　常见配离子的稳定常数

配离子	稳定常数	配离子	稳定常数
$[AgCl_2]^-$	1.1×10^5	$[Cu(NH_3)_2]^+$	7.24×10^{10}
$[AgI_2]^-$	5.5×10^{11}	$[Cu(NH_3)_4]^{2+}$	2.09×10^{13}
$[Ag(CN)_2]^-$	1.26×10^{21}	$[Fe(NCS)_2]^+$	2.29×10^3
$[Ag(NH_3)_2]^+$	1.12×10^7	$[Fe(CN)_6]^{4-}$	1.0×10^{35}
$[Ag(SCN)_2]^-$	3.72×10^7	$[Fe(CN)_6]^{3-}$	1.0×10^{42}
$[Ag(S_2O_3)_2]^{3-}$	2.88×10^{13}	$[FeF_6]^{3-}$	2.04×10^{14}
$[AlF_6]^{3-}$	6.9×10^{19}	$[HgCl_4]^{2-}$	1.17×10^{15}
$[Au(CN)_2]^-$	1.99×10^{38}	$[HgI_4]^{2-}$	6.76×10^{29}
$[Cd(NH_3)_4]^{2+}$	1.32×10^7	$[Hg(CN)_4]^{2-}$	2.51×10^{41}
$[Co(NCS)_4]^{2-}$	1.0×10^3	$[Ni(CN)_4]^{2-}$	1.99×10^{31}
$[Co(NH_3)_6]^{2+}$	1.29×10^5	$[Ni(NH_3)_6]^{2+}$	5.50×10^8
$[Co(NH_3)_6]^{3+}$	1.58×10^{35}	$[Zn(CN)_4]^{2-}$	5.01×10^{16}
$[Cu(CN)_2]^-$	1.0×10^{24}	$[Zn(NH_3)_4]^{2+}$	2.88×10^9

大多数热液中 Cl^- 与金属阳离子的配位能力很强,Cu、Pb、Zn、Ag、Sn、Hg 等成矿元素主要与 Cl^- 形成络合物,各种络合物的稳定性与溶液的温度和 Cl^- 的活度有关,并受溶液的氧化还原状态控制。还原条件下,Fe 在水溶液中以 Fe^{2+} 形式存在,它可与 Cl^-、HS^- 等配体形成稳定的络合物;在氧化条件下以 Fe^{3+} 形式存在,并与 OH^-、HPO_4^{2-}、F^- 等配体形成稳定的络合物。金属阳离子与配位阴离子形成络合物时有一些规律:(1)对于同一种络合物来说,高温时的稳定常数比低温时要高几个数量级。温度下降很容易造成络合物分解,并导致金属矿物沉淀。(2)络合物的存在形式与配体的活度密切相关,在 150℃、Cl^- 活度<0.001 时,溶液中以 Zn^{2+} 为主;Cl^- 活度为 0.01 时,以 $ZnCl^+$ 为主;Cl^- 活度为 0.1 时,以 $ZnCl_2$ 为主;Cl^- 活度为 1 时,以 $ZnCl_4$ 为主。(3)配位数高的络合物,在配体活度高的时候才稳定。还原硫活度高的情况下,$Zn(HS)_2^-$ 和 $HgS(HS)^-$ 可以稳定存在。在<300℃、$<15 \times 10^8 Pa$ 和 pH=3~10 条件下,Au-HS 络合物存在如下平衡关系:

$$2Au + 2H_2S + 2HS^- \rightleftharpoons 2Au(HS)_2^- + H_2$$

$$2Au + H_2S + 2HS^- \rightleftharpoons Au_2(HS)_2S^{2-} + H_2$$

$AuHS$、$Au(HS)_2^-$ 和 $Au_2(HS)_2S^{2-}$ 含量与 pH 之间的关系如图 2-10 所示。Au-HS 络合物(如 $Au(HS)_2^-$)在中低温环境中(<250℃)占优势,Au-Cl 络合物(如 $AuCl_2^-$)一般在中高温、偏酸性流体中占优势。在温度较高和还原硫活度较低的条件下(如变质热液中),Au-Cl 络合物亦可稳定存在:

$$2Au + 2H^+ + 4Cl^- = 2AuCl_2^- + H_2$$

温度对矿物的溶解度和金属络合物的稳定性都有直接影响。多数情况下,如果溶液达到饱和,降温导致金属矿物沉淀。热液与低温流体混合使成矿体系温度骤降。除了温度因素外,成矿热液与近地表低温流体混合时,某些组分(如 H_2S)加入、酸度和浓度改变等,均可导致硫化物沉淀。减压沸腾时,大量挥发分逸离,一方面直接提高溶液的浓度,另一方面使残余溶液的 pH 升高,降低金属元素的迁移能力,导致金属沉淀成矿。

电极电势(E)的绝对值是无法测定的,规定在可逆的氢电池中,当 1 atm 氢气与活度为 1 的氢离子溶液相平衡时,其电势为 0。以氢电极标准电势为 0 获得的氧化还原反应的电势,称为氧

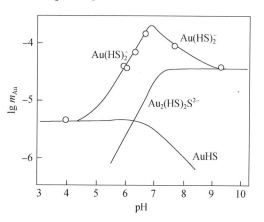

图 2-10 Au-HS 络合物的溶解度变化(225℃,Seward, 1973)

化还原电位(简写做 E_h)。凡在标准状态下,与标准氢电极相比较而测得的电极电势,称为标准电极电势,用 $E^\ominus$ 表示。很多反应的电极电势已精确测定(表 2-12)。凡是还原能力比氢电极强的标准电极电势,符号为负;凡是还原能力比氢电极弱的标准电极电势,符号为正。$E^\ominus$ 小的金属元素能够依次置换 $E^\ominus$ 大的金属离子,并使后者从溶液中沉淀出来。例如:

$$Zn + Fe^{2+} = Fe + Zn^{2+}$$
$$Fe + Cu^{2+} = Cu + Fe^{2+}$$

表 2-12 某些半反应的标准电极电势($E^\ominus$, Sillen & Martell, 1964)

半反应	$E^\ominus$, V	半反应	$E^\ominus$, V
$Li = Li^+ + e$	-3.04	$Sn = Sn^{2+} + 2e$	-0.14
$K = K^+ + e$	-2.93	$Pb = Pb^{2+} + 2e$	-0.13
$Ba = Ba^{2+} + 2e$	2.91	$H_2 = 2H^+ + 2e$	0.00
$Sr = Sr^{2+} + 2e$	-2.90	$H_2S(aq) = S + 2H^+ + 2e$	0.14
$Ca = Ca^{2+} + 2e$	-2.87	$Sn^{2+} = Sn^{4+} + 2e$	0.15
$Na = Na^+ + e$	-2.71	$Cu = Cu^{2+} + 2e$	0.33
$Rb = Rb^+ + e$	-2.60	$Cu = Cu^+ + e$	0.52
$Y = Y^{3+} + 3e$	-2.40	$Fe^{2+} = Fe^{3+} + e$	0.77
$Mg = Mg^{2+} + 2e$	-2.37	$Ag = Ag^+ + e$	0.80
$Ce = Ce^{3+} + 3e$	-2.32	$Hg = Hg^{2+} + 2e$	0.85
$Th = Th^{4+} + 4e$	-1.90	$Pt = Pt^{2+} + 2e$	1.19
$Al = Al^{3+} + 3e$	-1.67	$Mn^{2+} + 2H_2O = MnO_2 + 4H^+ + 2e$	1.23
$U = U^{4+} + 4e$	-1.38	$2Cl^- = Cl_2 + 2e$	1.36
$Mn = Mn^{2+} + 2e$	-1.18	$Au = Au^+ + e$	1.69
$Zn = Zn^{2+} + 2e$	-0.76	$Pt = Pt^+ + e$	2.64
$S^{2-} = S + 2e$	-0.44	$2F^- = F_2 + 2e$	2.89
$Fe = Fe^{2+} + 2e$	-0.41		

把电子活度的负对数值定义为 $p_e=-\lg(a_e)$，p_e 是一种处于平衡状态时假设的电子量度，它代表溶液在氧化还原反应中接受或交换电子的相对能力。标准状态下，标准氢电池的电子活度 $a_e=1$，$p_e=0$，$\Delta G^\ominus=nF\cdot E^\ominus$，$F$ 为 Faraday 常数（96.485 J/V·mol），n 为氧化还原反应中转移的电子数。各个半反应的标准氧化还原电位 $E^\ominus$ 可以从数据表中查得，例如：

$$Fe = Fe^{2+}+2e \quad E^\ominus=-0.41\ V$$
$$Cu = Cu^{2+}+2e \quad E^\ominus=0.33\ V$$

两式相减得

$$Fe+Cu^{2+}=Fe^{2+}+Cu \quad E^\ominus=-0.74\ V$$

整个化学反应的标准氧化还原电位可以通过如下公式计算得出：

$$E^\ominus=\Delta G^\ominus/nF+(RT/nF)\ln K$$
$$E_h=E^\ominus+(RT/nF)\ln K$$

大部分氧化还原反应都受到介质酸碱度（pH）影响。把氧化还原电势 E_h 与 pH 之间的关系绘制成图解，称为 E_h-pH 图解（图 2-11）。这种图显示氧化还原反应进行的方向和条件，以及氧化剂和还原剂的存在形式等。

计算矿物和水溶物稳定场的一般步骤如下：写出所有可能的矿物相或水溶物，写出所有可能的反应，计算 E_h-pH 方程并作图。通过反应：

$$2Fe_3O_4+H_2O=3Fe_2O_3+2H^++2e$$

可以求得磁铁矿氧化的 E_h-pH 方程（$\Delta G^\ominus$ 见表 2-13）：

$$\Delta G=(-740.99\times3)-(-1014.2\times2)-(-237.23\times1)=42.66\ (kJ/mol)$$
$$E_h=[42.66/(2\times96.485)]+(0.059/2)\times[\lg(a_{Fe_2O_3}^3 a_{H^+}^2)/(a_{Fe_3O_4}^2 a_{H_2O})]$$
$$=0.221-0.059pH$$

$E_h=0.221-0.059pH$ 在 E_h-pH 图上为一条斜线，代表 Fe_3O_4/Fe_2O_3 的稳定场界线。

表 2-13 部分物质的标准 $\Delta G^\ominus$ 值（单位：kJ/mol）

物 质	$\Delta G^\ominus$ 值	物 质	$\Delta G^\ominus$ 值
Au^{3+}	433.46	Na^+	−261.9
Au^+	163.18	K^+	−282.4
Cu^{2+}	64.85	Ca^{2+}	−552.7
Fe^{3+}	−10.53	Fe_2O_3	−740.99
Fe^{2+}	−84.94	Fe_3O_4	−1014.2
Zn^{2+}	−147.3	H_2O	−237.23

$Fe-H_2O$ 体系中可能的固体矿物包括 Fe、FeO、$Fe(OH)_2$、Fe_3O_4、$Fe(OH)_3$ 和 $FeOOH$ 等，可能的水溶物包括 Fe^{3+}、$Fe(OH)_2^+$、FeO_2^-、Fe^{2+}、$HFeO_2^-$ 等。金属铁氧化转变为含氧化合物，存在六种可能的反应，根据热力学数据，计算出相应的 E_h-pH 方程为

(1) $Fe+H_2O=FeO+2H^++2e \quad E_h=-0.037-0.059pH$

(2) $Fe+2H_2O=Fe(OH)_2+2H^++2e \quad E_h=-0.047-0.059pH$

(3) $3Fe+4H_2O=Fe_3O_4+8H^++8e \quad E_h=-0.085-0.059pH$

(4) $2Fe+3H_2O=Fe_2O_3+6H^++6e \quad E_h=-0.051-0.059pH$

(5) $Fe+3H_2O \Longrightarrow Fe(OH)_3+3H^++3e$　$E_h=0.059-0.059pH$

(6) $Fe+2H_2O \Longrightarrow FeOOH+3H^++3e$　　$E_h=-0.052-0.059pH$

以上六个方程在 E_h-pH 图上表现为六条斜率相同的平行线,式(3)的截距最负(-0.085),表明在铁氧化成其他化合物之前,它已经全部转化为磁铁矿了。因此,只有反应(3)达到平衡,其他反应都是亚稳态的。

在含 CO_2 体系中可出现菱铁矿,它与 Fe_3O_4 和 Fe^{2+} 的界线分别由 $3FeCO_3+H_2O \Longrightarrow Fe_3O_4+3CO_2+2H^++2e$ ($E_h=0.319+0.0885\,lg\,p_{CO_2}-0.059pH$) 和 $FeCO_3+2H^+ \Longrightarrow Fe^{2+}+CO_2+H_2O$ ($lg\,a_{Fe^{2+}}=7.47-lg\,p_{CO_2}-2pH$) 限定。如果 p_{CO_2} 和可溶性铁总含量已知,则可计算并画出 Fe-H_2O-CO_2 体系的 E_h-pH 图(图 2-11a)。

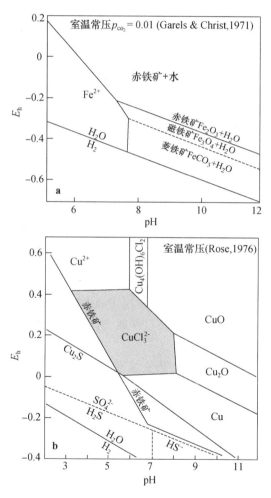

图 2-11　(a) Fe-H_2O-CO_2 体系的 E_h-pH 图($a_{Fe^{2+}}+a_{Fe^{3+}}=10^{-6}$);(b) Cu-O-H-S-Cl 体系的 E_h-pH 图($\sum S=10^{-4}$,$Cl^-=0.5$ mol)

2.7 热液蚀变

2.7.1 基本原理

热液矿床的形成温度范围很广,形成深度一般<20 km。成矿溶液的盐度和组成变化范围很大。在成矿过程中,含矿热液与围岩发生化学反应(交代作用),使它们的矿物组合改变,形成在相应温度、压力和成分条件下更稳定的一套矿物组合,此过程称为热液蚀变,形成的新矿物集合体称为热液蚀变矿物组合。由于在矿体围岩中的热液蚀变通常比矿体本身更为广泛和明显,热液蚀变成为重要的找矿标志。对围岩蚀变进行深入细致的研究,是建立各种找矿模式的基础。例如,斑岩型矿床中往往发育典型的蚀变分带,从斑岩体内部的钾化带,向围岩方向依次出现白云母-黄铁矿带、绿泥石-绿帘石-石英-黄铁矿带(青磐岩化带)、黏土化带等。这种分带本质上受成矿热液组成和性质的控制。成矿热液性质上的差异,可以导致流体在演化过程中随温度降低,形成冰长石-叶蜡石-地开石-高岭石等蚀变矿物(浅成低温热液矿床的典型矿物集合体)。

热液矿床的主要特征是发育各种类型的热液蚀变,因为热液演化的主要产物是各种蚀变矿物。不同类型的热液矿床具有不同的蚀变组合。杜乐天(1996)强调碱交代作用的成矿意义。在大量碱质(Na、K、Li、Rb、Cs 等)及酸性挥发分同时参与下,使岩石发生碱含量增加并使岩石中阳离子基团的原子价结构产生歧化和空间再分配的化学过程称为碱交代。碱交代作用是地球深部流体逐渐迁移到地壳浅部与岩石反应的表现,其结果是形成一系列的蚀变并可能形成矿化或者矿床。常见的碱交代包括钾交代和钠交代:钾交代的产物是钾化和云英岩化(钾长石、云母、石英、黄铁矿等);钠交代的产物是钠化(钠长石、奥长石、方柱石、符山石、方钠石、方沸石、石英、黄铁矿等)。酸交代过程形成的主要矿物包括:蛋白石、玉髓、石英、冰长石、明矾石、重晶石、石膏、雌黄、雄黄、辰砂等。许多金属矿床的深部发育碱交代作用,向浅部则逐渐转变为酸性或者中性交代作用,显示出热液演化的分带性。很多情况下,成矿热液演化从碱交代开始,以酸交代结束。由于晚期的酸交代往往很发育并叠加在早期碱交代之上,文献中对酸交代的描述较多,这在一定程度上掩盖了成矿作用的本质。

不同类型矿床中往往发育显著不同的热液蚀变,形成特征的蚀变组合及其分带。在斑岩型矿床中,钾化主要发育在高温热液环境中,斜长石被钾长石交代,镁铁矿物被黑云母交代,形成石英-钾长石-黑云母-绢云母-绿泥石组合。绢云母化一般出现在中-高 K^+/H^+ 比值的流体环境中(中温条件),斜长石、钾长石和镁铁矿物被绢云母(细小白云母或者钠云母集合体)±石英替代,绢云母-石英-黄铁矿细脉发育,往往形成石英-绢云母-黄铁矿-绿泥石-高岭石组合。在低温且低 K^+/H^+ 比值环境中发育黏土化,形成石英-高岭石-蒙脱石-绢云母-绿泥石-黑云母组合。高级黏土化一般出现在 K^+/H^+ 值低的热液环境中(中-高温条件),长石和镁铁质矿物完全蚀变成黏土矿物以及叶蜡石和红柱石,碱和碱土金属淋滤强烈,形成石英-高岭石-绢云母-富铝硅酸盐矿物组合。

围岩中的矿物和热液之间的反应是非常复杂的,可以看做是很多简单反应的组合。在研究反应时,使用另外一种简化方式,即把参加反应的固溶体用端元组分来表示,例如,黑云母以铁云母端元($KFe_3AlSi_3O_{10}(OH)_2$)表示,斜长石以钠长石($NaAlSi_3O_8$)或钙长石($CaAl_2Si_2O_8$)端元表示。低温热液蚀变形成冰长石、石英、钠长石、绿帘石、绿泥石、伊利石、蒙脱石、方解石等铝硅酸

盐矿物以及黄铁矿等硫化物。冰长石一般是白云母分解的产物,其反应导致流体向偏酸性方向演化:

$$KAl_3Si_3O_{10}(OH)_2 + 2K^+ + 6SiO_2 = 3KAlSi_3O_{8冰长石} + 2H^+$$

大多数低温蚀变反应需要消耗溶液中的 H^+,从而导致热液向偏碱性方向演化。例如,单斜辉石发生绿泥石化的过程需要消耗 H^+ 并伴随形成大量石英:

$$5CaMgSi_2O_6 + 2NaAlSi_3O_8 + 12H^+$$
$$= Mg_5Al_2Si_3O_{10}(OH)_8 + 2Na^+ + 13SiO_2 + 2H_2O + 5Ca^{2+}$$

斜长石通过与酸性流体反应形成伊利石的过程,也导致热液向偏碱性方向演化并生成大量石英或者方解石(CO_2 过饱和条件下,图 2-12a):

$$3NaAlSi_3O_8 + 2H^+ + K^+ =$$
$$KAl_3Si_3O_{10}(OH)_{2伊利石} + 3Na^+ + 6SiO_2$$
$$3CaAl_2Si_2O_8 + 4H^+ + 2K^+ =$$
$$2KAl_3Si_3O_{10}(OH)_{2伊利石} + 3Ca^{2+}$$

在 K^+ 活度一定的条件下,热液的 H^+ 活度决定着冰长石、伊利石和高岭石的稳定区间。低温热液蚀变往往形成高岭石、绢云母、冰长石、蒙脱石、钠长石等,在常压和一定温度(250℃)条件下,这些矿物的稳定范围受热液成分的控制,各个矿物相之间的平衡关系如图 2-12b 所示。

高岭石转化为蒙脱石的化学反应:

$$2.33Al_4[Si_4O_{10}](OH)_8 + 1.32Na^+ + 5.36SiO_2 = 4Na_{0.33}Al_{2.33}Si_{3.67}O_{10}(OH)_2 + 1.32H^+ + 4.66H_2O$$

蒙脱石转化为钠长石的化学反应:

$$4Na_{0.33}Al_{2.33}Si_{3.67}O_{10}(OH)_2 + 8Na^+ + 13.28SiO_2 = 9.32NaAlSi_3O_8 + 8H^+$$

绢云母被碱性溶液交代形成冰长石的化学反应:

$$KAl_2[AlSi_3O_{10}](OH)_2 + 2K^+ + 2OH^- + 6SiO_2 = 3KAlSi_3O_8 + 2H_2O$$

碱性热液交代高岭石并生成绢云母的化学反应:

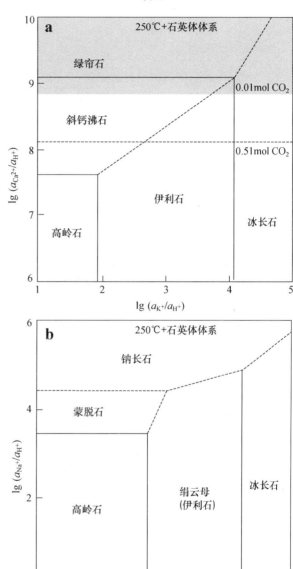

图 2-12　含石英和方解石的热液蚀变的相关系(250℃):
(a) Ca-K 铝硅酸盐蚀变矿物组合($CO_2 = 0.01 \sim 0.05$ mol,Hedenquist & Browne, 1989),阴影区为方解石稳定区域($CO_2 = 0.01$ mol, Simpson & Mauk, 2011),方解石交代绿帘石,与斜钙沸石共生;(b) 显示热液蚀变过程中形成高岭石、绢云母、冰长石、蒙脱石、钠长石的相关系

$$3Al_4[Si_4O_{10}](OH)_{8高岭石}+4OH^-+4K^+ = 4KAl_2[AlSi_3O_{10}](OH)_{2白云母}+10H_2O$$

在有关物理化学手册上查出化学反应中各项的标准热力学参数 $\Delta H_m^\ominus$ 和 $\Delta S_m^\ominus$ 值,计算得到:

$$\Delta H_m^\ominus=10\times(-285.38)+4\times(-5976.74)-4\times(-252.38)-4\times(-229.99)-3\times(-4120.1)$$
$$=-12470.98\ (kJ/mol)$$

$$\Delta S_m^\ominus=10\times69.91+4\times306.40-4\times102.5-4\times(-14.75)-3\times203.05=964.55\ (J/mol\cdot K)$$

$$\Delta G_m^\ominus=\Delta H_m^\ominus-T\Delta S_m^\ominus=-12470980-523.15\times964.55=-1.3\times10^7\ (J/mol)$$

$$lnK^\ominus=\Delta G_m^\ominus/(-RT)=-1.3\times10^7/(-8.314\times523.15)=2983.2$$

因此,在碱性热液体系中,绢云母交代高岭石化学反应的标准平衡常数($K^\ominus=\exp 2983.2$)很大,表明反应进行得非常快。

2.7.2 水解反应和氢交代

水解反应:H^+ 和 OH^- 被选择性地消耗,改变流体的 H^+/OH^-,并释放出阳离子。水解反应是最重要的热液蚀变反应之一。长石、云母和黏土矿物的稳定性一般受控于水解反应。在反应过程中,溶液中的 H^+ 往往被消耗,形成新生的含水或羟基矿物,而 K^+、Na^+、Ca^{2+} 等往往进入流体相。如钾长石的石英岩化过程、白云母的高岭石化和叶蜡石化等过程:

$$3KAlSi_3O_{8钾长石}+2H^+ = KAl_3Si_3O_{10}(OH)_{2白云母}+6SiO_{2石英}+2K^+$$
$$2KAl_3Si_3O_{10}(OH)_{2白云母}+2H^++3H_2O = 3Al_2Si_2O_5(OH)_{4高岭石}+2K^+$$
$$2KAl_3Si_3O_{10}(OH)_{2白云母}+2H^++6SiO_2 = 3Al_2Si_4O_{10}(OH)_{2叶蜡石}+2K^+$$

如果参加化学反应的上述固相矿物均为纯物质(钾长石、白云母、高岭石、叶蜡石和 H_2O,其活度均等于1),则上述三个反应的平衡常数 $K=a_{K^+}/a_{H^+}$。在一定温度条件下,这些平衡常数为定值。因此,如果能估算出溶液中 K^+ 的活度,就能估算出溶液中 H^+ 的活度即 pH。

斑岩矿床中常见的绢云母化和高岭石化,本质上是一种水解反应或氢交代作用。黑云母绿泥石化也具有类似性质:

$$3Na_2CaAl_4Si_8O_{24斜长石}+4K^++8H^+ = 4KAl_3Si_3O_{10}(OH)_{2白云母}+6Na^++3Ca^{2+}+12SiO_2$$
$$Na_2CaAl_4Si_8O_{24斜长石}+4H^++2H_2O = 2Al_2Si_2O_5(OH)_{4高岭石}+2Na^++Ca^{2+}+4SiO_2$$
$$2K(Mg,Fe)_3AlSi_3O_{10}(OH)_{2黑云母}+4H^+ =$$
$$Al(Mg,Fe)_5AlSi_3O_{10}(OH)_{8绿泥石}+(Mg,Fe)^{2+}+2K^++3SiO_2$$

基性、超基性岩蛇纹石化也是一种水解反应:

$$2Mg_2SiO_{4镁橄榄石}+H_2O+2H^+ = Mg_3Si_2O_5(OH)_{4蛇纹石}+Mg^{2+}$$

2.7.3 氧化反应和硫化反应

氧化还原反应涉及不同化合态的元素(Fe^{2+},Fe^{3+},Mn^{2+},Mn^{4+},U^{4+},U^{6+}),例如黑云母被钾长石和磁铁矿交代:

$$2KFe_3AlSi_3O_{10}(OH)_2+O_2 = 2KAlSi_3O_8+2Fe_3O_4+2H_2O$$

黑云母经硫化形成黄铁矿:

$$4KFe_3AlSi_3O_{10}(OH)_2+3S_2 = 4KAlSi_3O_8+6Fe_2S+4H_2O+10O_2$$

羟铁云母在氧化环境中分解,生成钾长石和磁铁矿:

$$2KFe_3^{2+}AlSi_3O_{10}(OH)_2+O_2 = 2KAlSi_3O_8+2Fe_3O_4+2H_2O$$

斑岩矿床钾长石化带中常见黑云母、钾长石和磁铁矿共生,如果黑云母中 Fe^{2+}、Fe^{3+} 和 Mg^{2+} 的含量及温度已知,就能求出黑云母中羟铁云母的活度和八面体配位位置上 Al 的数量,进而计算化学反应的氧逸度。如果铁的氧化物和硫化物并存,还可进一步根据下列平衡关系估算硫逸度(f_{S_2}):

$$KFe_3AlSi_3O_{10}(OH)_2 + Fe_3O_4 + 6S_2 \Longrightarrow KAlSi_3O_8 + 6FeS_2 + H_2O + 3.5O_2$$

$$KFe_3AlSi_3O_{10}(OH)_2 + Fe_3O_4 + 3S_2 \Longrightarrow KAlSi_3O_8 + 6FeS + H_2O + 3.5O_2$$

成矿溶液与围岩的反应很可能是导致矿石沉淀的重要原因。某些矿石往往与特定的岩石类型相伴生,如矽卡岩型和云英岩型矿石。消耗溶液中氢离子的反应(又称氢交代作用,如碳酸盐溶解和长石水解时)可导致氯基络合物稳定性下降,使硫化物沉淀。还原物质(如碳和还原硫)的加入,可改变溶液的氧化态和某些金属(如 Cu、Fe、U、V 等)的化合价,使金属矿物沉淀,如红海海底热卤水中硫化物的沉淀,是溶液中 SO_4^{2-} 先被还原成 H_2S 的结果。

热液矿床附近的导矿通道中,一般见不到明显的矿石矿物聚集,表明成矿溶液在达到成矿地点以前处于不饱和状态。在弱酸性至中性溶液中,氯基络合物稳定性降低引起硫化物(MeS)沉淀的反应为

$$MeCl_2 + H_2S \Longrightarrow MeS + 2H^+ + 2Cl^-$$

下列原因都可以使化学反应向右进行,引起硫化物沉淀:(1) H_2S 浓度增加,如硫酸盐的还原、与有机质的反应和与含 H_2S 溶液的混合等;(2) H^+ 活度减小或 pH 增加,如与碳酸盐和长石反应时消耗 H^+,沸腾时酸性气体逃逸等;(3) Cl^- 活度减小,如由于大气水加入而稀释 Cl^-,或由于化学反应生成 Cl^- 的强配离子(如 Ca^{2+}),其加入可降低 Cl^- 的活度;(4) 温度下降,硫化物溶解度降低。

2.7.4　去 CO_2 和碳酸盐化作用

矽卡岩形成于中酸性侵入体与碳酸盐的接触带附近,岩浆物质与碳酸盐物质发生物质交换,形成钙质或镁质硅酸盐矿物。当岩浆热液交代白云质碳酸盐时,形成以透辉石、透闪石、阳起石、镁橄榄石、蛇纹石、滑石、硅镁石等为代表的镁质矽卡岩矿物组合;当它们交代灰岩时,形成以硅灰石、钙铝榴石、钙铁辉石、锰钙辉石、黑柱石、铁阳起石等为代表的钙质矽卡岩矿物组合。上述过程都释放出 CO_2,其代表反应为

$$CaCO_3 + H_4SiO_4 \Longrightarrow CaSiO_3 + 2H_2O + CO_2$$

$$CaMg(CO_3)_2 + 2H_4SiO_4 \Longrightarrow CaMg(Si_2O_6) + 4H_2O + 2CO_2$$

$$2CaMg(CO_3)_2 + H_4SiO_4 \Longrightarrow Mg_2SiO_4 + 2CaCO_3 + 2H_2O + 2CO_2$$

$$CaMg(CO_3)_2 + 2SiO_2 \Longrightarrow CaMgSi_2O_6 + 2CO_2$$

滑石与菱镁矿矿床往往共生,并且显示出分带。例如我国辽东地区,滑石矿体多呈似层状、扁豆状、透镜状或豆荚状夹于白色厚层菱镁岩之间,滑石矿体与菱镁矿矿体均成带状交替出现,两者之间呈渐变或突变两种接触关系。在靠近燕山期中酸性侵入岩体附近,发育矽卡岩化,形成蛇纹石-金云母-透辉石-透闪石组合,远离岩体处形成蛇纹石-水镁石。成矿早期形成蛇纹石-水镁石矿物组合,中期发育水镁石-蛇纹石-方解石-石英组合,晚期形成水镁石-文石-水菱镁矿组合(翟裕生等,2008)。热液交代含石英菱镁矿大理岩形成滑石:

$$3MgCO_{3菱镁矿} + 4SiO_2 + H_2O \Longrightarrow Mg_3[Si_4O_{10}](OH)_{2滑石} + 3CO_2$$

岫岩玉矿床中常见的岩石-矿物组合包括：白云石大理岩-菱镁矿、蛇纹石大理岩-蛇纹岩-蛇纹石软玉、透闪石大理岩-透闪透辉岩-滑石岩。此类岩石中常共生水镁石和滑石，形成水镁石矿体和滑石透闪岩。温度升高，菱镁矿与流体中的 SiO_2 反应生成蛇纹石（岫岩玉）或蛇纹石化大理岩：

$$3MgCO_{3菱镁矿}+2SiO_2+2H_2O \Longrightarrow Mg_3Si_2O_5(OH)_{4蛇纹石}+3CO_2$$

在绿片岩相区域变质作用中，不纯大理岩变质形成透闪石和透辉石：

$$5CaMg(CO_3)_{2白云石}+8SiO_2+H_2O \Longrightarrow Ca_2Mg_5[Si_8O_{22}](OH)_{2透闪石}+3CaCO_3+7CO_2$$

$$Ca_2Mg_5[Si_8O_{22}](OH)_{2透闪石}+3CaCO_3+2SiO_2 \Longrightarrow 5CaMgSi_2O_{6透辉石}+H_2O+3CO_2$$

当流体带入 CO_2 并通过化学反应形成碳酸盐矿物时，称为碳酸盐化作用。例如斜长石和角闪石的碳酸盐化等：

$$Na_2CaAl_4Si_8O_{24斜长石}+CO_2+H_2O \longrightarrow$$

$$Ca_2Al_3Si_3O_{12}(OH)_{绿帘石}+NaAlSi_3O_{8钠长石}+CaCO_{3方解石}+O_2$$

$$Ca_2(Mg,Fe^{2+})_4Fe^{3+}AlSi_7O_{22}(OH)_{2角闪石}+CO_2+H_2O+O_2 \longrightarrow$$

$$Mg_5Al_2Si_3O_{10}(OH)_{8绿泥石}+CaCO_{3方解石}+Fe_3O_4+SiO_2$$

2.8　矿化分带

由于热液蚀变在空间和时间上的不断演化以及不同期次热液活动的叠加，在一个单独矿床或者矿区，往往形成具一定规律的矿物组合和化学分带。矿床的分带特征及其空间展布规律在不同类型矿床中差别巨大（图 2-13），即便对同一类矿床，其分带特征也可以完全不同。例如，斑岩矿床的分带模式从斑岩体内部的钾化带向外逐渐演化到云英岩化带、黄铁绢英岩化带以及最外侧的青磐岩化带；管状绿泥石-绢云母蚀变岩套出现在许多火山成因硫化物矿床的下盘。许多矿床都是在研究热液蚀变的基础上发现的。尽管热液蚀变模式对矿床的勘探起了很好的指导作用，但不同地区、不同成因矿床具有千差万别的蚀变特征，在找矿勘探实践中，一定要详细研究矿床的具体蚀变特征及其在空间上的分布规律。在此基础上布置勘探工程，才可能寻找到工业矿体。机械地照搬所谓的成矿模式或者成矿理论是不明智的。

矿物和元素的分带性及其规律对找矿勘探十分重要。形成于岩浆结晶过程的矿床（比如镁铁质-超镁铁质杂岩中的镍铜硫化物矿床）分带是岩浆结晶分异的结果。沉积矿床（例如铁、锰矿床）的分带主要因为沉积环境中某些变量（E_h、pH、有机质含量等）的改变所致。热液矿床的形成温度、压力、pH、溶解度变化以及流体混合等因素均可以形成矿化分带。成矿元素的分带特征记录了成矿流体演化的规律。金属矿物在热液中的相对数量及其溶解度决定了矿石矿物在矿床中的结晶顺序。沉积喷流矿床水平方向分带表现为（由内向外）：Cu→Pb→Zn→Ba，垂向分带表现为（由深到浅）：Cu→Zn→Pb→Ba。花岗岩中热液脉型矿床的垂向分带表现为（由深到浅）：Sn+W+As+U→U+Ni+Co→Pb+Zn+Ag→Au+Te+Sb。依据溶解度的大小，热液矿床可能出现如下分带规律（从内向外依次出现）：Fe→Ni→Sn→Cu→Zn+Pb→Ag→Au+Sb→Hg。斑岩型矿床的矿化在平面上往往显示出以 Cu-Mo 矿化为核心的同心环带，向外依次发育 Cu→Pb-Zn→

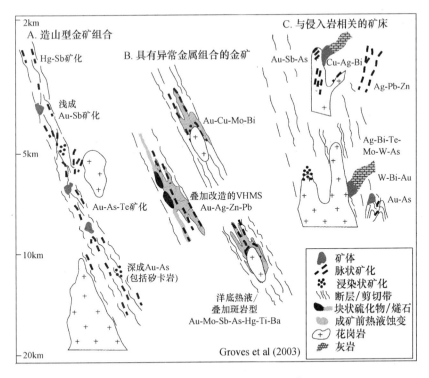

图 2-13　不同类型矿床的矿化分带

Au-Ag 等矿化带(图 2-14)。例如,三江地区经历了特提斯洋的多期洋-陆俯冲和新生代以来的陆-陆碰撞。在不同时期构造环境作用下,发育三种类型的成矿作用(Hou et al,2009;邓军等,2012):(1) VHMS-岩浆热液叠加型:包括喜马拉雅期岩浆热液型矿体叠加海西期-燕山期VHMS 矿体,印支/燕山期岩浆热液型矿体叠加海西期 VHMS 铜多金属矿床;(2) 沉积-热液叠加型:包括喜马拉雅期岩浆热液型矿体叠加燕山期沉积矿源层的铜多金属矿床,喜马拉雅期热液叠加沉积煤层的 Ge 矿床,燕山期岩浆热液叠加加里东期 Fe-Cu 矿床;(3) 多期热液叠加型:主要为喜马拉雅期与印支期叠加形成的金矿、燕山期叠加印支期的铜矿和喜马拉雅期多期次叠加的铜矿床。位于三江复合造山带中段的马厂箐 Cu-Mo-Au 多金属矿田,围绕富碱杂岩体矿化类型、元素组合、围岩蚀变呈明显的分带(王治华等,2012)。在岩体中形成斑岩型铜-钼矿床,在岩体与地层内外接触带形成矽卡岩型铜-钼(铁)矿床,在岩体外围地层中形成浅成低温热液金-铅-锌矿床。对应的围岩蚀变表现为自岩体中心向外依次为强硅化带→石英钾长石化带→石英钾长石绢云母化带→矽卡岩化带→中低温热液蚀变,对应着斑岩型铜-钼矿床→矽卡岩型铜-钼(铁)矿床→浅成低温热液金-铅-锌矿床。

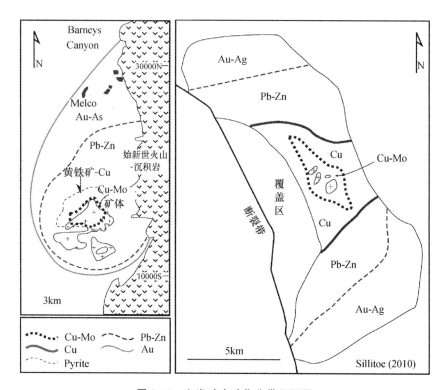

图 2-14 斑岩矿床矿化分带平面图

第三章 热液成矿系统的地球化学

3.1 硫的地球化学行为

硫是最重要的成矿元素之一，以自然硫、硫化物（如黄铁矿 FeS_2）和硫酸盐（如硬石膏 $CaSO_4$）形式存在。元素硫在热泉、火山喷气孔、盐丘和蒸汽相附近富集。气相中硫主要以 H_2S 和 SO_2 形式存在。

火山气体一般以 H_2O 为主，含少量 CO_2、SO_2、HCl 和微量 H_2、HF、H_2S、Ar、Hg、Br 和 CH_4 等。火山气体中金属的含量变化很大，火山喷气中测量到了多种高含量金属元素。在气孔结核中观察到闪锌矿、辉铜矿、铜蓝、方铅矿、黄铜矿、辉钼矿、锡石、黑钨矿、白钨矿、硫镉矿、雄黄、辉铋矿、辉铼矿（ReS_2）、自然铜和自然金（Korzhinsky et al, 1994）。Williams-Jones & Heinrich (2005) 报道了几个火山喷气孔中的矿物组合：700～870℃ 为钼蓝-钼华-辉钼矿-磁铁矿，400～830℃ 为斜方辉铅铋矿-硫铋铅矿-纤维锌矿-辉铬矿，400～650℃ 为钼蓝-钼华-辉钼矿-赤铁矿-磁铁矿-钼钨钙矿，300～560℃ 为硫镉矿-辉铼矿。

在硅酸盐熔体与热液系统中，硫化物与硫酸盐可以共存，硫化物/硫酸盐的比值与氧化还原条件（氧逸度 f_{O_2}）直接相关。岩浆系统的 f_{O_2} 控制着硅酸盐熔体中的 Fe^{2+}/Fe^{3+}，也就控制着硫的氧化状态。岩浆系统的硫逸度（f_{S_2}）往往涉及如下平衡关系：

$$2Fe + S_2 \Longrightarrow 2FeS$$

f_{O_2} 和 f_{S_2} 可以通过矿物组合以及岩石或硅酸盐熔体中的 Fe^{2+}/Fe^{3+} 比例计算。还原硫和氧化硫的相对含量，对岩浆中金属硫化物以及岩浆蒸汽中金属-S 络合物的稳定性起决定作用。Cu-Fe-S 系统中，各种化合物之间的平衡关系如下：

$$FeS_2 + (Cu,Fe)_4S_{4\text{六方硫铁铜矿}} \longrightarrow Cu_5FeS_{4\text{斑铜矿}} + S$$
$$FeS_2 + Cu_5FeS_4 \longrightarrow CuFeS_2 + S$$
$$FeS_2 + CuFeS_2 \longrightarrow CuFe_2S_{3\text{方铁黄铜矿}} + S$$
$$Fe_{1-x}S + CuFeS_2 \longrightarrow CuFe_2S_{3\text{方铁黄铜矿}} + S$$
$$FeS_2 + CuFe_2S_{3\text{方铁黄铜矿}} \longrightarrow Fe_{1-x}S + S$$
$$FeS_2 + CuFeS_2 \longrightarrow Fe_{1-x}S + CuFeS_2 + S$$
$$FeS_2 \longrightarrow Fe_{1-x}S + S$$

这些平衡关系所确定的 f_{S_2} 值与温度和 f_{O_2} 的变异关系分别见图 3-1 和图 3-2。在确定的 f_{O_2} 和 p-T 条件下，f_{S_2} 可以显著地变化。比如，800℃（$f_{O_2} = NNO$）条件下，磁黄铁矿与磁铁矿共存时的 $\lg f_{S_2} = -3.2$，而磁黄铁矿、iss (intermediate solid solution) 与磁铁矿共存时 $\lg f_{S_2} = -0.5$。

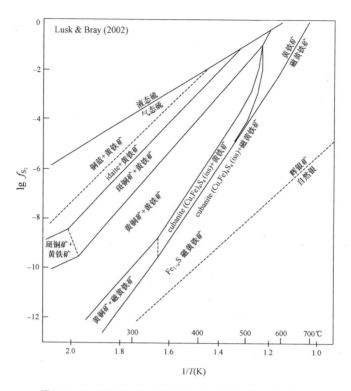

图 3-1　Fe-S 和 Cu-Fe-S 体系中 f_{S_2} 与温度的变化关系

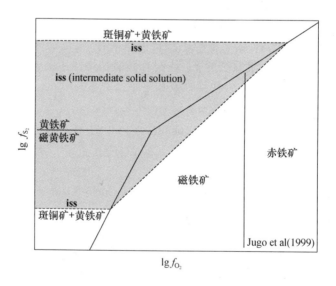

图 3-2　Cu-Fe-S 体系的 f_{S_2}-f_{O_2} 变异图解,阴影区域代表 iss 稳定区

　　硅酸盐熔体的硫含量对许多岩浆和热液矿床的成矿作用至关重要。硫在硅酸盐熔体中的地球化学行为非常复杂(朱永峰,1998;Luhr,2008;Jugo,2009;Métrich & Mandeville,2010;Lightfoot et al,2012)。岩浆中硫的存在形式与氧化态关系如下:

$$\Delta_{FMQ}=1.29+0.45(\ln[S^{6+}]-\ln[S^{2-}])$$

式中 Δ_{FMQ} 是 f_{O_2} 相对于 FMQ 的偏差值；$[S^{6+}]$ 和 $[S^{2-}]$ 分别为硫化物饱和硅酸盐熔体中硫酸盐矿物和硫化物的质量分数。

温度、压力、水含量和氧逸度变化都会影响熔体中的硫含量。当 f_{O_2} 从 FMQ 增加到 FMQ+4 时，在硫化物和硫酸盐饱和的硅酸盐熔体中，硫的最大溶解度可以增加一个数量级。当氧逸度为 FMQ 时，硅酸盐熔体中的硫含量为 0.05%（以硫化物形式溶解）；当氧逸度为 FMQ+3 时，硫含量为 1.5%（以硫酸盐形式溶解）；$f_{O_2}=$FMQ+1.7 时，地幔楔发生 6% 部分熔融，其中的所有硫化物就可能完全溶解（假定地幔中硫的总含量为 250 $\mu g/g$）。

硅酸盐熔体中硫的存在形式以及硫化物和硫酸盐的含量，直接影响岩浆体系是否能形成岩浆热液矿床。岛弧岩浆的氧化状态介于 FMQ 和 FMQ+3 之间，而相关斑岩型矿床的氧化状态通常为 FMQ+1～FMQ+4。当 f_{O_2} 从 FMQ 向 FMQ+4 变化时，硫的存在形式从以硫化物为主转变为以硫酸盐为主。在 800℃（100 MPa，$f_{H_2O}=1000$ bar）条件下，$f_{O_2}=$FMQ+1 时，$f_{H_2S}/f_{SO_2}\approx500$；$f_{O_2}=$FMQ+2.5 时，$f_{H_2S}/f_{SO_2}\approx1$。

最近发现的 S_3^- 对成矿作用意义重大。S_3^- 不仅可以增强铜多金属元素在地壳深部的活动能力，还可以提供深部的硫源，并在地壳深部迁移金属元素，形成金属矿床。S_3^- 通过如下平衡关系进入成矿流体，其稳定区域如图 3-3 所示。

$$S_3^-+0.75O_2+2.5H_2O=2H_2S+SO_4^{2-}+H^+$$
$$S_3^-+H^++2.5H_2O=3H_2S+1.25O_2$$
$$S_3^-+H^++0.5H_2O=H_2S+2S+0.25O_2$$

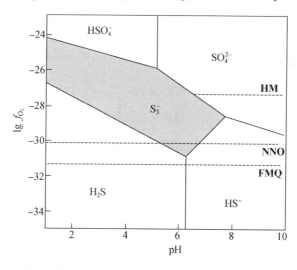

图 3-3　流体中硫离子的存在形式受氧逸度和 pH 控制（Pokrovski，2011）

3.2　成矿流体中 Au 的存在形式

大陆地壳中 Au 的丰度为 3×10^{-9}（Taylor & McLennan，1995）。Au 主要以自然金形式出现在矿石中（图 3-4），主要载金矿物包括自然金、银金矿、金银矿、Au-Sb 合金、铂族元素合金、碲金矿

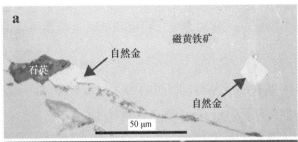

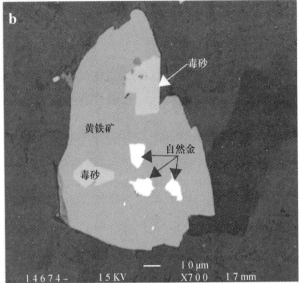

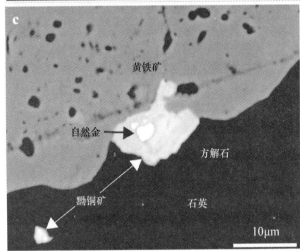

图3-4 (a)磁黄铁矿包裹自然金颗粒,自然金也出现在磁黄铁矿颗粒的边界,天格尔金矿,反射光;(b)黄铁矿中的自然金包体,毒砂与黄铁矿共生,BSE,哈图金矿;(c)自然金与黄铁矿和黝铜矿共生,BSE,哈图金矿

$AuTe_2$、针碲金银矿 $AuAgTe_4$、碲金银矿 Ag_3AuTe_4、斜方碲金矿$(Au,Ag)Te_2$、碲铜金矿 $AuCuTe_4$、黑铋金矿 Au_2Bi、$AuBi_5S_4$、硫金银矿 Ag_3AuS_2、硒金银矿 $AgAuSe_2$、方金锑矿 $AuSb_2$ 等。

Connors et al(1993)分析了 129 个含金火山岩玻璃,大多数含 Au 约 $1×10^{-9}$。在活火山气体凝结物和喷气孔结壳中发现了多种金属物质,其中 Au 含量很高。例如,尼加拉瓜 Monotombo 火山喷气的 Au 浓度高达 $24×10^{-9}$(Hedenquist & Lowenstern,1994)。印度尼西亚 Grasberg 斑岩矿床富气相流体包裹体中 Au 浓度达 $10×10^{-6}$,与其共存盐水的 Au 含量 $<0.3×10^{-6}$(Ulrich et al,1999)。考虑到 Au 在高温水溶液中主要以氯化物形式迁移,HCl 是火山喷气的重要成分,如果 Au 分配进入气相,则其存在形式很可能是 Au-Cl 络合物。

硅酸盐熔体由于减压和/或结晶而达到流体饱和状态,将会出溶流体。化学成分复杂的流体将会从硅酸盐熔体中带走 S、Cl 以及其他元素。100MPa、800℃ 条件下,蒸汽和卤水的 NaCl 浓度分别为 2% 和 60%;145MPa、800℃ 条件下,蒸汽和卤水的 NaCl 浓度分别为 20% 和 35%。岩浆热液可以络合并运移金属元素,这一过程既可以发生在岩浆内部,也可以从岩浆运移到围岩中,还可以从岩浆运移到大气中。岩浆热液从硅酸盐熔体、矿物相以及硫化物熔体中萃取成矿金属的能力,是流体密度以及金属络合物浓度的函数。岩浆气体从硅酸盐熔体中络合并搬运成矿金属的能力与 Cl 的浓度正相关(Simon & Ripley,2011)。

在中低温流体中,$Au(HS)_2^-$ 占主导地位;>300℃时,氯络合物开始变得重要。这可能是络合物内离子的结合能力和原子间的平均距离随温度升高而增大的结果。>400℃时,Au 主要以 $AuCl_2^-$ 方式存在。高温 Au-Cl 络合物易于在冷却过程中沉淀形成金矿。<400℃时,在还原性含硫化物熔体中,Au 在 H_2S-HS^--SO_4^{2-} 平衡点附近的溶解度最大。随着氧化性增强,Au-S 络合物分解,Au 沉淀成矿。随 pH 升高,下面的反应向右进行(Au 沉淀):

$$0.5H_2 + Au^+ \Longrightarrow Au + H^+$$

Au 饱和状态下的平衡反应为

$$Au(HS)_2^- + 0.5H_2O \Longrightarrow Au + 2HS^- + H^+ + 0.25O_2$$

Sb_2S_3 溶解度随温度升高迅速增大。在 Au 溶解度最大的条件下,Sb_2S_3 沉淀过程如下:

$$HSb_2S_4^- + H^+ \Longrightarrow Sb_2S_3 + H_2S$$

As_2S_3 和 Sb_2S_3 溶胶对于 Au-S 络合物的吸附率取决于温度和 pH。在低温(>90℃)酸性(pH<4.5)热液中,溶胶对 Au-S 络合物的吸附率可以达到 100%;当 pH 为中性或者碱性时,吸附率降低至 25% 以下。因此,酸性条件有利于 Au-S 络合物吸附。As_2S_3 和 Sb_2S_3 溶胶吸附 Au-S 络合物的能力不同,在相同 pH 条件下,As_2S_3 的吸附能力较强;在 pH<6 的热液中,Sb_2S_3 的吸附能力随着 pH 的升高而升高(Pope et al,2005)。被 As_2S_3 和 Sb_2S_3 溶胶吸附的 Au-S 络合物将随 As_2S_3 和 Sb_2S_3 溶胶的沉淀而沉淀。当吸附和同沉积机制成为 Au 的主要运移和沉淀机制时,从热液中(如热泉)沉淀出 Au,不一定要求 Au 达到饱和状态。

活动地热系统对形成低温热液矿床有重要意义(Rowland & Simmons,2012),如巴布亚新几内亚 Ladolam、菲律宾 Benget、日本 Hishikari、新西兰 Taupo 等。Au 和 Ag 被地热流体搬运,沉积在断裂系统和蚀变带中。一些地热系统的地表沉积物中 Au 和 Ag 含量较高。新西兰 Ohaaki 沉积物中含 85×10^{-6} Au 和 500×10^{-6} Ag,Rotokawa 沉积物中含 50×10^{-6} Au 和 10×10^{-6} Ag,Waiotapu 沉积物中含 80×10^{-6} Au 和 175×10^{-6} Ag。Champagne 池中 Au 为 $12 \times 10^{-6} \sim 115 \times 10^{-6}$,Ag 为 $3.7 \times 10^{-6} \sim 370 \times 10^{-6}$。Au 浓度与泉华的性质有关。高浓度 Au 与高含量硫化物(如 As(As_2S_3)、Sb(Sb_2S_3)、Tl(Tl_2S))正相关(Pope et al,2004)。泉华物质(硅华、硅酸盐、硫酸盐、硫化物等)中 Au 和 Ag 的浓度分别为 543×10^{-6} 和 745×10^{-6}。Au 和 Ag 的浓度与 As、Sb、Tl 相关,与 Fe、Mo 等其他微量元素含量无关(Pope et al,2005)。

一些配位基(卤化物,还原性硫,中间价态的硫,硫代亚砷酸盐,硫代亚锑酸盐)可以在地热流体中承载 Au。在低氧逸度、pH 中等环境中,还原性硫对 Au 的迁移影响最大,Au-HS^- 络合物含量比其他络合物高几个数量级。与酸性环境中的 AuHS 和碱性环境中的 $Au_2S_2^{2-}$ 相比,中性环境中 $Au(HS)_2^-$ 的溶解度最大,在典型地热环境中最稳定:

$$Au + H_2S + HS^- \Longrightarrow Au(HS)_2^- + 0.5H_2$$

地热流体中 Au 的沉积与 $Au(HS)_2^-$ 或 AuHS 的活度降低有关。导致还原性 S 配位基减少的过程包括冷却、沸腾、稀释、氧化、pH 变化或硫化物沉淀。地热流体与酸性流体混合时,AsS 和 SbS 可能沉淀,并吸附 Au。沸腾过程中,H_2S 逃逸会降低 Au 溶解度;酸性气体逃逸会导致 pH 升高,提高 Au 的溶解度。酸性环境(pH<6.5)将导致 Au 从硫化物溶液中迅速沉淀,因为 HS^- 很容易与 H^+ 反应生成 H_2S,降低 $Au(HS)_2^-$ 的稳定性。Au 在封闭体系中的溶解度更高。Au 浓度足够大(接近饱和状态)的地热流体,在开放体系中温度缓慢降低,将导致 Au 沉淀,而封闭体系中类似的温度降低不会明显地影响 Au 的浓度。

　　金矿成矿作用通常与低盐度富气相的流体有关,富银和贱金属的矿床多与高盐度流体有关。不同盐度流体迁移金属的能力差别很大。Au 通过二硫化物络合物迁移,Ag、Zn 和 Pb 主要以 Cl 络合物在还原环境下迁移。与当地大气水的同位素组成相比,含矿石英脉样品的 $\delta^{18}O$ 和 δ_D 值变化较大,这意味着其中存在岩浆水。新西兰 Broadlands 深部热液的氢同位素变化显示,约 20% 的低盐度岩浆蒸汽与当地大气水混合,而 Wairakei 地热系统深部流体的同位素组成与大气水相似。对日本和菲律宾一些地热系统的钻探研究表明,深断裂中常遇到酸性流体和中性流体。酸性蒸汽提供配位体如 Cl[-] 和 HS[-],使流体从围岩中淋滤金属。

　　巴布亚新几内亚 Ladolam 是世界上最大的热液金矿之一(金储量>1300 吨),位于一个 40 万年前形成的破火山口内。两个主要成矿带面积约为 2 km[2],垂向上延伸 400 m。岩浆热液体系的爆发性减压形成了含矿角砾岩筒。Au 在 150～250℃ 条件下,从岩浆热液中沉淀。围岩蚀变中形成的矿物组合为石英+钾长石+黄铁矿±伊利石±硬石膏±方解石。该处地热流体具氧化性,含 $20000\times10^{-6}Cl^-$、$30000\times10^{-6}SO_4^{2-}$ 和少量 H_2S。深部钻井岩芯含钾长石、黑云母、石英、磁铁矿、黄铁矿、方解石和硬石膏,表明热液近中性(pH=6～7)。深部地热卤水中 Au 浓度较高(13×10^{-9}～16×10^{-9}),其中 Au、Ag、Cu、Mo、Zn 和 As 的比例与它们在矿石中的比例近似,表明这些元素在沉淀过程中没有分异。Ladolam 地区的 Au 流量小于 White Island (37 kg/a) 和 Etna 地区(～80 kg/a),高于 Broadlands 地区(5 kg/a)。Ladolam 地区通过地热钻井开采 >275℃ 的热水,流体在上升过程中沸腾,溶解其中的贵金属沉淀,形成矿化或者矿床。

　　相同 f_{H_2O} 和 f_{HCl} 条件下(300～360℃),Au-H_2O-HCl 体系中 Au 的溶解度随温度升高而降低。气相的 Au 浓度随 f_{H_2O} 和 f_{HCl} 升高而增大,Au 的主要搬运形式为 $AuCl_m\cdot(H_2O)_n$:

$$Au+mHCl+nH_2O \Longrightarrow AuCl_m\cdot(H_2O)_n+0.5mH_2$$

其中 m 为 Cl[-] 的个数,n 为气相中 Au 水合离子的数目。将气体视为理想气体,该反应的平衡常数可以表示为

$$\lg K=\lg f_{AuCl_m\cdot(H_2O)_n}+0.5\lg f_{H_2}-n\lg f_{H_2O}-m\lg f_{HCl}-\lg f_{Au}$$

　　$\lg K$ 的计算结果见表 3-1。在 300℃、340℃ 和 360℃ 时,Au 在气相 $AuCl_m\cdot(H_2O)_n$ 和液相 $AuCl^-$ 间的分配系数分别为 0.877461、0.000779 和 0.000008,表明 Au 更倾向于进入液相。$AuCl_m\cdot(H_2O)_n$ 的逸度与 f_{HCl} 正相关。300℃(f_{H_2O}=66bar)时的直线斜率为 1.07,340℃(f_{H_2O}=144bar)时的斜率为 1.12,360℃(f_{H_2O}=146bar)时的斜率为 0.80。$AuCl_m\cdot(H_2O)_n$ 中水合分子的数目与 f_{H_2O} 正相关。300℃ 时,水合分子数 n=4～5,340℃ 时主要为 $AuCl\cdot(H_2O)_4$,360℃ 时以 $AuCl\cdot(H_2O)_3$ 为主。

表 3-1　平衡关系及平衡常数(Archibald et al, 2001)

温度,℃	反应关系	$\lg K$
300	$Au+HCl+5H_2O \Longrightarrow AuCl\cdot(H_2O)_5+0.5H_2$	-17.28
340	$Au+HCl+4H_2O \Longrightarrow AuCl\cdot(H_2O)_4+0.5H_2$	-18.73
360	$Au+HCl+3H_2O \Longrightarrow AuCl\cdot(H_2O)_3+0.5H_2$	-18.74

　　对 Au-Cl 体系的研究表明,<450℃ 时,Au 主要以 $AuCl_3$ 形式存在;>450℃ 时,以 AuCl 为主。计算表明,300℃(p_{Cl_2}=1bar)条件下,Au-Cl 体系中 Au 的分压为 7.9×10^{-4}bar。同样温度下,p_{Cl_2}=0.1bar 时,Au 分压为 1.1×10^{-6}bar。温度升高至 360℃,p_{Cl_2}=1bar 时,Au 分压为 1×

10^{-4}bar;当 $p_{Cl_2}=0.1$bar 时,Au 分压为 1.148×10^{-6}bar。说明在相同温度条件下,p_{Cl_2} 升高有利于增加 Au 的分压。$300\sim360°C$ 且 $\lg f_{O_2}=-22$ 条件下,Au 在水蒸气中的浓度为 $10^{-52}\sim10^{-50}$。同样温度下,$\lg f_{O_2}=-14$ 时,Au 的分压为 $10^{-39}\sim10^{-38}$,Au_2Cl_2 浓度很低。$AuCl_m\cdot(H_2O)_n$ 浓度越高,表明溶质-溶剂的水合作用越强烈。$300°C$、盐度 2 wt% NaCl、pH=$1\sim2$,$\lg f_{O_2}=-31\sim-25$ 条件下,Au 在气相中的溶解度变化特征如图 3-5 所示。在 pH=2,$\lg f_{O_2}=-28$ 条件下,Au 在气相中的浓度为 0.06×10^{-9}。同等氧逸度且 pH=1 时,Au 浓度为 0.6×10^{-9}。当 $\lg f_{O_2}=-25$(pH=1)时,Au 浓度为 6×10^{-9}(Hedenquist & Lowenstern,1994)。以平均 HCl 流量 700 吨/天、Au 浓度 1.2×10^{-9}(pH=1,$\lg f_{O_2}=-28$)计算,日本 Nansatsu 热液系统可在 11.9Ma 内形成一个储量 36 吨的金矿。

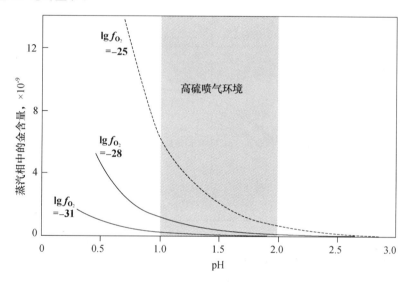

图 3-5 **$300°C$ 条件下 Au 含量($\times10^{-9}$)与流体 pH 的变异关系图. $\lg f_{O_2}=$**
-31 的曲线对应缓冲体系 H_2S-SO_2,$\lg f_{O_2}$ 为 -28 和 -25 的曲线对应
Ag-AgCl 缓冲体系,阴影区对应高硫矿化条件

含 Cl 水蒸气可搬运相当数量的 Au。Au/Cl 比值为 1:1 时,Au 在 $300°C$、$340°C$ 和 $360°C$ 时的存在形式分别为 $AuCl\cdot(H_2O)_5$、$AuCl\cdot(H_2O)_4$ 和 $AuCl\cdot(H_2O)_3$。Au 溶解度随温度升高而降低,这可能是由于水合分子越少,稳定性越差。在高硫型浅成低温热液矿床形成的温度、pH 和 f_{O_2} 条件下,含 Cl 岩浆热液的气相可以搬运低含量 Au($<0.5\times10^{-9}$)。然而,火山喷气和流体包裹体中的 Au 含量很高,这可能是由于其他气体(如 H_2S 等)对 Au 的搬运起重要作用。

Au 在 H_2S 气体中的溶解度为 $0.4\sim1.4$ ng/g($300°C$)、$1\sim8$ ng/g($350°C$)和 $8.6\sim95$ ng/g($400°C$,Zezin et al,2007)。$\lg f_{Au}$ 和 $\lg f_{S_2}$ 之间正相关,存在如下平衡关系:
$$Au+nH_2S \Longrightarrow Au(HS)_n+0.5nH_2$$

HS^- 活度降低、f_{O_2} 降低以及 pH 升高均可以导致 Au 沉淀。$350°C$ 时 Au 的溶解和沉淀由如下反应控制:
$$Au+HS^-+H^++0.25O_2 \Longrightarrow Au(HS)+0.5H_2O$$
$$Au+2HS^-+H^++0.25O_2 \Longrightarrow Au(HS)_2^-+0.5H_2O$$

＞350℃时,富 Cl 流体中 Au 的主要存在形式为 $AuCl_2^-$(图 3-6):

$$Au+2Cl^-+H^++0.25O_2 = AuCl_2^-+0.5H_2O$$

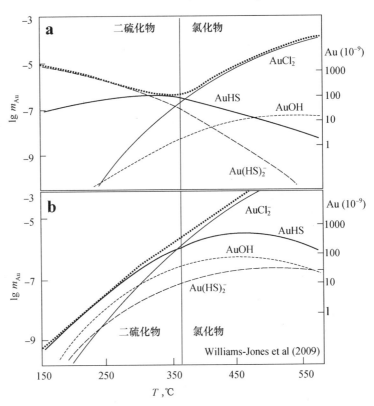

图 3-6　Au 溶解度和存在形式(1bar, 1.5 mol NaCl＋0.5 mol KCl, pH 类似钾长石-白云母-石英组合稳定条件):(a)$\sum S=0.01$ mol, f_{O_2} 由赤铁矿-磁铁矿缓冲;(b)$\sum S(<0.1$ mol)和 f_{O_2} 由黄铁矿-磁黄铁矿-磁铁矿缓冲

50MPa 和 100～500℃条件下(pH＝1.5～9.8),Au 溶解度在 3.6×10^{-8}～6.65×10^{-4} 之间变化($\sum S^{2-}=0.0164$～0.133 mol,$\sum Cl=0$～0.24 mol,$\sum Na=0$～0.20 mol,$\sum H_2=1.63\times10^{-5}$～$5.43\times10^{-4}$ mol,Stefánsson & Seward,2004)。在弱酸性条件下,Au 的主要存在形式为 AuHS 和 $Au(HS)_2^-$,＞400℃时,AuHS 和 Au-Cl 络合物更重要。

在一些斑岩型矿床和层状镁铁质侵入体相关的 PGE 矿床中,发现了高浓度 PGE 的高盐度流体包裹体,且流体具有较高的 Cl/F 比值。金属很可能通过 Cl 络合物和硫络合物联合方式在流体中迁移。PGE 和 Au 的运移与贱金属硫化物的成分有关,如 FeS 的存在导致 PGE 与 Au 分馏,增强了 Pt、Pd 和 Au 的挥发性。Peregoedova et al(2006)研究了 Fe-Ni-Cu 系统中的 PGE、Au、Ni 和 Cu 的地球化学行为(1000℃饱和蒸汽压条件)。最初不含 PGE 的 mss 获得了相当数量的 Ni、Cu、Au、Pt 和 Pd(但 Ir、Ru 和 Rh 的含量很低)。f_{S_2} 和 PGE 母体的组成是影响蒸汽中 Ni、Cu、Au 和 PGE 浓度的最重要因素。Cu 在蒸汽相中比 Ni 更活泼,Cu 和 Au 的活动性与 f_{S_2} 无关。Au 的活动性比 Pd 和 Pt 大一个数量级,后两者的活动性又比 Rh、Ru 和 Ir 高出一个数量级。硫含量最低的实验中，Pd 的质量迁移比 Pt 更显著。PGE 和 Ni 的迁移都随着 f_{S_2} 升高而增强。

3.3　成矿元素的分配系数

元素在岩浆体系各相间的分配行为受压力、温度、全岩成分、f_{O_2} 和 f_{S_2} 等因素的影响。硅酸盐熔体冷却或岩浆混合过程中，硫化物结晶。熔体中最常结晶的硫化物包括斑铜矿（Cu_5FeS_4）、镍黄铁矿（$(Fe,Ni)_9S_8$）、磁黄铁矿（$Fe_{1-x}S$）、iss 和 mss。Cu 在硅酸盐熔体与磁黄铁矿之间的质量平衡关系：

$$CuO_{0.5}+FeS+0.5S_2 \rightleftharpoons CuFeS_2+0.25O_2$$

如果熔体中的 Cu 以硫化物形式出现，则有

$$CuS_{0.5}+FeS+0.25S_2 \rightleftharpoons CuFeS_2$$

Cu 的分配系数 D_{Cu} 取决于 f_{O_2} 和 f_{S_2}。Au 的分配系数 D_{Au} 也可以写出一个类似的平衡关系。f_{S_2} 的变化会影响磁黄铁矿从熔体中分离 Cu 和 Au 的能力（达几个数量级）。

f_{O_2} 和 f_{S_2} 对于 D_{Cu} 和 D_{Au} 的影响可以表述为

$$\lg D_x = \lg K + 0.5\lg f_{S_2} + \lg a_{Fes} - 0.25\lg f_{O_2}$$
$$K = D_x \times (f_{O_2})^{0.25}/[(f_{S_2})^{0.25} \times a_{Fes}]$$

式中 x 分别代表 Cu 或 Au。$X_{FeS}=1$ 时，$\lg a_{Fes}=0$。f_{O_2} 和 f_{S_2} 与分配系数的关系表示在图 3-7 中，D_x 等值线为 f_{O_2} 和 f_{S_2} 的函数。模拟计算表明，f_{S_2} 变化会对硫化物从硅酸盐熔体中提取成矿金属的能力产生影响。

1150℃（1bar）条件下，FeS-FeO-SiO_2 体系中 Fe、Co、Ni、Cu 和 Zn 的分配系数依次为：$D_{Ni}=150$，$D_{Cu}=50$，$D_{Co}=7$，$D_{Fe}=1.2$，$D_{Zn}=0.5$。800℃（100MPa）、$\lg f_{S_2}=-2\sim-1$、$\lg f_{O_2}=$ NNO+0.5 条件下，Cu 在 mss 和花岗质熔体中的溶解度分别为 2170 $\mu g/g$ 和 43 $\mu g/g$，$D_{Cu}=550$（Lynton et al，1993）。由 C-CH_4 缓冲 f_{O_2} 时，Cu 在 mss 和花岗质熔体中的溶解度增加到 2890 $\mu g/g$ 和 36 $\mu g/g$，$D_{Cu}=910$。850℃（100MPa，$f_{O_2}=$NNO，$\lg f_{S_2}=-1$）条件下，Cu 和 Au 在 mss 与花岗质熔体之间的分配系数分别为 $D_{Cu}=2600$ 和 $D_{Au}=140$。Au 在 iss 与花岗质熔体之间分配系数 $D_{Au}=5700$（Jugo et al，1999）。iss 结晶会大量消耗硅酸盐熔体中的 Au，而 mss 结晶则会大量消耗硅酸盐熔体中的 Cu。如果 mss 和 iss 由于 f_{O_2} 和 f_{S_2} 变化，而变得相对不稳定，Cu 和 Au 就会释放到硅酸盐熔体中，并最终进入岩浆热液（图 3-7）。

在 Au 饱和、不含硫的水蒸气-卤水-硅酸盐熔体中，800℃（140 MPa，NNO）条件下磁铁矿溶解 2×10^{-6} Au，而长英质熔体仅溶解 0.5×10^{-6} Au。800℃水饱和条件下（>140MPa，$\lg f_{O_2}=$ NNO-0.25～NNO，$\lg f_{S_2}=-3.0\sim-1.5$），Cu 和 Au 在硅酸盐熔体与磁铁矿-钛铁尖晶石固溶体之间的分配系数分别为 $D_{Cu}=0.0002\sim26$（磁铁矿-钛铁尖晶石）、$D_{Au}=0.82\sim50$。Cu 在 mss 与硅酸盐熔体之间的分配系数 $D_{Cu}=174$。1050℃无水条件下（>140MPa，$\lg f_{O_2}=$NNO-0.25～NNO，$\lg f_{S_2}=-3.0\sim-1.5$），硅酸盐熔体与磁黄铁矿之间的分配系数为 $D_{Cu}>200$、$D_{Ag}=58$，$D_{Au}=120$（Simon et al，2008）。

Re 和 Os 在硫化物熔体与硅酸盐熔体之间的分配系数（20～20000）受 f_{O_2} 和 f_{S_2} 控制（1200～1250℃，1.5GPa，Brenan，2008）。D_x 对熔体成分和 f_{O_2} 变化非常敏感，S、Fe 含量以及 f_{O_2} 值的

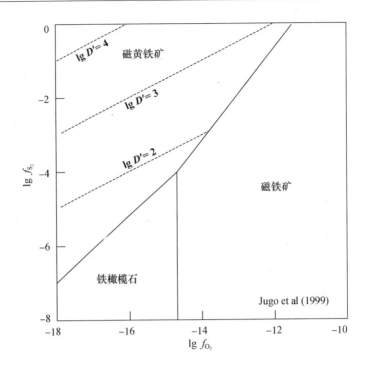

图 3-7　100MPa(850℃)条件下，f_{O_2} 和 f_{S_2} 对 Cu 在 mss 与含水
花岗质熔体之间分配行为的影响. 虚线代表 Cu 分配系数的等
值线：$\lg D' = 0.5\,\lg f_{O_2} - 0.25\,\lg f_{S_2}$

降低，都将导致 D_x 值升高。当硫化物熔体含 37 mol% NiS、$\sum S$ 为 $100 \times 10^{-6} \sim 1000 \times 10^{-6}$ 时（$1200 \sim 1250$℃，$\lg f_{O_2}$ 和 $\lg f_{S_2}$ 分别为 $-11.3 \sim -7.2$ 和 $-1.0 \sim 3.4$），PGE 的平均 D_x 值依次为：$D_{Os} = 30 \times 10^3$，$D_{Ir} = 26 \times 10^3$，$D_{Ru} = 6.4 \times 10^3$，$D_{Pt} = 10 \times 10^3$，$D_{Pd} = 17 \times 10^3$；当硫化物熔体含 $0 \sim 17$ mol% NiS，$\sum S < 100 \times 10^{-6}$ 时，D_x 值依次为 $D_{Os} = 3.7 \times 10^3$，$D_{Ir} = 3.2 \times 10^3$，$D_{Ru} = 4.4 \times 10^3$，$D_{Pt} = 4.6 \times 10^3$，$D_{Pd} = 5.0 \times 10^3$（Fleet et al，1996）。

　　Pt 和 Pd 从硅酸盐熔体转移到 mss 的过程受 f_{S_2} 控制。较高 f_{S_2} 条件下，金属在 mss 中的溶解度较高。Pt、Pd、Rh、Ru 和 Ir 在镁铁质熔体、(Fe,Ni,Cu)-mss 和 (Fe,Ni,Cu) 硫化物熔体之间的分配系数为 $D_{Ir} = 10$，$D_{Ru} = 9.0$，$D_{Rh} = 3.0$，$D'_{Pt} = 0.12$，$D_{Pd} = 0.14$（Bockrath et al，2004）。Au、Pd 和 Pt 在 mss 与花岗质熔体之间的分配系数依次为 $1244 \sim 300000$、$0.5 \sim 2300$、$400 \sim 27600$（800℃，150MPa，$f_{O_2} \approx$ NNO，$f_{S_2} = -5 \sim 0$，Bell et al，2009）。

　　Frank et al（2011）的实验（800℃，100MPa，$f_{O_2} \approx$ NNO）分别针对气相-卤水相-硅酸盐熔体-iss-mss-磁铁矿-石英组合（$\lg f_{S_2} = -1$，$D_{Cu} = 32 \sim 617$，$D_{Au} = 130 \sim 240$，最大分配系数对应着低 f_{S_2} 值）、气相-卤水相-硅酸盐熔体-iss-mss-斑铜矿-磁铁矿-石英组合（$\lg f_{S_2} = -4$，$D_{Cu} = 2.6 \sim 18$，D_{Cu} 随 f_{S_2} 升高而增加，$D_{Au} = 70 \sim 140$，其最高值对应着较高的 f_{S_2} 值）。Cu 和 Au 都强烈分配进入气相和卤水相，卤水相含更高的 Cu 和 Au。随着 f_{S_2} 升高，Cu 和 Au 更趋向于分配进入气相。Simon et al（2006）定量分析了 S 对于 Cu 在硅酸盐熔体-气相-卤水±磁铁矿±mss 之间分

配行为的影响（800℃，140MPa，$f_{O_2} \approx$ NNO，$D_{Cu} = 316$，$D_{Cu} = 443$，$D_{Cu} = 0.69$）。在不含 S 体系中，$D_{Cu} = 63$，$D_{Cu} = 240$，$D_{Cu} = 0.27$。体系中加入硫会增加 Cu 从硅酸盐熔体向气相以及卤水中迁移的能力。硅酸盐熔体-气体-Au±磁铁矿±磁黄铁矿组合中，As 和 Au 在流纹质熔体与气相之间的分配行为（800℃，120MPa，$f_{O_2} \approx$ NNO，$\lg f_{S_2} = -3.0$，$\lg f_{H_2S} = 1.1$，$\lg f_{SO_2} = -1.5$，$H_2S/SO_2 \approx 400$）：不含硫和含硫组合的 D_{As} 分别为 1.0 和 2.5。不含硫体系的气相中存在 $As(OH)_3$（Simon et al，2007）：

$$0.5As_2O_3 + 1.5H_2O \Longrightarrow As(OH)_3$$

平衡常数：$K_{As} = (C_{As(OH)_3})/[(C_{As_2O_3})^{0.5} \times (X_{H_2O})^{1.5}]$，$C_{As(OH)_3}$ 和 $C_{As_2O_3}$ 分别为气相和硅酸盐熔体中的 As 含量。不含硫体系和含硫体系的 $\lg K_{As}$ 分别为 -1.3 和 -1.1。随着硫的加入，K_{As} 值增大。这与含硫岩浆气体中出现砷酸和 As-S 络合物的事实吻合。不含硫和含硫组合中的 D_{Au} 分别为 15 和 12。Au 在硅酸盐熔体和气体之间分配的平衡常数：

$$K_{Au} = [C_{Au}^v \times (f_{O_2})^{0.5}]/[C_{Au} \times (C_{HCl}^v)^2]$$

式中 C_i^v 和 C_i 分别代表气体和硅酸盐熔体中成分 i 的含量。不含硫体系中 $\lg K_{Au}$ 的平均值为 -4.4，含硫体系中的平均值为 -4.2。

实验表明，Au 在分配进入磁黄铁矿和 iss 时发生强烈分异（850℃，100MPa，Jugo et al，1998）。在黄铁矿-磁黄铁矿-磁铁矿缓冲条件下（600℃，700℃），Au 在 iss 中的含量（分别为 1200×10^{-6} 和 3000×10^{-6}）远高于在磁黄铁矿（$7 \times 10^{-6} \sim 9 \times 10^{-6}$）、磁铁矿（$2 \times 10^{-6} \sim 6 \times 10^{-6}$）和黄铁矿中的含量（$2 \times 10^{-6} \sim 6 \times 10^{-6}$）。实验合成斑铜矿和黄铜矿的 Au 含量分别达 750×10^{-6} 和 250×10^{-6}（500℃，100MPa，Tauson，1996）。相对磁黄铁矿，Au 更易富集在含铜硫化物中。Au 在各矿物相中的分布不同，颗粒大于 $1 \mu m$ 的自然金主要见于斑铜矿颗粒的边缘，并在黄铜矿（或 iss）中以包裹体形式出现。这种结构与自然矿物组合中的相似。对这种结构以及黄铜矿（或 iss 中）较低 Au 含量的解释：相对黄铜矿（或 iss），Au 优先被斑铜矿表面吸附。在 Au^+ 被还原为单质 Au 前，Au-Cl 络合物被吸附到硫化物表面。Au^+ 在斑铜矿中浓度最高，往下依次是 iss-斑铜矿、iss-斑铜矿-磁黄铁矿、iss 和 iss-磁黄铁矿。

高温条件下斑铜矿比黄铜矿更富集 Au。在 iss 和斑铜矿固溶体中，Au 的存在形式具有显著差异。Au 以显微包裹体形式存在于 iss 中。斑铜矿中观察不到自然金包裹体，但在斑铜矿颗粒边缘集中分布着大量细小自然金颗粒。Au 在斑铜矿和 iss 中的含量在相同温度下基本一致，温度越高，Au 含量越高。600℃时 iss 和斑铜矿分别含 Au $107 \times 10^{-6} \sim 194 \times 10^{-6}$ 和 $56 \times 10^{-6} \sim 225 \times 10^{-6}$；700℃时 iss 和斑铜矿分别含 Au $215 \times 10^{-6} \sim 2393 \times 10^{-6}$ 和 $47 \times 10^{-6} \sim 5046 \times 10^{-6}$。600℃实验合成了不同的斑铜矿和 iss，其中包括斑铜矿-iss 组合、与自然金共存的斑铜矿和 iss。斑铜矿含 Au $1280 \times 10^{-6} \sim 8212 \times 10^{-6}$。观察到含 Au 量差异较大的两种斑铜矿：褐色斑铜矿含 Au $4494 \times 10^{-6} \sim 5092 \times 10^{-6}$，蓝色斑铜矿含 Au $1280 \times 10^{-6} \sim 2608 \times 10^{-6}$。iss 中的 Au 含量变化较小（$25 \times 10^{-6} \sim 104 \times 10^{-6}$）。斑铜矿和 iss 在 400～600℃的 Au 含量随温度升高而显著提升。斑岩矿床的 Au 含量与体系中磁铁矿的含量正相关。斑岩 Cu-Au 成矿体系中，氧逸度升高和硫逸度降低会导致斑铜矿交代黄铜矿，以及磁铁矿交代黄铁矿。在斑铜矿和磁铁矿稳定存在的热液中，Au 和 Fe 的溶解度最高。这些金属溶解度与温度的明显正相关性说明，岩浆热液即使从 700℃小幅下降,也会随着斑铜矿和磁铁矿沉淀大量 Au。

　　然而,大多数斑岩铜金矿床中斑铜矿实际含 Au 量都要低得多。说明斑铜矿形成时体系的 Au 含量应该比较低,并在后期冷却过程中丢失了部分 Au。斑铜矿在低温下形成更有序的结构,因此无法保留其在高温时溶解于其中的全部 Au。硫在开放体系中的行为可以使黄铜矿从斑铜矿的出溶复杂化,类似的复杂化可能伴随着 Au 的出溶。所有从斑铜矿中出溶的 Au 都可能向斑铜矿颗粒的边缘或沿着晶体断面(如破裂面或解理面)移动。斑铜矿表面倾向于形成一个有利的吸附基,Au 沉淀或吸附在上面。在冷却或低温蚀变过程中,从斑岩成矿系统中释放出来的 Au,可以作为相关浅成低温热液金矿的重要成矿物质来源。留在斑岩系统中 Au 的比例可能很低。例如,Bingham 斑岩矿床的 Cu/Au 比值约为 18000(Ballantyne et al,1997)。

　　Au 在黄铁矿、方铅矿和磁黄铁矿表面的吸附或还原比在石英或铁氧化物上的速度快。随着 Au-配合基键强度增加,Au 的还原速度降低。$AuCl_4^-$ 在黄铁矿、方铅矿和闪锌矿表面的还原反应伴随硫化物的氧化过程(Hyland & Bancroft,1989)。在硫化物表面,离子被滤取出来,随着 Au^{3+} 被还原,矿物表面氧化形成多硫化物。$AuCl_4^-$ 在黄铁矿表面的还原反应如下:

$$FeS_2+5AuCl_4^-+8H_2O \Longrightarrow Fe^{3+}+2SO_4^{2-}+16H^++5Au+20Cl^-$$

　　从黄铁矿表面析出金簇的电子扫描图中,观察到直径 50～100 nm 的 Au 球体,这些球体包含着更小的球体(Mycroft et al,1995)。这些金簇大小几乎相同,表明瞬时成核和生长。金簇一般出现在微裂隙或黄铁矿凹陷中,表明这些表面能高的地方有利于成核。

　　氯化物浓度下降时,矿物表面 Au 的位置分数显著增加,Au^{3+} 被 Fe^{2+} 还原成 Au^+。将黄铁矿放置在 $AuCl_4^-$ 溶液中,足量的 Fe^{2+} 将 $AuCl_4^-$ 转变化 $AuCl_2^-$。高 Fe^{3+} 浓度可以增加黄铁矿的氧化速率,除了 Fe^{3+} 氧化黄铁矿表面外,Au^+ 也能氧化黄铁矿表面。Au^+ 与黄铁矿电极相互作用的电化学研究表明,Au^+-Fe^{3+}-FeS_2 体系的稳态电势约为 100 mV,比 Au^{3+}-Fe^{3+}-FeS_2 体系的大。比较而言,在 Au^{3+} 和 Au^+ 的高浓度溶液中,黄铁矿在前者中被腐蚀得更快。Au 在硫化物表面的沉淀程度有限,因为这些矿物很快被氧化,阻止了进一步的还原过程。

$$AuCl_4 \Longrightarrow AuCl_3+Cl^- \qquad\qquad\qquad\qquad\text{(阶段 I)}$$
$$AuCl_3+2e \Longrightarrow AuCl+2Cl^- \qquad\qquad\qquad\text{(阶段 II)}$$
$$FeS_2+2xH^+ \Longrightarrow xFe^{3+}+Fe_{1-x}H_{2x}S_2+xe \qquad\text{(阶段 III)}$$
$$AuCl+Fe_{1-x}H_{2x}S_2+xFe^{2+} \Longrightarrow Au+Cl+2xH^++FeS_2 \qquad\text{(阶段 IV)}$$

　　氯化物在金属表面的吸附过程是常见的电化学现象。阶段 II 使 Au^{3+} 还原成 Au^+。阶段 III 从黄铁矿晶格中去除 Fe^{2+}。吸附的 Au^+ 通过阶段 IV 还原。

3.4　现代热液成矿系统

　　海底热液循环系统对海水组成和演化、海底矿床的形成,以及全球生态系统有重要影响。海底洋壳中热水循环受压力和温度控制。海底热液与海水混合,可以形成矿化异常。海底热液的化学组成见表 3-2。在 5°S 大西洋洋中脊约 3000 m 深的位置,观察到循环流体的临界点(图 3-8)。

表 3-2　海底热液的化学组成(Koschinsky et al, 2010)

采样地点	Turtle Pits05	Turtle Pits06	Sisters Peak	Red Lion	Brandon EPR	Bastille JFR	海　水
最高温度,℃	405	407	400	349	405	368	2
Cl, mmol/L	291	271	224	552	330	208	552
Br, μmol/L	494	482	392	873	550	340	831
B, μmol/L	536	547	591	520	432	800	425
Si, mmol/L	11.3	11.6	14.4	21.8	9.5	9.2	0.06
Na, mmol/L	230	237	209	480	270	166	474
K, mmol/L	7.94	8.6	7.4	19.8	7.7	10.0	10.4
Ca, mmol/L	7.7~10.7	8.8	11.6~17.4	18.6	21.3	12	10.5
Li, μmol/L	416	427	343	1217	309	160	25
Sr, μmol/L	28.2	25.4	35~52	63.1	63.1	63	87
Mn, μmol/L	454	473	704	730	702	550	0.0013
Fe, μmol/L	3120	3940	3380	803	7570	2200	0.0045
Cu, μmol/L	111	9~76	110~347	5.2	54	25	0.0033
Zn, μmol/L	55	28~69	50~155	60	78	32	0.028
Mo, μmol/L	101	15~57	80~270	15.7	未测	68	0.10
Pb, μmol/L	187	56~184	126~422	418	未测	100	0.013
K/Cl	0.027	0.032	0.033	0.035	0.023	0.048	0.019
Na/Ca	<21	26.9	<18	25.8	12.6	13.8	45.1

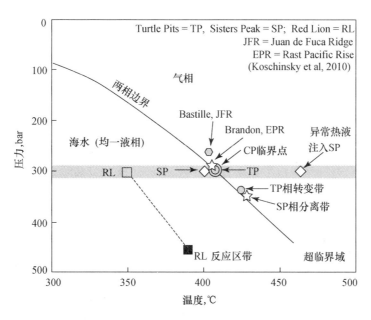

图 3-8　大西洋洋中脊循环热液的相边界,灰色区间代表海水压力

俶冲带将流体和沉积物循环到地球深部,一部分俶冲沉积物和流体通过岛弧系统返还到地壳浅部。在俶冲带变质条件下存在三种不同类型的流体,即富水流体、含水熔体和超临界流体。流体相通常与固体残留相共存。在硅酸盐-H_2O体系中,随温度和压力增加,当达到水饱和固相线时,硅酸盐将发生部分熔融。在水饱和固相线以下只存在富水流体。当温度和压力达到第二次临界点附近时,含水的硅酸盐熔体与富水流体之间将变得完全混溶,形成超临界流体。富水流体和含水熔体共存是形成超临界状态的必要条件。超临界流体具有非常高的溶解能力。在一定温度下,流体(包括富水流体、含水熔体和超临界流体)的溶解能力随着流体密度的增加而增加。在第二次临界点附近,温度和压力的微小变化会显著改变流体的物理化学性质。富水流体会优先溶解大离子亲石元素(LILE)和轻稀土元素。与富水流体相比,超临界流体具有更高的元素溶解能力。Kessel et al (2005)的实验研究显示,在超临界流体中,Ce、Nd 和 Th 的分配系数大于1;Ce、Nd 和 Th 在富水流体中的分配系数小于 1。正是通过这种俶冲带流体的循环,成矿物质在岛弧环境有效汇聚,为形成热液矿床奠定了物质基础。

新特提斯洋壳自晚白垩世向北俶冲到 Urumieh-Dokhtar 弧下,与岛弧钙碱性岩浆相关的斑岩成矿作用一直延续到中新世。伊朗的主要斑岩型矿床形成于中新世,包括 Sar Cheshmeh(1.1Gt 矿石,0.64% Cu 和 0.03% Mo)、Meiduk(约 170Mt 矿石,0.82%Cu 和 0.006% Mo)和 Sungun(500Mt,0.76% Cu 和 0.01% Mo)等。赋存在前寒武碳酸盐和黑色页岩中的 Zarshuran 金矿规模巨大,硫化物-石英脉中发育黄铁矿、碱金属硫化物、硫盐、雄黄、雌黄、辉锑矿和锑化物。类似的还包括 Agh Darreh 和 Sari Gunay 金矿(Richards et al,2006)。Sari Gunay 金矿产在中新世中期粗面岩-安山岩-英安岩-安粗岩-流纹岩组合中。矿区发育两个陡立的环状火山角砾岩筒,一个以 Sari Gunay 为中心,另一个以 Agh Dagh 为中心。高温热液石英-电气石叠加在火山角砾岩上,形成硅化区,该区域包含了主要的高品位矿化带。这些高温热液角砾岩中的角砾为火山岩围岩,被细粒蓝绿色电气石、石英、黄铁矿和金红石集合体胶结。Agh Dagh 地区的角砾岩规模相对较小,矿化程度低,发育低温蚀变,与矿区次火山岩经历的高温热液蚀变形成鲜明对比。两个矿区普遍发育的条带状石英脉含微量黄铁矿、黄铜矿、砷黝铜矿和磁铁矿。石英-电气石脉和角砾岩形成于石英-磁铁矿脉之后,与强烈绢云母蚀变有关。以高温开始的石英-电气石阶段,演化为含金的低温石英-黄铁矿-辉锑矿-雄黄-雌黄-黄铜矿-砷黝铜矿-磁铁矿脉,形成了低品位铜矿化和金矿化。冰长石-石英脉是主要的金成矿阶段,矿化好的矿脉含"黑莓黄铁矿"(sooty pyrite,由微粒砷黄铁矿±毒砂组成)。早期的粗粒黄铁矿与含金的砷黄铁矿、毒砂和辉锑矿共生,随后形成块状辉锑矿脉,最后形成雄黄、雌黄和辰砂晶簇。自然金也出现在辉锑矿或雄黄的晶簇状孔洞中。早期高温热液矿脉与弱钾化带仅出现在深部。从浅部岩浆房中出溶的流体由低密度气相和高盐度卤水组成。晚期浅成低温热液叠加早期斑岩型成矿系统。

在 Takab 地区形成了中新世岛弧火山岩和伸展盆地。流体伴随着中新世岩浆活动向上运移,含 H_2S 热泉和硫质喷气孔长期活动,形成的钙华沉淀局部含高浓度 Au、Ag 和其他金属元素(Daliran,2008)。上升流体在接近地表时快速冷却,伴随着礁灰岩的硅化和脱碳酸盐化作用。CO_2 逸散促进了 Au、Ag、As 和 Sb 等金属络合物不稳定而沉淀成矿。如 Agdarreh 和 Zarshouran 金矿分别赋存在富碳酸盐的中新世和新元古代-早寒武世沉积岩中,具有相似的矿床地质特征,应该属于相同的成矿系统。金赋存在强烈硅化区,赋矿礁灰岩顶部出现富 Fe-Mn 氧化物盖层。Agdarreh 东部硅化蚀变带沿断裂分布,说明断裂带是成矿流体的运移通道。赋矿礁灰岩经历了广泛的酸淋滤,之后普遍的硅化伴随着第一阶段矿化。第二个阶段硅化伴随着硫化物大量沉淀。晚期形成了砷硫化物、辰砂和重晶石。新生代 Takab 伸展盆地中,中新世到第四纪的岩浆活动开启了一个长期活动的热液系统,并在不同围岩中产生了金矿化。含 H_2S 的热泉仍然在活动,并不断沉积出多种金属元素。今天,成矿作用依然进行着。

酸性热泉通常来自接近热液活动中心部位释放的流体。受火山系统控制的高 pH 热液体系(近中性的氯化物型),一般远离热液活动中心。在所罗门群岛的萨沃岛上,临近火山口(<1 km)的热泉释放出高硫酸盐、低氯的碱性流体(pH=7~8),形成硅华或硅-钙混合沉积物(Smith et al,2010)。萨沃岛位于所罗门群岛首都霍尼亚拉东北方向 35 km 处。1568 年及 1830—1840 年喷出硅饱和的钠质粗面岩和橄榄粗安岩。火山口本身无热泉,但出现了喷气孔和地面蒸汽。大多数热泉分布于未巩固的火山碎屑沉积区(Smith et al,2010)。东泉 Rembokola 大约 10 m² 范围(pH 7~8)位于距离火山口边缘 1 km 左右的陡边谷地,由小直径(<0.5 m)的泉眼构成。泉眼的水流速度不均匀,单个的泉眼水流速度低于 1 kg/s。在溪流的河床以及热泉附近,常形成白色硅质泉华壳或沉积层。火山口壁泉 Poghorovorughala 由喷泉、喷井及喷气孔组成。常出现沸腾的碱性热泉(pH 7~8)。多数热泉形成了特殊的碳酸盐+蛋白石+石膏沉积,并围绕喷泉或喷井壁构成层状或环状。酸性热泉对其周围的沉积地层具有破坏性,它们主要位于低凹处。这些热泉的出水速率一般很低(0.001~0.010 kg/s)。

萨沃岛发育酸性和碱性硫酸盐泉水。碱性硫酸盐热泉(pH=7~8)的 $\delta(^{34}S_{SO_4^{2-}})=5.4‰\pm1.5‰$,$\delta(^{18}O_{H_2O})=4.0‰~7.9‰$。火山口壁泉富集硫酸盐(600~800 mg/L),亏损氯(~5 mg/L),中等富集无机碳(DIC,~90 mg/L HCO_3^-)和 SiO_2(~250 mg/L)。Ca~250 mg/L、Na~90 mg/L、K~17 mg/L、Mg~12 mg/L、Fe 和 Al 含量极低(<0.05 μg/L)。其他微量元素包括 Li(300 μg/L)、Rb(60 μg/L)和 Sr(3 mg/L)。碱性硫酸盐温泉水的氢-氧同位素均一($\delta^{18}O=-4‰\pm0.8‰$,$\delta_D=-36‰\pm3‰$)。酸性硫酸盐热泉表现出明显高于正常地下水的氢氧同位素组成(图 3-9),从 $\delta^{18}O=-0.9‰$、$\delta_D=-27‰$ 变化到 $\delta^{18}O=6.8‰$、$\delta_D=-3‰$。这些数据点显示出很好的线性关系。碱性硫酸盐热泉卸载速度很快,滞留时间很短,所以其同位素组成基本不会受到卸载后蒸发作用的影响。单独混合过程不足以形成具有现在这种同位素特征的碱性硫酸盐流体。水岩反应可以促使流体在 $\delta^{18}O\text{-}\delta_D$ 图解上沿水平方向演化,沸腾则引起微弱上升趋势。

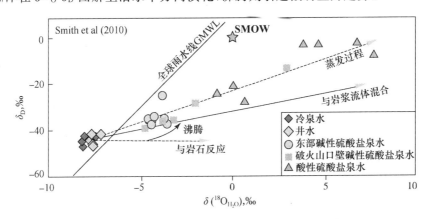

图 3-9　热泉以及井水的 $\delta(D_{H_2O})\text{-}\delta(^{18}O_{H_2O})$ 图解

稀释过程可以很好地解释萨沃岛中热液体系高硫酸盐、高硅以及低氯的特征(图 3-10)。选择两个流体端元:富 Cl 和贫 Cl(富 HCO_3^-),模拟两种流体各自在 300℃时与未蚀变钠质粗面岩反应,并形成两种平衡流体。300℃时两种流体的 pH 升高,Cl^- 和 HCO_3^- 含量明显降低,SiO_2 基本不变,SO_4^{2-} 和 HS^- 的含量不断升高,直到其对应矿物(硬石膏、黄铁矿)完全溶解。对富 Cl 流体的稀释模拟,显示了同样的规律。这种简单的模拟能够很好地解释流体中 Cl 含量下降、硫酸盐和 SiO_2 含量升高的现象。

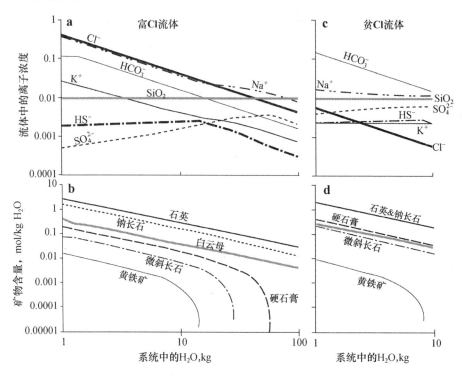

图 3-10　溶液稀释过程的地球化学模拟(Smith et al, 2010)

在岩浆-热液系统中,富硫酸盐流体的来源通常有两种途径:岩浆喷气(包括 SO_2)在地下水中冷凝,或者蒸汽相中的 H_2S 在地表水中被氧化:

$$4SO_2 + 4H_2O \Longrightarrow 3H_2SO_4 + H_2S$$
$$H_2S + 2O_2 \Longrightarrow H_2SO_4$$

同位素在这一反应过程中产生分异,H_2SO_4 中 ^{34}S 相对富集,H_2S 相对亏损 ^{34}S。这一过程最终在地表形成硫酸盐。氧化后的流体保留了先前含 H_2S 溶液的硫同位素特征。富 ^{34}S 流体混入后,其 $\delta^{34}s$ 值将增加。这是酸性硫酸盐型热泉中硫酸盐的 $\delta^{34}s$ 值高于自然硫 $\delta^{34}s$ 值的原因。地表喷气产生的自然硫、酸性热泉中的硫酸盐、碱性热泉中硫酸盐的 ^{34}S 远未达到平衡,这可能与两种地质过程有关:硫同位素在高 pH 环境中达到平衡的速度很缓慢,以及黄铁矿等硫化物再溶解。在稀释过程中,氧化性较强的流体使部分硫化物再溶解,降低了体系中硫酸盐的 $\delta^{34}s$ 值。

新西兰 Kermadec-Tonga 弧绵延 2500km。沿 Kermadec 弧形成了包括 Brothers、Taupo、Curtis Island、White Island 和 Raoul Island 等多个热液系统。与陆相岩浆热液系统不同,海底破

火山口的破裂形成于海水从破火山口环形断层渗入热液系统的时期,最初与较轻的高温流体接触,热液被海水冷却。以东南破火山口为代表的富硫化物烟筒很可能形成于岩浆-热液系统的主上升流带中,由于与海水混合,破裂带部分地被次生矿物充填。岩浆热液导致海底岩石发生酸性蚀变,形成伊利石-硬石膏-石英-黄铁矿-磁黄铁矿-闪锌矿-方铅矿组合。这些岩石可以被海水进一步叠加改造并形成蒙脱石、蛋白石、Fe-Mn氢氧化物和绿泥石等低温蚀变矿物组合。

西北破火山口喷气逐渐减弱,至少在两个区域形成了块状硫化物堆积:一些较老的不活动区域(位于破火山口边缘)以及目前仍然活动的喷气区。最大的硫化物矿化区沿一个狭窄岩脊分布(宽50 m,长600 m,海水深1650 m)。这一区域内出现许多1~5 m高的烟筒和尖顶,与丰富的硫化物岩屑堆共生。东南破火山口代表了相对活动的岩浆热液系统的主上升流,存在富硫化物的烟筒。西北破火山口的样品包含大量玻质气孔英安岩,熔岩局部发生了热液蚀变,小气泡被自然硫充填。网脉状黄铁矿化角砾岩含硅化英安岩岩屑,基质富含浸染状黄铁矿,块状黄铁矿胶结角砾岩含25%~50%黄铁矿和强蚀变英安岩岩屑。块状黄铁矿角砾岩中,硬石膏与黄铁矿及少量闪锌矿共生。黄铁矿-硬石膏角砾岩含70%~80%石膏和少量浸染状黄铁矿,类似于活动洋中脊硫化物矿床中的黄铁矿-硬石膏角砾岩,应该代表崩落后被硬石膏再胶结的烟筒残留物。在破火山口最深处,存在块状黄铁矿硬壳(与大洋中脊高温喷气口侧面的块状胶体黄铁矿类似),其中含一些蚀变硅酸盐矿物、硬石膏、细粒浸染黄铁矿和少量黏土矿物(类似于早期被侵蚀的硬石膏烟筒)。Fe氧化物-氧化硅硬壳的碎屑出现在矿床外围和破火山口边缘。在西北破火山口附近存在块状富闪锌矿烟筒(高60 cm,直径20 cm),具清晰的环带。内核主要为多孔闪锌矿和黄铁矿,少量黄铜矿在烟筒基底圈闭了一个中心孔洞。外部环带主要为非晶质硅、重晶石、黄铁矿和白铁矿,具部分化石状蠕虫管。在烟筒顶部出现一个富方铅矿的带。烟筒外围强烈硅化,在烟筒顶部附近的蜂箱状构造中,存在岩脊和似凸缘的生长结构,显示后期流体释放的特征。部分残余黄铁矿-白铁矿出现在烟筒内部。流体通过一个复杂的连通通道穿过烟筒。这个烟筒的矿物学和构造特征类似大洋中脊的富锌白烟筒。最普遍的矿物包括结晶完好的伊利石和伊利石-蒙脱石互层、绿泥石、高岭石、沸石、重晶石、黄铁矿、白铁矿、闪锌矿、白钛石、赤铁矿和针铁矿,含量较少的矿物包括绿帘石、榍石、钠长石、石英、蛋白石、硬石膏、钠明矾石、磁黄铁矿、毒砂、硫砷铜矿、斑铜矿、辉铜矿、铜蓝、方铅矿、锐钛石、水钠锰矿和自然硫(图3-11)。这些矿物的形成温度从室温到≥300℃,流体成分变化范围大。

Brothers样品中硫化物的$\delta^{34}S$值分为两类(de Ronde et al,2005):西北破火山口多数网脉样品的$\delta^{34}S<0‰$,单独烟筒或烟筒碎片的$\delta^{34}S>0‰$。火山锥中的硫化物和自然硫的$\delta^{34}S<0‰$,富闪锌矿烟筒的样品的$\delta^{34}S=0.2‰~2.1‰$,Brothers西北破火山口、东南破火山口烟筒碎片以及火山锥强烈蚀变样品中硫化物的$\delta^{34}S=-4.7‰~0.3‰$。火山锥的自然硫具有更负的$\delta^{34}S$值($-8.3‰~-3.9‰$)。硬石膏和重晶石等硫酸盐的$\delta^{34}S$值在20.5‰~23.8‰之间变化。由于硫酸盐矿物与水溶硫酸盐之间的硫同位素分馏最小,硫酸盐矿物的同位素组成近似于母液的同位素组成。这暗示重晶石和硬石膏形成于富Ba-Ca热液与海水的混合。钠明矾石的$\delta^{34}S$值(14.7‰~17.9‰)明显低于海水。

富闪锌矿的烟筒或块状硫化物碎片的$\delta^{34}S>0‰$,说明热液与海水在海底或烟筒壁附近发生了混合。网脉状样品、块状硫化物碎片或含钠明矾石样品的$\delta^{34}S<0‰$。高于400℃条件下,含硫

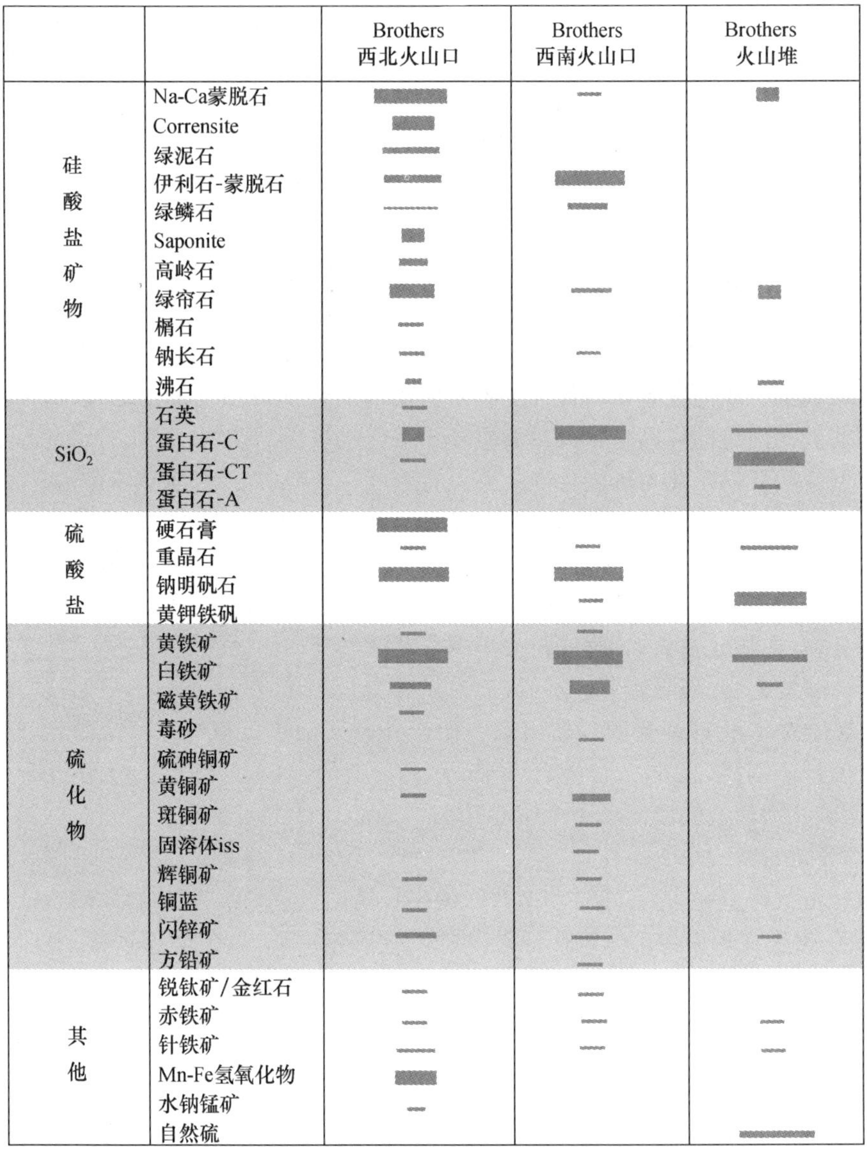

类别	矿物	Brothers 西北火山口	Brothers 西南火山口	Brothers 火山堆
硅酸盐矿物	Na-Ca蒙脱石	▬▬	▬	▬
	Corrensite	▬		
	绿泥石	▬	▬▬	
	伊利石-蒙脱石	▬	▬▬	
	绿鳞石	▬	▬	
	Saponite	▬		
	高岭石	▬		▬
	绿帘石	▬		
	榍石	▬		
	钠长石	▬	▬	
	沸石	▬		▬
SiO₂	石英	▬	▬▬	▬
	蛋白石-C			▬▬
	蛋白石-CT			
	蛋白石-A			
硫酸盐	硬石膏	▬▬	▬	▬
	重晶石	▬	▬	▬
	钠明矾石	▬▬	▬	▬▬
	黄钾铁矾		▬	▬
硫化物	黄铁矿	▬	▬▬	▬▬
	白铁矿	▬	▬	
	磁黄铁矿	▬	▬	
	毒砂		▬	
	硫砷铜矿			
	黄铜矿	▬	▬	
	斑铜矿		▬	
	固溶体iss		▬	
	辉铜矿			
	铜蓝			
	闪锌矿	▬	▬	
	方铅矿	▬		
其他	锐钛矿/金红石	▬	▬	▬
	赤铁矿	▬	▬	▬
	针铁矿	▬	▬	▬
	Mn-Fe氢氧化物	▬▬	▬	▬
	水钠锰矿	▬	▬	
	自然硫			▬▬

图 3-11　Brothers 破火山口和火山锥中的矿物及其相对含量,粗线段表示矿物含量相对较高(de Ronde et al, 2005)

气体(SO_2 为主)是弧火山岩浆气体氧化还原平衡的主体。在 SO_2 被还原为 H_2S 的地方,硫化物的 $\delta^{34}S$ 值接近～0‰。火山气体一旦冷却到 $400\sim350℃$,SO_2 将发生歧化反应:

$$4SO_2 + 4H_2O \Longrightarrow 3H_2SO_4 + H_2S$$

该过程伴随着同位素动力学效应,导致硫化物富集 ^{32}S 而硫酸盐富集 ^{34}S,其中硫化物从 $\delta^{34}S < 0$‰的流体中沉淀,而硫酸盐的 $\delta^{34}S$ 值为 0‰(Ohmoto & Rye, 1979)。网脉状硫化物、烟筒壁硫化物以及与高级泥化伴生的硫化物和自然硫具有负的 $\delta^{34}S$ 值,而与之共生的钠明矾石具有正 $\delta^{34}S$ 值。

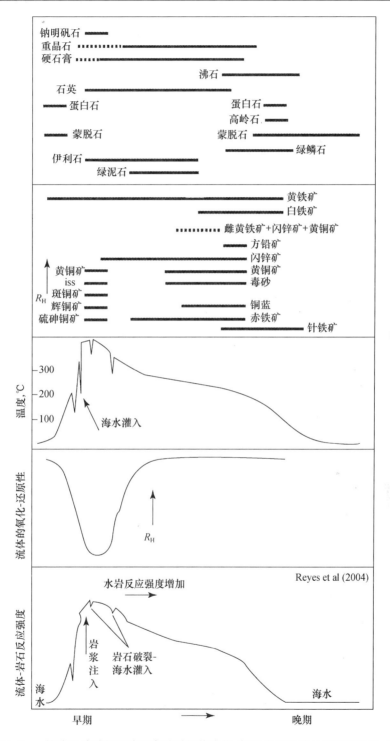

图 3-12 Brothers 热液系统矿物沉淀因素随时间的演化. 初始岩浆脉冲导致系统升温, 进入裂隙的海水使系统周期性冷却. 与斑铜矿、辉铜矿、硫砷铜矿以及固溶体共生的黄铜矿通常形成在高温岩浆环境. 氧化还原电位 ($R_H = \lg a_{H_2/H_2O}$) 与岩浆流体相对海水的氧化性和酸碱度有关. 中性 pH 溶液源自水-岩长期相互作用 (de Ronde et al, 2005)

　　硫酸盐和硫化物之间的同位素交换速率相对较快,而两者之间的同位素平衡也容易达到。对于典型热液系统中的同位素交换,最为适宜的环境是～200℃、中性-弱酸性环境($pH≈4～7$)以及$\sum S=2～10$ mol (Ohmoto & Lasaga,1982)。利用共生矿物对的硫同位素组成计算平衡温度。西北破火山口的$\Delta(^{34}S_{重晶石-黄铁矿})$值为 19.3‰～23.2‰,东南破火山口样品的$\Delta(^{34}S_{重晶石-黄铁矿})$值为21.9‰～24.9‰;相应的平衡温度分别为 245～295℃和 225～260℃。西北破火山口的平衡温度与重晶石中流体包裹体的均一温度相同(240～290℃,de Ronde et al,2003)。相似地,火山锥样品的$\Delta(^{34}S_{钠明矾石-黄铁矿})$为 18.8‰～21.8‰,平衡温度为 260～305℃。硫酸盐$\delta^{34}s$和$\delta^{18}o$之间明显的正相关性,表明 S 与海水之间达到同位素平衡。

　　西北破火山口样品、Rumble 重晶石、Izu-Bonin 块状硫化物、Myojinsho 和 Myojin Knoll 重晶石中流体包裹体含大量 CO_2 和少量 CH_4。破火山口烟筒碎片中的黄铁矿和烟筒外部方铅矿的 CO_2 含量最高(分别为 0.81 mol%和 2.38 mol%)。流体包裹体 CO_2/CH_4 对 CO_2/N_2 呈现正相关趋势,说明相分离可能发生在与海水混合之前(de Ronde et al,2003)。蚀变矿物组合受海水、岩浆流体、水-岩反应程度、氧化还原电位和温度等多个因素的相互影响。正如图 3-12 所反映的那样,这些参数随热液系统的演化,不断随时间和空间而变。硫砷铜矿、斑铜矿和钠明矾石结晶可以作为岩浆流体加入的证据。随着岩浆流体加入量减少和水-岩反应程度增强,蚀变矿物组合按照温度、深度和与主岩浆加入带间的距离发生变化。海水对热液系统的进一步冷却,形成沸石-蛋白石-蒙脱石-绿鳞石-黄铁矿(白铁矿)-赤铁矿-针铁矿以及蒙脱石-蛋白石和 Fe-Mn 氢氧化物低温矿物组合。

第四章　同位素地球化学原理及其应用

同位素数据本身并不能够提供解释矿床地质问题的答案,因为相似的同位素地球化学特征可以形成于不同的地质过程中,且同一地质过程可以在不同条件下表现出明显差异的同位素地球化学特征。尽管如此,同位素地球化学分析仍为研究成矿作用提供了重要限定条件,例如:矿石和脉石矿物的形成温度、成矿物质来源、成矿流体性质等。

4.1　氢-氧同位素体系

4.1.1　稳定同位素表示方式和同位素分馏

自然矿物中一种元素的同位素有不同的原子质量(表 4-1)。例如,氧有三种同位素:$^{18}O(0.1995\%)$、$^{17}O(0.0375\%)$、$^{16}O(99.763\%)$。稳定同位素丰度的偏差用 δ 表示:

$$\delta = 1000 \times (R_{样品} - R_{标准})/R_{标准}$$

表 4-1　常见元素的稳定同位素组成及其丰度

同位素	在自然界中的丰度,%	同位素	在自然界中的丰度,%	同位素	在自然界中的丰度,%
^1H	99.9885	^{35}Cl	75.78	^{64}Zn	48.63
^2D	0.0115	^{37}Cl	24.22	^{66}Zn	27.90
^6Li	7.59	^{40}Ca	96.94	^{70}Zn	0.62
^7Li	92.41	^{42}Ca	0.67	^{92}Mo	15.86
^{10}B	19.9	^{43}Ca	0.135	^{94}Mo	9.12
^{11}B	80.1	^{44}Ca	2.08	^{95}Mo	15.7
^{12}C	98.93	^{46}Ca	0.004	^{96}Mo	16.5
^{13}C	1.07	^{48}Ca	0.187	^{97}Mo	9.45
^{16}O	99.763	^{50}Cr	4.35	^{98}Mo	23.75
^{17}O	0.0375	^{52}Cr	83.79	^{100}Mo	9.62
^{18}O	0.1995	^{53}Cr	9.50	^{196}Hg	0.15
^{28}Si	92.23	^{54}Cr	2.36	^{198}Hg	9.97
^{29}Si	4.68	^{54}Fe	5.84	^{199}Hg	16.87
^{30}Si	3.09	^{54}Fe	91.76	^{200}Hg	23.10
^{32}S	95.02	^{54}Fe	2.12	^{201}Hg	13.18
^{33}S	0.75	^{54}Fe	0.28	^{202}Hg	29.86
^{34}S	4.21	^{67}Zn	4.10	^{204}Hg	6.87
^{36}S	0.02	^{68}Zn	18.75		

式中 R 为重同位素对轻同位素的比值(如$^{18}O/^{16}O,D/H,^{34}S/^{32}S,^{13}C/^{12}C$)。$\delta$ 为正值表示样品相对富集重同位素,为负值表示相对亏损重同位素。例如,$\delta^{18}O$ 为$-10‰$,表示样品的$^{18}O/^{16}O$ 值相对于标准亏损 $10‰$;为 $10‰$,表示样品的$^{18}O/^{16}O$ 值相对于标准富集 $10‰$。$\delta^{18}O$ 和 δ_D 的通常标准是 SMOW(平均大洋水标准)。相对于 SMOW,石英标样 NBS-28 的 $\delta^{18}O=9.60‰$(表 4-2)。

表 4-2　常用的氢-氧同位素标准

标　准	矿物/岩石	δ_D,‰	$\delta^{18}O$,‰	$\delta(^{18}O_{PDB})$,‰
SMOW	海水	0	0	-29.98
NBS-18	碳酸盐岩		7.20	-23.00
NBS-19	大理岩		28.64	-2.20
NBS-20	灰岩		26.64	-4.14
NBS-28	石英		9.60	-20.67
NBS-30	黑云母	-65	5.10	-25.30
GISP	冰川水	-189.9	24.75	-53.99

地球的雨水在 $\delta^{18}O$-δ_D 图中构成一条直线(MWL,图 4-1),其关系为

$$\delta_D=7.96\delta^{18}O+8.86$$

MWL 在 y 轴上的截距为 $8.86‰\pm0.17‰$,此值称为 deuterium excess(DE)。

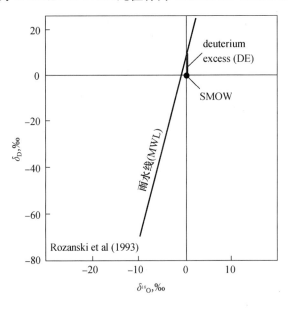

图 4-1　$\delta^{18}O$-δ_D 图显示雨水线(MWL)和平均大洋水标准(SMOW)

在同一系统中,某元素的同位素以不同比例分配到两种物质或者物相中的现象称为同位素分馏。分子间的热力学能和动力学能都与组成它们的原子质量有关。较重的同位素趋向于分配到可形成较强化学键的分子中。例如,在石英和方解石中,O^{2-} 通过共价键与 Si^{4+} 和 C^{4+} 结合,可以提高^{18}O 的比例。稳定同位素分馏的主要机理包括:(1)在参加反应的各相处于化学平衡的条件下,同种元素同位素重新分配;(2)生物作用如细菌使硫酸盐转变为硫化物;(3)物理-化学

过程如蒸发与冷凝、溶化与结晶、吸附与解吸、由浓度和温度梯度引起的离子和分子扩散等。图 4-2 展示了引起岩浆岩中氢同位素分馏的各种地球化学过程。

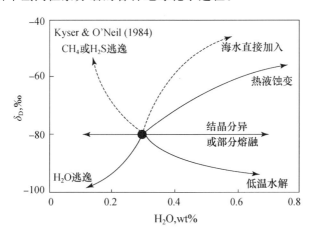

图 4-2　岩浆岩中氢同位素分馏过程示意图

通常在表示式中只用一个原子表示同位素交换反应，如 CO_2 与 H_2O 之间氧同位素的交换反应：

$$0.5C^{16}O_2 + H_2{}^{18}O \Longrightarrow 0.5C^{18}O_2 + H_2{}^{16}O$$

该反应的平衡常数（K）用浓度的形式表示如下：

$$K = ([C^{18}O_2]^{0.5} \times [H_2{}^{16}O]) / ([C^{16}O_2]^{0.5} \times [H_2{}^{18}O])$$

在同位素平衡分馏中，共存相 A 和 B 用分馏系数 $\alpha_{A\text{-}B}$ 表示：$\alpha_{A\text{-}B} = R_A/R_B$，$R_A$ 和 R_B 分别是 A 和 B 中重同位素对轻同位素的比值。如果同位素在物相 A、B 中随机分布，分馏系数与同位素交换反应平衡常数之间的关系为：$\alpha = K^{1/n}$，其中 n 是交换原子的个数。对于 CO_2 与 H_2O 之间的交换反应，$n=1$，$K=\alpha$：

$$K = \alpha = [^{18}O/^{16}O]_{CO_2} / [^{18}O/^{16}O]_{H_2O}$$

通常情况下，α 值接近于 1，写作 1.00X。分馏系数是温度的函数，通常随温度升高而接近 1.00。同位素分馏的讨论主要针对 X（以‰表示）。例如，"CO_2-H_2O 的分馏在 25℃情况下为 0.0412"的意思是：分馏系数 $\alpha = 1.0412$，CO_2 相对 H_2O 富集 41.2‰的 ^{18}O。

在 A、B 两种物相中，同位素 δ 值的差值用 $\Delta_{A\text{-}B}$ 表示：

$$1000\ln\alpha_{A\text{-}B} \approx \delta_A - \delta_B = \Delta_{A\text{-}B}$$

4.1.2　氢-氧同位素的地质储库

一般情况下，岩浆岩的 $\delta^{18}O$ 值随 SiO_2 含量升高而增加。超基性岩的 $\delta^{18}O$ 值较低（5.4‰～6.6‰），其主要组成矿物的同位素也较低（例如，蒙古尖晶石二辉橄榄岩中橄榄石 $\delta^{18}O = 5.41‰$，斜方辉石 $\delta^{18}O = 5.90‰$，单斜辉石 $\delta^{18}O = 5.71‰$，尖晶石 $\delta^{18}O = 5.08‰$，Hoefs，2009）。基性岩（玄武岩、辉长岩、斜长岩）的 $\delta^{18}O$ 值为 5.0‰～8.0‰，中酸性岩（花岗岩、伟晶岩）的 $\delta^{18}O$ 值较高（7‰～13‰）。不同地质构造环境形成的玄武岩具有不同的氧同位素组成：洋中脊玄武岩（MORB）的 $\delta^{18}O$ 值变化相对较小（5.2‰～6.4‰），洋岛玄武岩（OIB）的 $\delta^{18}O$ 值（4.6‰～7.5‰）和

大陆岛弧玄武岩的$\delta^{18}O$值(4.8‰~7.7‰)变化范围较大,大陆板块内部玄武岩的$\delta^{18}O$值变化范围更大(4.5‰~11.4‰)。如果基性、超基性岩石发生了热液蚀变,其氢-氧同位素组成的变化范围很大,且与蚀变程度、温度和热液性质有关。如玄武岩的水岩反应,在高温条件下会导致玄武岩亏损^{18}O,而在低温条件下会使玄武岩富集^{18}O。

花岗岩的δ_D值一般为-85‰~-50‰(可低至-150‰)。根据氧同位素组成,将花岗岩划分为三类(Taylor,1978):高$\delta^{18}O$花岗岩($\delta^{18}O$>10‰),造成富^{18}O的原因包括源岩为富^{18}O的沉积岩、富^{18}O围岩的同化混染和低温热液蚀变;正常$\delta^{18}O$花岗岩(6‰<$\delta^{18}O$<10‰),共生矿物的^{18}O富集顺序符合平衡分馏原则,$\delta^{18}O$值依次递增:磁铁矿<黑云母<角闪石<白云母<斜长石<碱性长石<石英;低$\delta^{18}O$花岗岩($\delta^{18}O$<6‰),与低$\delta^{18}O$母岩浆或冰川水等特殊流体的蚀变有关。

变质岩的氢、氧同位素组成与变质岩的原岩类型、变质流体、变质作用类型及变质环境(p,T,f_{O_2})有关。例如,榴辉岩的$\delta^{18}O$值从-12‰变化到10‰(Zheng et al,2003)。对于接触变质岩石,由于岩浆侵入体与围岩不同的同位素组成,通过流体渗滤和脱水作用,接触变质带岩石的氢-氧同位素组成显著变化,使围岩沉积岩的$\delta^{18}O$值降低、侵入岩的$\delta^{18}O$值升高。区域变质过程中,通过流体流动和扩散及矿物重结晶,变质岩的氢、氧同位素组成发生变化。流体的弥散式流动会使区域变质岩石发生大规模同位素均一化,通道式流动会形成通道两侧同位素梯度。在变质流体静止的情况下,仍有可能通过粒间扩散,在小范围内发生同位素交换反应。

碎屑沉积岩的氢、氧同位素组成变化特征,反映其源区物质的同位素组成以及在风化、搬运、沉积和成岩过程中形成自生矿物的同位素组成。碎屑沉积岩的$\delta^{18}O$值一般介于未蚀变火成岩(5‰~10‰)和黏土矿物(20‰~30‰)之间。黏土矿物的氢、氧同位素组成主要受大气降水控制,在$\delta^{18}O$-δ_D图解上,数据点呈线性关系,构成一条平行于大气降水线的直线(如高岭石线)。海相化学沉积硅质岩和燧石的$\delta^{18}O$值在11.4‰~41.4‰范围内变化,δ_D值为-95‰~-78‰。随地质时代变老,燧石的$\delta^{18}O$降低(显生宙为20.1‰~41.4‰,元古宙为16.5‰~27.7‰,太古宙为11.4‰~20.8‰)。现代海相灰岩的$\delta^{18}O$值为28‰~30‰(Veizer & Hoefs,1976)。

大气降水(海洋、湖泊等经过蒸发、凝聚和降落的水,包括雨、雪、冰及河水、湖水和浅层地下水)的δ_D值范围为-440‰~35‰,$\delta^{18}O$=-55‰~8‰。极负的δ_D值(<-300‰)和$\delta^{18}O$值(<-40‰)仅见于地球的两极。影响大气降水同位素组成的主要因素包括:(1)大陆效应(海岸线效应),从海岸至大陆内部,大气降水的$\delta^{18}O$和δ_D值低。从大洋表面蒸发的水汽,由大洋上空向大陆内部移动时,不断凝聚,最先凝聚形成的雨水相对富集较重的同位素,而继续向内陆方向移动的剩余水蒸气则相对亏损重同位素;(2)纬度效应(温度效应),随纬度升高(即年平均气温降低),大气降水的$\delta^{18}O$和δ_D值降低;(3)高度效应,随地形高度增加,大气降水的$\delta^{18}O$和δ_D值降低;(4)季节效应,夏季温度较高,大气降水的$\delta^{18}O$和δ_D值较冬季的高。

大气降水的氢-氧同位素之间存在密切关系,在$\delta^{18}O$-δ_D图上,构成一条大气降水线(见图4-1)。不同地区大气降水线的斜率和截距略有差异。如我国大气降水线方程(张理刚等,1995)为

$$\delta_D = 7.9\delta^{18}O + 8.2$$

现代海水的氢、氧同位素组成极为一致(~0‰)。但是,由于蒸发作用,表层海水的氢、氧同位素组成有一定变化,并呈现如下关系:

$$\delta_D = M\delta^{18}O$$

式中 M 随地区蒸发量与降水量比值的增加而减小,在北太平洋,$M=7.5$,北大西洋 $M=6.5$,红海 $M=6.0$。

初生水(juvenile water)来源于地幔去气作用。一般根据来自地幔的含水矿物间接推断初生水的氢、氧同位素组成($\delta^{18}O=6‰\pm1‰$,$\delta_D=-60‰\pm20‰$,Ohmoto,1986)。

岩浆水(magmatic water)指与岩浆达到平衡的水。随着岩浆去气作用,岩浆水的 δ_D 值不断变化,并与岩浆中的残余含水量正相关。因此,岩浆晚期结晶含水矿物的 δ_D 值并不反映原始岩浆水的 δ_D 值,而代表去气后岩浆的 δ_D 值。岩浆水的氢、氧同位素变化范围为 $\delta^{18}O=6‰\sim10‰$,$\delta_D=-80‰\sim50‰$。

变质水(metamorphic water)指变质作用过程中矿物释放的水。随变质岩原岩的不同以及水/岩比(W/R)的差异,变质水的氢氧同位素组成变化很大($\delta^{18}O=5‰\sim25‰$,$\delta_D=-70‰\sim-20‰$)。

海相沉积物中孔隙水的氢、氧同位素很可能继承了海水的值,或者受到成岩作用的影响。随深度变化,孔隙水的 $\delta^{18}O$ 值会降低(由于形成了富 ^{18}O 的黏土矿物如蒙脱石)。虽然不同沉积盆地中,建造水和油田卤水的氢、氧同位素和盐度变化很大,但同一盆地的卤水通常具有特征的同位素组成,且沿一条斜率为正值的直线分布。各个盆地的水样具有不同的斜率,这些直线在 δ_D-$\delta^{18}O$ 图上分别与大气降水线相交,交点成分与当地大气降水的同位素组成相近。这些卤水主要由大气降水组成,氧同位素漂移的主要原因是与围岩的氧同位素交换,δ_D 值的变化一般归因于与含水或 OH 矿物、与碳氢化合物或 H_2S 之间的同位素交换。

4.1.3　水岩反应和流体混合

水岩反应过程中,氧同位素的有效分馏因子(α_w^r)随温度升高而降低,但由于岩石的 $\delta(^{18}O_r)$ 值一般不低于流体的 $\delta(^{18}O_w)$ 值,故 $\alpha_w^r>1$。水岩反应必然降低岩浆岩的 $\delta^{18}O$ 值。

$$\alpha_w^r=[\delta(^{18}O_r)+1000]/[\delta(^{18}O_w)+1000]$$

在水岩反应过程中,存在如下质量平衡:

$$W\delta_w^i+R\delta_r^i=W\delta_w^f+R\delta_r^f$$

式中 i 代表初始同位素值($\delta^{18}O$ 或 δ_D),f 代表最终同位素值,w 代表流体中的同位素值,r 代表岩石中的同位素值。在封闭体系中:

$$W/R=(\delta_r^f-\delta_r^i)/(\delta_w^i-\delta_w^f+\Delta)$$

其中 $\Delta=1000\times(\alpha_w^r-1)$,代表岩石与 H_2O 之间的同位素相对富集系数。可以用斜长石-H_2O 氧同位素分馏方程近似代表花岗岩-H_2O 体系同位素分馏,用黑云母-H_2O 或绿泥石-H_2O 的氢同位素分馏方程代表花岗岩-H_2O 的分馏方程。长石-H_2O 体系的 $\delta(^{18}O_r)$ 值随 W/R 比值发生规律性变化(图4-3):同一温度条件下,W/R 比值越高,$\delta(^{18}O_r)$ 值越低。如果固定体系的 W/R 比值,温度升高将导致岩石的 $\delta(^{18}O_r)$ 值降低。

由于岩石含氧量高,含氢少,发生水岩反应时,岩石的 δ_D 值能更灵敏地示踪岩石的热液蚀变作用。在 $\delta(^{18}O_{长石})$-$\delta(^{18}O_{黑云母})$ 变异关系中(初始条件:大气降水 $\delta_D=-120‰$,$\delta^{18}O=-16‰$,$\delta(D_{黑云母})=-65‰$;$\delta(^{18}O_{长石})=8‰$),$400\sim450℃$ 条件下,W/R 值为 $0\sim0.01$ 时,蚀变岩石的 δ_D 值迅速从 $-65‰$ 下降为 $-125‰$,$\delta^{18}O$ 无明显变化($8‰$);$W/R=0.03$ 时,δ_D 下降到 $-150‰\sim$

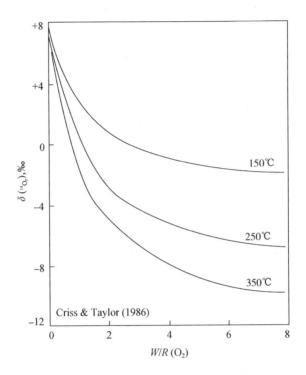

图 4-3 斜长石-H_2O 体系的 $\delta^{18}O$ 值随 W/R 比变化. 初始斜长石的 $\delta^{18}O=8.5‰$，H_2O 的 $\delta^{18}O=-16.0‰$，W/R 比由体系中的氧原子重量确定

$-160‰$，$\delta^{18}O$ 值缓慢降低 $(7‰)$；当 W/R 值 >0.1 时，δ_D 值基本不变，$\delta^{18}O$ 迅速从 $>5‰$ 降至 $<-5‰$ $(W/R>0.7)$。

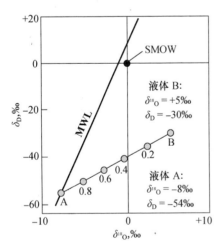

图 4-4 流体 A($\delta^{18}O=-8‰$，$\delta_D=-54‰$）和流体 B($\delta^{18}O=5‰$，$\delta_D=-30‰$）的同位素混合线（混合直线边的数字为 f_A 值代表物相 A 所占的分数）

流体混合过程必然引起体系同位素组成的变化。对于 D-O 同位素，可以写出如下混合方程：

$$\delta(D_M)=\delta(D_A)f_A+\delta(D_B)(1-f_A)$$

$$\delta(^{18}O_M)=\delta(^{18}O_A)f_A+\delta(^{18}O_B)(1-f_A)$$

式中 f_A 为物相 A 所占的分数。

两种流体的同位素混合在 $\delta^{18}O$-δ_D 图解中构成一条直线（图 4-4）。岩浆流体与大气水的混合能够解释矿石和脉石矿物 $\delta^{18}O$ 值的变化特征。在模拟过程中，流体之间的混合可以看做一个连续过程，且对成矿产生重要影响。矿脉中出现的复杂条带以及不同期次矿石矿物和脉石矿物均表明，流体混合是一个动态过程。

4.1.4　氢-氧同位素地质应用

大部分地幔岩石的 $\delta^{18}O$ 值变化极小，并与月岩、普通球粒陨石的 $\delta^{18}O$ 值相同（5‰～6‰）。然而也存在一些局部异常区，例如具有 EM2 特征的洋岛火山岩（OIB）相对富集 ^{18}O，而低 $^3He/^4He$ 值的 OIB 相对亏损 ^{18}O（Eiler et al，1997）。原始地幔的 δD 值变化较小（−90‰～−60‰），但地幔氢同位素组成也存在不均一性。例如，洋中脊玄武岩 MORB 具有较高的 δD 值，某些地幔含水矿物的 δD 值可低至−165‰。地幔石榴石和辉石可以含 OH 结构水，其 δD＜−90‰，这种结构水构成地幔氢的重要储库。引起地幔氧同位素组成不均一的原因，包括通过俯冲带循环的地壳物质（Zhu & Ogasawara，2002；Zheng et al，2003）以及流体与地幔岩石之间的不平衡反应。造成地幔氢同位素组成不均一的原因，除俯冲循环洋壳或陆壳物质外，还包括岩浆去气过程中逃逸的水蒸气和还原性气体，以及相关热液蚀变、低温水解等过程。即使在地幔温度条件下，H_2O 与熔体间的氢同位素分馏也高达 40‰ 以上，还原性气体（CH_4，H_2S，H_2）与熔体间的分馏可达−150‰。

成矿热液的来源包括海水、大气降水、建造水、岩浆水和变质水等。成矿热液在运移过程中可能因水岩反应、沸腾去气或流体混合等复杂过程而改变其初始同位素组成。确定热液的氢、氧同位素组成有两种途径：（1）直接分析石英等不含羟基矿物的流体包裹体，分析不含氧矿物（如萤石和闪锌矿）中流体包裹体的 δD 和 $\delta^{18}O$；（2）测定热液矿物的氢-氧同位素组成，应用包裹体测温或其他方法得到矿物形成温度，再根据矿物-H_2O 同位素分馏方程，计算平衡流体的 δD 和 $\delta^{18}O$ 值。

氢-氧同位素地球化学研究表明，MVT 型铅锌矿床的形成与加热的盆地卤水有关，而塞浦路斯型块状硫化物矿床（VHMS）的形成与海水有关。斑岩型矿化早期由岩浆流体控制，大气降水在成矿晚期起一定作用。热液系统形成斑岩型矿化的初始温度一般比较高（＞500℃），含矿岩浆流体与围岩发生反应，侵入体本身被蚀变，形成黑云母和钾长石，并在其外围形成石英-绿泥石-绢云母-黄铁矿-绿帘石-钠长石蚀变组合。通过矿物分析，并依据矿物-H_2O 体系同位素分馏关系，计算成矿流体的 $\delta^{18}O$ 值（图 4-5a）。由于早期的去气过程，岩浆岩中的氢同位素强烈分馏，岛弧和壳源长英质岩浆水的同位素组成不代表原始岩浆水。与黑云母和钾长石平衡流体 $\delta^{18}O$ 的变化范围不大（6‰～9‰，图 4-5b），但岩浆流体的 δD 值在很宽范围内变化（−75‰～−35‰）。这很可能是岩浆在开放系统中去气的结果。更低温度的热液蚀变通常显示大气降水的同位素组成特征，有些矿床显示海水或演化水的同位素地球化学特征。矿床中绢云母的同位素变化往往与古纬度和古降水相关。然而，一些斑岩矿床的证据显示，与绢云母平衡的流体中存在岩浆蒸汽组分（$\delta^{18}O$＝5‰～8‰，δD＝−40‰～−20‰，Hedenquist & Lowenstern，1994）。

秘鲁 San Rafael 锡铜矿床中条带状石英-绿泥石-锡石-钨锰铁矿-黄铜矿-黄铁矿脉的氧同位素地球化学研究表明（Wagner et al，2009），单矿物的 $\delta^{18}O$ 值都是正的，且变化范围小（电气石 9.7‰～11.9‰，石英 9.7‰～14.4‰，绿泥石 3.9‰～4.6‰，锡石 1.8‰～3.4‰，钨锰铁矿 1.7‰～3.0‰）。从早期无矿阶段过渡到富锡的第二阶段，电气石的 $\delta^{18}O$ 值明显降低。第三阶段与黄铜矿共生锡石的 $\delta^{18}O$＝1.8‰。第四阶段石英的 $\delta^{18}O$＝11.3‰～14.4‰。新鲜黑云母花岗闪长岩 $\delta^{18}O$＝9.6‰。随蚀变程度加强，花岗闪长岩的 $\delta^{18}O$ 值逐渐降低至 8.0‰，矿脉中心绿泥石岩的 $\delta^{18}O$＝4.9‰。锡石成矿阶段的流体温度为 370～380℃。对 Sn-Na-Cl-O-H 体系锡矿化过

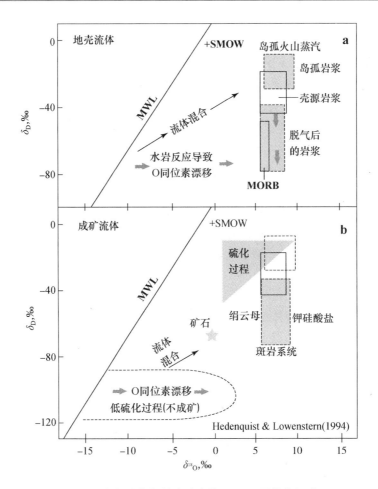

图 4-5 岩浆流体与热液矿床的 δ_D-$\delta^{18}O$ 同位素组成

程的模拟研究表明(图 4-6),第二阶段与锡石平衡的矿物(包括富铁绿泥石、石英、毒砂、绿泥石和赤铁矿)结晶环境为中等程度还原环境($\lg f_{O_2}$ = -28~-25)。锡石大量结晶时,pH 略大于 4,在这样的 pH 条件下,Sn 的溶解度曲线近于水平。

成矿阶段流体的 O-H 同位素特征(图 4-7)显示,早期流体与岩浆水相似。与富铁电气石(这些电气石与锡石基本同时结晶)平衡的水富含 D 和 ^{18}O。与电气石相比,绿泥石结晶时对应流体的 $\delta^{18}O$ 降低约 7‰,δ_D 降低约 10‰。流体 $\delta^{18}O$ 降低与盐度和温度明显降低的耦合现象,反映高温岩浆热液与低温流体的混合过程。考虑到岩体侵位较浅以及缺失二次沸腾现象,成矿流体是大气降水受岩体烘烤并与围岩发生氧同位素交换的产物。应用封闭体系和开放体系两种模式,考虑在大气降水与花岗岩之间的氧同位素交换,计算获得地表水的 $\delta^{18}O$ 值为 -2‰~2‰(200~250℃,W/R = 0.1~1.0)。成矿作用发生在开放环境,流体温度和盐度发生周期性变化。岩浆热液与地下水的混合,能够解释锡石和石英较低的 $\delta^{18}O$ 特征。这种混合能够增加体系的氧化性和 pH,并降低流体温度以及配位基的活度,导致锡石结晶。

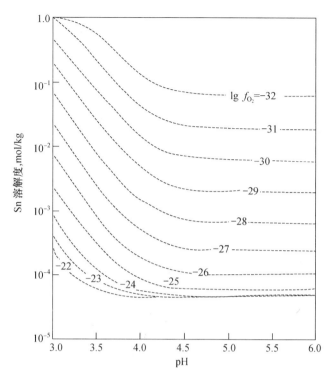

图4-6　在 Sn-Na-Cl-O-H 体系中锡溶解度随 pH 及氧逸度的变化（Wagner et al, 2009）

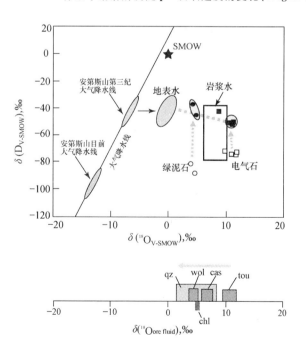

图4-7　San Rafael 锡铜矿床不同成矿阶段流体的
O-H 同位素特征（上）和不同矿物的同位素特征（下，
Wagner et al, 2009）

　　较轻的同位素倾向于富集在气相中,沸腾后,流体的$\delta^{18}O$值会上升。然而,由于大气降水的$\delta^{18}O$值较低,岩浆热液与大气降水混合形成流体的$\delta^{18}O$值也会降低。流体混合导致体系温度降低,并增强成矿流体与结晶矿物之间的同位素分异。假定岩浆热液的初始温度为500℃(盐度45% NaCl),$\delta^{18}O=11‰$。在每一种模型中,成矿流体温度会逐步降低,并伴随盐度和$\delta(^{18}O_{H_2O})$降低(图4-8)。沸腾和流体混合对结晶矿物的氧同位素产生相反的影响:与低$\delta^{18}O$流体混合,形成矿物的$\delta^{18}O$值会降低(250℃附近稍有升高);沸腾会导致结晶矿物的$\delta^{18}O$值升高(这与实际情况不符,表明未发生流体沸腾)。

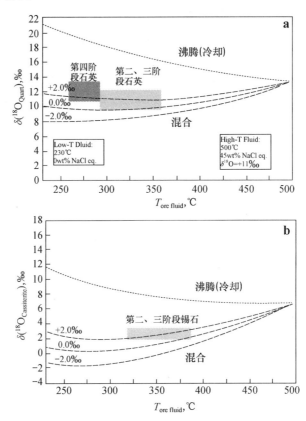

图4-8　石英(a)和锡石(b)$\delta^{18}O$-T模拟计算,显示不同阶段流体演化特征(Wagner et al, 2009)

　　加拿大 Ovens-Dufferin 地区的含金石英脉含少量碳酸盐、铁和砷的硫化物、硅酸盐矿物、Bi-Te-Ag-Hg 硫化物,局部富集白钨矿。Ovens 金矿区位于一个紧闭的背斜构造枢纽。Dufferin 地区的矿脉呈雁列式分布。依据石英的$\delta^{18}O$,用石英-H_2O氧同位素分馏平衡方程,计算平衡条件下水的$\delta(^{18}O_{H_2O})$(图4-9中的矩形阴影区间)。

　　Ovens 含金矿脉形成时间(408Ma)与火山活动时间一致。Dufferin 矿床形成时间(380Ma)与花岗岩侵入时间部分重叠。虽然两个矿床形成时间不同,且位于不同的地质单元里,Dufferin 金矿的围岩是变质砂岩,Ovens 的围岩是变质粉砂岩-板岩,但这两个矿床成矿流体的$\delta^{18}O$值相似(9‰~12‰)。其可能原因包括:(1)相同储库的流体在不同时期释放;(2)不同储库的流体偶然产生了相似的$\delta^{18}O$值。这两个地区石英流体包裹体都是低盐度的CO_2-H_2O类型,岩浆流体直

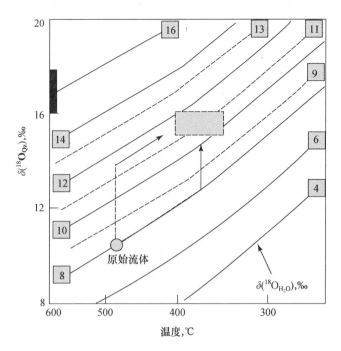

图 4-9　石英 $\delta^{18}O$ 与平衡流体 $\delta(^{18}O_{H_2O})$ 随温度的变化关系(初始流体的 $\delta^{18}O=8‰$,与
$\delta^{18}O=16‰\sim18‰$ 的岩石反应,Kontak et al,2011).石英脉形成温度 350~400℃.方格
中的数字表示流体的 $\delta(^{18}O_{H_2O})$ 值.虚线箭头代表流体可能的演化方向

接对成矿流体的贡献不大。与花岗岩体距离越近,$\delta(^{18}O_{H_2O})$ 值越低(Kontak et al,2011):由钙
长石、钾长石、石榴石、电气石、角闪石、绿帘石、黑云母和一些硫化物组成的 Beaver Dam 矿脉具
有最低的 $\delta(^{18}O_{H_2O})$ 值(距离花岗岩<1 km)。West Gore 石英-绿泥石-碳酸盐矿物-白云母-硫化
物脉远离侵入体且位于浅部,具有变化巨大的 $\delta(^{18}O_{H_2O})$ 值。矿床产出的地理高度与矿脉石英
$\delta^{18}O$ 以及平衡流体 $\delta(^{18}O_{H_2O})$ 的关系如图 4-10 所示。矿脉的形成温度区间很窄,没有观察到流体
不混溶现象,浅部矿脉的形成温度>350℃。流体混合和流体冷却模式无法合理地解释所观察到
的氧同位素变化特征,而流体与主岩反应模式可以解释上述过程。

新西兰北岛的 Hauraki 金矿省(200 km×40 km)产出包括 Waitekauri、Maratoto、Golden
Cross、Sovereign 和 Komata 在内的 50 多个矿床。这些矿床赋存在中新世-上新世陆缘火山弧
中。Waitekauri 矿床赋存在安山岩、英安岩、流纹岩和杂砂岩中。矿脉长 300~1300 m,宽 1~
5 m,陡倾。蚀变带长 3 km(深度>600 m)。自 1862 年以来,累计产金>350 吨,银 16000 吨。含
金矿脉受一系列 NNE 向正断裂控制(Simpson & Mauk,2011)。矿区的角砾岩和火山碎屑岩遭
受了强烈蚀变。在弱蚀变岩石中,普通辉石和紫苏辉石部分地保存下来,斜长石和磁铁矿比较新
鲜。矿区火山岩露头发生强烈风化,形成铁的氢氧化物,局部含黄铁钾矾、多水高岭土、高岭石和
锰的氧化物,氧化带延伸到地下 20~65 m,局部沿断裂延伸到地下 260 m。石英占岩石体积的
40%~60%,交代火山岩基质中的玻璃,与绿泥石、伊利石、蒙脱石和黄铁矿共生。冰长石在
Sovereign 样品中普遍出现(>80%),在 Jubilee、Scotia 和 Jasper Creek 样品中常见(>45%),在

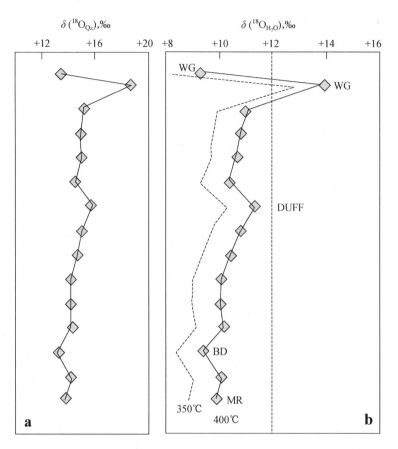

图 4-10 (a) 石英 $\delta(^{18}O_{Qz})$ 值随深度的变化关系；(b) 与石英平衡流体的 $\delta(^{18}O_{H_2O})$ 值随深度的变化(虚线 350℃，实线 400℃，Kontak et al, 2011). WG＝West Gore，MR＝Moose River，BD＝Beaver Dam，DUFF＝Dufferin

Scimitar 和 Teutonic 的样品中基本缺失。在 Sovereign 地区，冰长石出现的深度＞350 m，在 Scotia 和 Jasper Creek 地区，冰长石分别出现在＜180 m 和＜120 m 的深处。冰长石被伊利石或者伊利石-蒙脱石互层交代的程度变化很大(5%～95%)。

石英-赤铁矿-黄铁矿和石英-赤铁矿脉被方解石脉穿切。黄铁矿和石英是裂隙和热液角砾岩的胶结物。黄铁矿-石英脉和胶结角砾岩的黄铁矿-石英往往被梳状石英脉切断。石英脉中含少量黄铁矿、微量冰长石、闪锌矿、方铅矿、黄铜矿等。石英脉和方解石脉之间很少见到穿切关系，但在一些方解石脉中见到梳状石英。脉之间的穿切关系、矿物之间的生成次序和蚀变矿物的共生关系如图 4-11 所示。黄铁矿-石英细脉先形成，之后形成含少量银金矿和硫化物的石英-冰长石细脉、石英-赤铁矿±黄铁矿脉和冰长石细脉。蚀变过程形成了石英、冰长石、钠长石、绿泥石、绿帘石和黄铁矿。冰长石和钠长石被部分地蚀变成伊利石或者伊利石-蒙脱石。

石英中观察到两相(液相和气相)流体包裹体。在一些脉中出现富液相的与富气相的包裹体共生，代表流体沸腾。石英中的原生、假次生、次生富液相包裹体的均一温度为 168～272℃。方

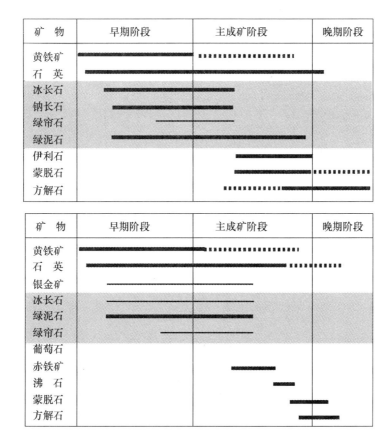

图 4-11 蚀变矿物(上)和矿脉中(下)矿物共生次序,细线表示微量
矿物(Simpson & Mauk, 2011)

解石中次生富液相包裹体的均一温度为 $189\sim310℃$。地热环境中矿物的形成温度顺序如下：绿帘石($>240℃$)、葡萄石、伊利石、伊利石-蒙脱石互层、蒙脱石、沸石($<220℃$)。

石英的 $\delta^{18}O=4.1‰\sim9.7‰$,方解石的 $\delta^{18}O=1.7‰\sim18.6‰$。对石英和方解石应用相应的矿物-$H_2O$ 分馏系数,并依据样品中流体包裹体的均一温度,计算平衡流体的同位素组成。大多数 $\delta(^{18}O_{H_2O})$ 接近 $-5‰$,类似该地区的大气水。矿物形成温度的不确定性可以解释 $\delta(^{18}O_{H_2O})$ 的变化。大部分与石英平衡流体的 $\delta(^{18}O_{H_2O})$ 在 $-6‰\sim-4‰$ 之间变化(图 4-12),与当时的大气降水接近。由于部分样品的计算可能使用了次生包裹体的均一温度,导致其 $\delta(^{18}O_{H_2O})$ 值较分散。与方解石平衡流体的 $\delta(^{18}O_{H_2O})$ 值也主要落在 $-6‰\sim-4‰$ 范围内(图 4-12b)。导致 $\delta(^{18}O_{H_2O})$ 富集的地质过程包括：(1) 与富 $\delta(^{18}O_{H_2O})$ 流体混合,例如岩浆水或者盐水;(2) 水岩反应;(3) 热液的蒸汽减少。

Jubilee 脉的规模较大($990\ m\times215\ m\times2.4\ m$),产金 13700 盎司,这与 Favona 脉($1000\ m\times250\ m\times(1\sim3\ m)$,产金$>595000$ 盎司)以及 Empire 脉($500\ m\times250\ m\times(2\sim10\ m)$,产金 400000 盎司)形成鲜明对比。Jubilee 和 Sovereign 之上至少被剥蚀了 $300\sim400\ m$,这些被剥蚀的部分也许包含最强烈矿化的部分。

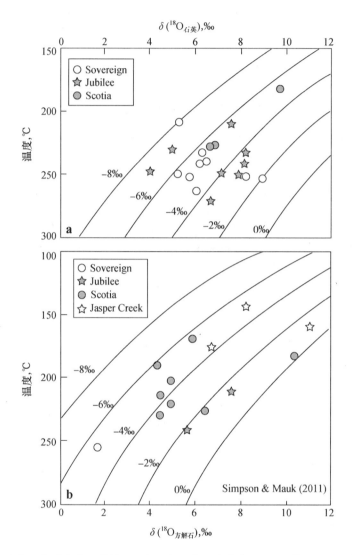

图 4-12　（a）不同矿床中石英的 $\delta^{18}O$ 与平衡流体温度的变异关系，等值线显示与石英平衡流体的 $\delta(^{18}O_{H_2O})$ 值；（b）不同矿床中方解石 $\delta^{18}O$ 组成与平衡流体温度的协变图，等值线显示与方解石平衡水的 $\delta(^{18}O_{H_2O})$ 值

4.2　硫同位素体系

4.2.1　硫同位素组成和分馏

硫有 4 种稳定同位素 ^{32}S、^{33}S、^{34}S 和 ^{36}S，其平均相对丰度分别为 95.02%、0.75%、4.21% 和 0.02%。硫同位素组成表示为 $\delta^{34}S$，

$$\delta^{34}S = 1000 \times \{[(^{34}S/^{32}S)_{样品}/(^{34}S/^{32}S)_{标准}]-1\}$$

　　Canyon Diablo 陨石中的陨硫铁(FeS)作为 $\delta^{34}S$ 的标准(CDT)。硫同位素的分馏系数(α)与硫同位素平衡分异因子(A，见表 4-3)具有如下关系：

$$1000 \ln\alpha = A \times 10^6 / T^2$$

　　不同的同位素平衡体系具有差异很大的 A 值。甚至对于相同的体系，不同研究者也获得了不同的 A 值。例如，对于方铅矿-闪锌矿之间的硫同位素平衡体系，Grootenboer & Schwarcz(1969)获得的 A 值为 0.63，而 Kajiwara et al (1969)报道的 A 值为 0.90。

表 4-3　相对 H_2S 的硫同位素平衡分异因子(Ohmoto & Rye, 1979)

矿　物	分子式	A	矿　物	分子式	A
黄铁矿	FeS_2	0.40	铜蓝	CuS	-0.40
闪锌矿	ZnS	0.10	方铅矿	PbS	-0.63
磁黄铁矿	$Fe_{1-x}S$	0.10	辉铜矿	Cu_2S	-0.75
黄铜矿	$CuFeS_2$	-0.05	辉银矿	Ag_2S	-0.80

$$H_2{}^{34}S + {}^{32}SO_2 \Longrightarrow H_2{}^{32}S + {}^{34}SO_2$$

平衡常数：

$$K = ([{}^{34}SO_2]/[{}^{32}SO_2])/([H_2{}^{34}S]/[H_2{}^{32}S])$$

$\alpha = K^{1/n}$，其中 n 是交换原子的个数。

　　对于 H_2S 与 SO_2 之间硫同位素的交换反应，$K = \alpha$，$n = 1$。可以证明(Marini et al, 2011)：

$$\alpha_{SO_2\text{-}H_2S} = ({}^{34}S/{}^{32}S)_{SO_2}/({}^{34}S/{}^{32}S)_{H_2S} = [1000 + \delta({}^{34}S_{SO_2})]/[1000 + \delta({}^{34}S_{H_2S})]$$

$$1000 \ln\alpha_{SO_2\text{-}H_2S} \approx \delta({}^{34}S_{SO_2}) - \delta({}^{34}S_{H_2S}) = \Delta\delta({}^{34}S_{SO_2\text{-}H_2S})$$

　　自然界中硫同位素的分馏很大($\delta^{34}S$ 值变化达 180‰)。硫是一种变价元素，在不同的氧化还原条件下，可形成硫化物(—2 价和—1 价)、自然硫(0 价)和硫酸盐(+4 价和+6 价)。不同含硫化合物之间由于价态不同、化学键强度不同，会产生明显的硫同位素分馏效应。硫同位素的分馏受温度的影响很大。例如，SO_4^{2-}、H_2S、HS^- 相对 S^{2-} 的硫同位素分馏受温度控制(图 4-13)。

　　各种硫化物和硫酸盐的稳定性和溶解度不同，如硫化物在低温水溶液中极难溶，而硫酸盐的溶解度则相当大，富 ^{34}S 硫酸盐被溶解并带走，留下富 ^{32}S 的硫化物，导致硫同位素分馏。硫酸盐还原形成硫化物过程会产生显著的同位素动力学分馏，主要包括细菌还原、有机质分解、有机还原和无机还原等过程。硫酸盐的细菌还原是自然界中最重要的硫同位素分馏过程。在对硫酸盐开放的环境中，如自然界的深海或静海环境，还原消耗掉的 SO_4^{2-} 可从海水中不断得到补充，使 SO_4^{2-} 的同位素组成基本保持不变。此种环境下形成的硫化物具有相对稳定的 $\delta^{34}S$ 值，硫化物的 $\delta^{34}S$ 值比海水硫酸盐的低 40‰～60‰。在硫酸盐组分的补给速度低于其还原速度的封闭、半封闭环境中，由于富 ^{32}S 的硫酸盐优先被还原成 H_2S。最初形成的硫化物具有最低的 $\delta^{34}S$ 值，晚期形成的硫化物具有相对较高的 $\delta^{34}S$ 值。对于 H_2S 开放的体系(即生成的 H_2S 迅速转变成金属硫化物，从体系中沉淀出来)，开始时硫化物的 $\delta^{34}S$ 值很低，晚期硫化物的 $\delta^{34}S$ 值可大于海水硫酸盐的初始值。对于 H_2S 封闭的体系(即生成的 H_2S 未形成金属硫化物)，硫化物的 $\delta^{34}S$ 值也由低变高。在还原作用结束时，硫化物的值接近于海水硫酸盐的初始值。>50℃时，含硫有机质受热分解，生成 H_2S，产生硫同位素动力分馏($K_1/K_2 = 1.015$)。例如，初始物的 $\delta^{34}S$ 值接近海水硫酸盐时(20‰)，热分解形成 H_2S 的 $\delta^{34}S$ 值为 5‰。随着温度升高(>250℃)，水溶硫酸盐可与有机物发生还原反应：

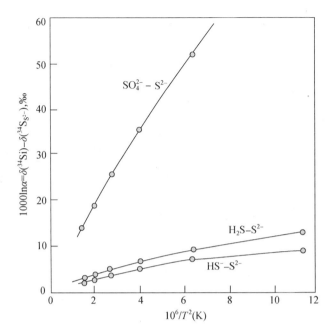

图 4-13 SO_4^{2-}、H_2S、HS^- 相对 S^{2-} 的硫同位素分馏受温度控制(Sakai,1968)

$$SO_4^{2-}+CH_4 \longrightarrow H_2S+CO_2+OH^-$$

在玄武岩与海水相互作用过程中,硫酸盐还原形成黄铁矿等硫化物。如:

$$Fe^{2+}+SO_4^{2-}+H_2 \longrightarrow FeS_2+H_2O$$

这一反应产生同位素动力分馏($K_1/K_2=1.000\sim1.025$),$\delta^{34}S=20‰$ 的海水与玄武岩反应,生成硫化物的 $\delta^{34}S$ 在 $-5‰\sim20‰$ 之间变化。

在热力学平衡状态下,不同价态硫同位素分馏引起 $\delta^{34}S$ 的变化顺序:$S^{2-}<S_2^{2-}<S<SO_2<SO_4^{2-}$。金属-S 键越强的矿物越富集重硫同位素。平衡状态下,硫酸盐的 $\delta^{34}S$ 值的变化顺序:铅矾($PbSO_4$)<重晶石($BaSO_4$)<天青石($SrSO_4$)<石膏($CaSO_4 \cdot 2H_2O$);硫化物 $\delta^{34}S$ 值依次升高:辉铋矿(Bi_2S_3)<辉锑矿(Sb_2S_3)<辉铜矿(Cu_2S)<方铅矿(PbS)<斑铜矿(Cu_5FeS_4)<黄铜矿($CuFeS_2$)<闪锌矿(ZnS)<黄铁矿(FeS_2)<辉钼矿(MoS_2)。

4.2.2 硫同位素地质储库

各类陨石的硫含量不同。铁陨石最富硫,其次是球粒陨石,无球粒陨石硫含量最低。铁陨石的硫同位素组成变化极小($\delta^{34}S=0.0‰\sim0.6‰$)。碳质球粒陨石全岩 $\delta^{34}S$ 值接近铁陨石($0.4‰$)。月岩中硫主要以硫化铁(FeS)形式存在。月球玄武岩的 $\delta^{34}S=-0.2‰\sim1.3‰$。基性-超基性岩的 $\delta^{34}S$ 值与陨石硫相近,变化范围小($\pm1‰$)。由于地壳硫的混染、海水蚀变或岩浆去气过程的影响,有些基性-超基性岩也可能呈现较大的硫同位素变化。花岗岩和伟晶岩的 $\delta^{34}S$ 值在 $-12‰\sim29‰$ 之间变化。中酸性火山喷出岩的 $\delta^{34}S$ 值变化比相应深成岩大,其硫同位素组成变化与 H_2S 和 SO_2 逃逸及火山喷发时海水硫的混染有关。喷发到陆地上的火山岩与海底熔岩的硫同位素组成明显不同,其原因是 SO_2 的去气作用。海底玄武岩 $\delta^{34}S$ 值为 $0.7‰$,SO_4^{2-}/H_2S 比值高。大陆玄武岩含硫量低,$\delta^{34}S$ 值低($-0.8‰$),SO_4^{2-}/H_2S 比值低。这些特征均说明大

陆玄武岩经历了 SO_2 的快速去气过程。MORB 的 $\delta^{34}S \approx 0‰$，而岛弧钙碱性火山岩比 MORB 富集 ^{34}S。例如马里亚纳岛弧玄武岩 $\delta^{34}S$ 值高达 5‰，可能与富 ^{34}S 组分的俯冲有关。金伯利岩中金刚石包裹体中硫化物的 $\delta^{34}S$ 接近 0‰，而榴辉岩中金刚石的 $\delta^{34}S$ 值变化大（$-11‰ \sim 14‰$），这可能与俯冲到地幔的地壳物质有关。

变质岩的硫同位素组成与变质岩原岩、变质作用过程中的水岩反应和同位素交换、变质脱气等因素有关。大多数变质岩的 $\delta^{34}S$ 值变化范围为 $-20‰ \sim 20‰$。遭受区域变质的含硫化物石墨片岩的 $\delta^{34}S$ 值可以低至 $-27‰$，说明它们仍保留了富有机质沉积原岩的硫同位素特征。

海洋沉积物中硫化物的 $\delta^{34}S$ 值通常比海水硫酸盐低 20‰ $\sim$ 60‰。现代大洋沉积物中黄铁矿 $\delta^{34}S$ 值变化范围为 $-20‰ \sim -10‰$。沉积物中的硫有多种存在形式，如黄铁矿、干酪根、沥青、硫酸盐和元素硫。海洋沉积物中黄铁矿主要是通过细菌还原海水硫酸盐形成的，反应如下：

$$2CH_2O + SO_4^{2-} = H_2S + 2HCO_3^-$$

现代海水硫酸盐的 $\delta^{34}S$ 值为 20‰。地质历史时期，海水硫酸盐的 $\delta^{34}S$ 值是变化的（图 4-14）。前寒武纪海水 $\delta^{34}S$ 值为 16‰ $\sim$ 18‰，到寒武纪时达到 30‰ 以上。从寒武纪到泥盆纪，$\delta^{34}S$ 值逐渐下降至 16‰。在早石炭世 $\delta^{34}S$ 又跃升至约 25‰。之后又逐渐下降至约 10‰。从三叠纪开始，$\delta^{34}S$ 值逐渐上升，达到现代的 20‰ 左右。

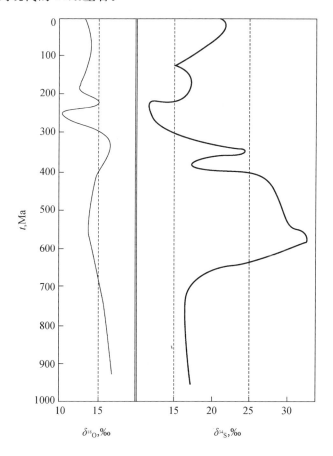

图 4-14　海相硫酸盐的 $\delta^{18}O$（左）和 $\delta^{34}S$ 值（右）在地质历史时期的变化（Claypool et al, 1980）

生物体通过硫酸盐还原作用来合成有机硫化合物。无论是淡水植物还是海洋生物，其$\delta^{34}S$值均比水中溶解硫酸盐的低，因为在生物体内硫酸盐还原过程中存在$-4.5‰～0.5‰$的同位素分馏。水中溶解的SO_4^{2-}被细菌还原成H_2S，可降低其$\delta^{34}S$，如果反复还原-氧化-还原，可形成贫^{34}S的H_2S。

赋存在科马提岩中的Fe-Ni硫化物矿床提供了全球镍产量的～10%。Bekker et al（2009）的研究表明，太古代与科马提岩有关的Fe-Ni硫化物矿床中的硫首先经过大气循环，并在洋底累积。科马提岩岩浆吸收了洋底热液硫化物累积的这种硫，形成晚太古代Fe-Ni硫化物矿床。新太古代和古元古代，地幔柱岩浆作用和陆壳生长事件主要发生在29.5亿年、27亿年和19亿年三个阶段，对应全球条带状铁建造、硫化黑色页岩和火山岩熔矿的Fe-Cu-Zn块状硫化物矿床形成的高峰时段。由于地幔的硫含量太低，科马提浆在上升或侵位过程中吸收（同化混染）了洋壳中的硫。绝大多数太古宙沉积硫化物的$\delta^{34}S$值接近地幔值，而热液蚀变和变质作用使初始$\delta^{34}S$值趋于均一化。仅用$\delta^{34}S$值不能约束太古宙科马提岩中Fe-Ni硫化物中硫的来源。太古宙无氧环境下的光化学反应过程中，硫同位素的非质量分馏产物：氧化的溶于水的硫具有负的$\Delta(^{33}S)$值（非质量分馏因子）。

$$\Delta(^{33}S) = \delta^{33}S^* - 0.515\,\delta^{34}S^*$$

$$\delta^{34}S^* = 1000 \times \ln[(\delta^{34}S/1000) + 1]$$

$$\delta^{33}S^* = 1000 \times \ln[(\delta^{33}S/1000) + 1]$$

$$\delta^{33}S = 1000 \times [(^{33}S/^{32}S)_{样品}/(^{33}S/^{32}S)_{VCDT} - 1]$$

$$\delta^{34}S = 1000 \times [(^{34}S/^{32}S)_{样品}/(^{34}S/^{32}S)_{VCDT} - 1]$$

还原硫具有正的$\Delta(^{33}S)$值，与幔源岩浆硫化物很容易区别。硫酸盐气溶胶中的硫会优先进入受热液影响的条带状铁建造、重晶石矿床、块状硫化物矿床、沉积喷流型矿床和黑色页岩成岩早期形成的黄铁矿结核，具有负的$\Delta(^{33}S)$值，而硫元素气溶胶中的硫优先进入沉积岩包括黑色页岩中的硫化物，产生正的$\Delta(^{33}S)$值（Ono et al，2009）。

与太古宙科马提岩相关的Fe-Ni硫化物矿床中，硫同位素值范围与富硫化物的地壳岩石差别很大。岩浆Fe-Ni硫化物的$\delta^{34}S$与黑色页岩和VHMS矿床的一致。VHMS矿床的$\Delta(^{33}S)$比较稳定（$-0.7‰$）。Agnew-Wiluna和Abitibi绿岩带中VHMS矿床的$\Delta(^{33}S) = -1.0‰～-0.4‰$，表明这类矿床中几乎所有的硫都来自热液硫化物。Agnew-Wiluna绿岩带中岩浆基质、浸染状Fe-Ni硫化物的$\Delta(^{33}S)$值变化范围稍大（$-0.6‰～0.3‰$）。与此相反，Abitibi绿岩带中，侵位到黑色页岩中的科马提岩所形成的Fe-Ni硫化物，具有与黑色页岩中黄铁矿相同的正$\Delta(^{33}S)$值，而VHMS透镜体的$\Delta(^{33}S) < 0$，说明部分硫来自海水硫酸盐的还原反应。

Fe-Ni硫化物矿床形成过程中，富硫地壳岩石与科马提岩岩浆（$\Delta(^{33}S)$和$\delta^{56}Fe \approx 0‰$）发生了混染。Fe-Ni硫化物的硫同位素组成主要受壳源硫控制，其铁同位素组成主要受科马提岩熔体控制。具明显壳源硫的Fe-Ni硫化物矿床（如Kambalda，与科马提岩相关）的硫同位素没有非质量分馏，具有中等负的铁同位素值。对这种现象合理的解释是：在熔岩通道中，壳源硫与幔源硫混合，使弱非质量分馏的硫同位素特征减弱，并且平衡了磁黄铁矿和硅酸盐岩浆之间的铁同位素分馏。由于围岩地壳硫的同化混染，大多数新太古代科马提岩达到硫化物饱和状态。太古宙的深水沉积物一般贫硫，因为那时无氧大洋中的硫酸盐含量很低（除地幔柱爆发事件中大量火山活动释放的沉积物外）。Fe-Ni硫化物矿床的类型和规模很大程度上取决于围岩中硫的来源。含硫黑色页岩主要局限在盆地边缘而远离科马提岩。块状硫化物矿床的硫是幔源硫与海水硫酸盐的混合。幔源硫的 $\delta^{34}S \approx \Delta(^{33}S) = 0‰$，而海水硫酸盐是大气光化学反应的产物，其 $\Delta(^{33}S) < 0$ (Bekker et al, 2009)。

4.2.3 硫同位素的地质应用

地质过程中硫同位素的演化非常复杂，岩浆过程、沉积过程、生物过程、风化过程以及水岩反应均可以导致硫同位素分馏。例如，玄武质岩浆通过去气作用，会使其中 75% 的 SO_2 逃逸，从而导致岩浆中 $\delta^{34}S$ 发生明显变化(图 4-15)。SO_2 逃逸对玄武岩熔体 $\delta^{34}S$ 的影响还受氧逸度(f_{O_2})控制。硫盐/硫化物的比例(即 SO_4^{2-}/H_2S)随 f_{O_2} 值升高而增加。高 f_{O_2} 条件下，熔体中的 SO_4^{2-}/H_2S 值较高，SO_2 逃逸将导致岩浆的 $\delta^{34}S$ 值向正的方向变化。相反，还原环境中(低 f_{O_2})，熔体中 SO_4^{2-}/H_2S 比例较低，SO_2 逃逸将导致岩浆 $\delta^{34}S$ 向负方向迁移。

$$\delta(^{34}S_{gas}) = y\delta(^{34}S_{SO_2}) + (1-y)\delta(^{34}S_{H_2S})$$
$$\delta(^{34}S_{melt}) = x\delta(^{34}S_{S^{2-}}) + (1-x)\delta(^{34}S_{SO_4^{2-}})$$

其中，x 代表熔体硫化物中 S 的摩尔分数，y 代表气体 SO_2 中 S 的摩尔分数，$\delta(^{34}S_{SO_2})$ 代表 SO_2 的同位素组成，$\delta(^{34}S_{H_2S})$ 代表 H_2S 的同位素组成，$\delta(^{34}S_{SO_4^{2-}})$ 代表 SO_4^{2-} 的同位素组成。如果火山去气以 SO_2 为主，H_2S 的量可以忽略时，$y=1$。

$$\Delta\delta^{34}S = \delta(^{34}S_{gas}) - \delta(^{34}S_{melt})$$
$$\Delta\delta^{34}S = \Delta\delta(^{34}S_{H_2S\text{-}SO_4^{2-}}) + x\Delta\delta(^{34}S_{SO_4^{2-}\text{-}S^{2-}}) + y\Delta\delta(^{34}S_{SO_2\text{-}H_2S})$$

通过此式可以计算岩浆去气过程中熔体 $\delta^{34}S$ 的变化特征。

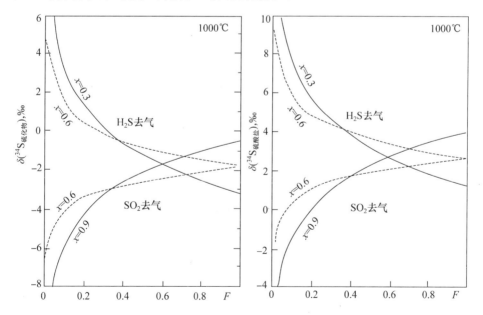

图 4-15 SO_2 和 H_2S 去气过程对岩浆同位素组成的影响，x 代表熔体中硫化物相对于硫酸盐的摩尔分数，F 代表熔体中 S 的摩尔分数(假定原始岩浆的 $\delta^{34}S$ 值为 0‰)

$$S^{2-} + 2O_2 \Longrightarrow SO_4^{2-}$$
$$\lg f_{O_2} = a/T + b$$

其中 $a=-2.04\times10^4, b=5.37$。

$$\delta^{34}S=\delta^{34}S_0+1000\,(\alpha-1)\ln F$$

α 为硫在气体和熔体之间的同位素分馏因子,F 为熔体中硫的摩尔分数。

$$\Delta\delta^{34}S=\delta(^{34}S_{\text{气体}})-\delta(^{34}S_{\text{熔体}})=1000\ln\alpha$$

f_{O_2} 高且 $\alpha<1.000$ 时,熔体会富集 $\delta^{34}S$;f_{O_2} 低时,SO_2 从岩浆中逃逸,将导致熔体亏损 $\delta^{34}S$(图 4-16)。

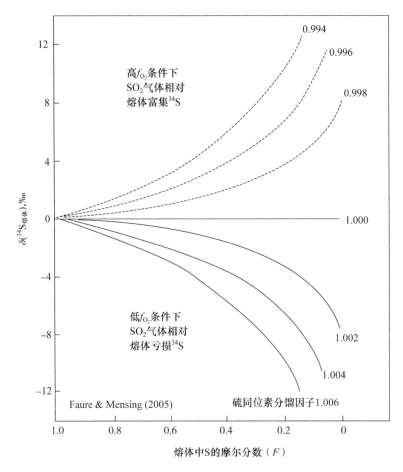

图 4-16 熔体的 $\delta^{34}S$ 受 f_{O_2} 和同位素分馏因子 α(曲线边的数字)的影响关系图

热液矿床中含硫矿物的硫同位素组成不但与成矿溶液的温度和同位素组成有关,而且与成矿溶液的 pH 和 f_{O_2} 有关,并受矿物形成时体系的开放或封闭性控制。金属硫化物的 $\delta^{34}S$ 值不仅反映硫在成矿流体中同位素组成特征以及成矿温度,也反映成矿流体的 pH、f_{O_2}、f_{S_2} 等。一定温度条件下,高 f_{O_2} 条件有利于 SO_4^{2-} 稳定存在,使 ^{34}S 相对富集。相反,f_{O_2} 值足够低时,H_2S、HS^- 和 S^{2-} 成为成矿流体中硫的主要存在形式,pH 降低会增加 H_2S 和 HS^- 的稳定性,使 ^{32}S 相对富集在成矿流体中。在封闭体系条件下,含硫矿物的沉淀导致成矿溶液中溶解硫的含量降低。热液全硫的 $\delta(^{34}S_{\Sigma S})$ 值表示为

$$\delta(^{34}S_{\Sigma S})=\delta(^{34}S_{H_2S})X_{H_2S}+\delta(^{34}S_{SO_2})X_{SO_2}$$

式中 X_{H_2S} 和 X_{SO_2} 分别代表热液中 H_2S 和 SO_2 的摩尔分数。

利用上式并通过矿物稳定关系比较,可以将 H_2S 和 $\delta(^{34}S_{\Sigma S})$ 等值线投影到 f_{O_2}-pH 图上(图 4-17)。该图显示 Fe-Ba-O_2-S_2 体系在 $\Sigma S = 0.1$ mol/kg H_2O($250℃$)、$\delta(^{34}S_{\Sigma S}) = 0‰$ 的条件下,重晶石和黄铁矿稳定域与 pH、f_{O_2} 和 $\delta^{34}s$ 参数之间的关系。高 f_{O_2} 条件下硫化物的 $\delta^{34}s$ 值相对比流体的值低。只有在低 f_{O_2} 和低 pH 条件下,硫化物的 $\delta^{34}s$ 才与流体的 $\delta^{34}s$ 值相近。矿物的 $\delta^{34}s$ 受 pH 和 f_{O_2} 控制,如图 4-17 所示,从 $\delta^{34}s = 0‰$ 的成矿流体中结晶出黄铁矿的 $\delta^{34}s$ 在 $-27‰\sim5‰$ 范围内变化。

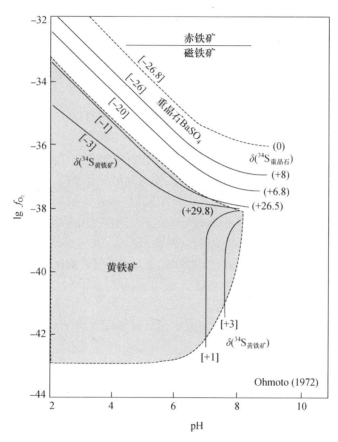

图 4-17 Fe-Ba-O_2-S_2 体系在 $\Sigma S = 0.1$ mol/kg H_2O($250℃$)、$\delta(^{34}S_{\Sigma S})$ 值 $= 0‰$ 条件下,重晶石和黄铁矿稳定域与 pH、f_{O_2} 和 $\delta^{34}s$ 的关系. 方括号[ ]中的数值代表黄铁矿的 $\delta^{34}s$ 值,圆括号( )中的数值代表重晶石的 $\delta^{34}s$ 值,阴影区为黄铁矿的稳定域

甘肃阳山金矿带成岩期黄铁矿 $\delta^{34}s$ 值变化范围较大($-4.2‰\sim12.5‰$)。成矿早阶段和主阶段硫化物的 $\delta^{34}s$ 值变化范围为 $-4.2‰\sim3‰$,成矿晚阶段辉锑矿的 $\delta^{34}s$ 值变化范围为 $-6.6‰\sim-4.5‰$,与其共生黄铁矿 $\delta^{34}s$ 值分别是 $7.6‰$ 和 $-12.1‰$,反映晚阶段除岩浆岩硫源外,浅变质泥盆系地层也提供了部分硫(李楠等,2012)。美国 Butte 斑岩 Cu-Mo 成矿体系中,斑岩矿化阶段硬石膏的平均 $\delta^{34}s = 12.9‰$,比共生硫化物更富 ^{34}S($\delta^{34}s = 0.5‰\sim4.7‰$)。重晶石 $\delta^{34}s$ 值的范围异常大($4.4‰\sim27.3‰$),而伴生黄铁矿的范围却很窄($1.3‰\sim2.3‰$)。与钾硅酸盐蚀变相

关硫化物的 $\delta^{34}s$ 变化很小（$-0.1‰\sim4.7‰$）。单一硫化物的 $\delta^{34}s$ 变化更小（辉钼矿 $3.0‰\sim$ $4.7‰$，黄铁矿 $0.4‰\sim3.4‰$，黄铜矿 $-0.1‰\sim3.0‰$，Field et al, 2005）。主成矿阶段之前与绢云母蚀变相关的唯一富硫矿物是黄铁矿（$\delta^{34}s=1.7‰\sim4.3‰$）。硫酸盐比硫化物更富集 ^{34}S，辉钼矿比黄铁矿轻微富集 ^{34}S，辉钼矿和黄铁矿比其他矿物富集 ^{34}S。主成矿阶段硫化物 $\delta^{34}s$ 值范围很窄（$\sim0‰$）。这种同位素趋势在其他斑岩成矿系统中也存在，且与同位素平衡理论以及硫同位素分馏趋势相符。

在任何一个同时包含氧化硫（SO_4^{2-} 或 SO_2）和还原硫（H_2S）的体系中，硫酸盐和硫化物的同位素组成不仅仅取决于温度和体系总硫同位素组成，还取决于体系中氧化硫和还原硫的比例。氧化硫和还原硫的比值受 pH 和氧化状态控制。Butte 石英斑岩中 SO_4^{2-} 含量远超过 H_2S，共生的 C-O-H-S 气相组分与温度、氧逸度和水压直接有关。与岩浆平衡的气体在 NNO+2.5 条件下的 SO_2/H_2S 比为 $4:1$，在 NNO+3 时为 $22:1$。花岗质岩浆出溶的含水相流体中，硫主要以 SO_2 形式存在，SO_2 在冷却过程中发生水解（$400\sim650℃$）：

$$4SO_2+4H_2O \Longrightarrow H_2S+3H^++3HSO_4^-$$
$$\delta(^{34}S_{\Sigma S})=0.25\delta(^{34}S_{H_2S})+0.75\delta(^{34}S_{SO_4^{2-}})$$

硬石膏出现在钾硅酸盐矿物组合中，与辉钼矿、黄铁矿和黄铜矿共生。对这些硫酸盐-硫化物矿物对的硫同位素分析，可以获得平衡温度。并在知道其相对含量时，计算成矿流体的 $\delta(^{34}S_{\Sigma S})$。

共生硫酸盐-硫化物矿物对的结晶温度应该相同，且体系达到同位素平衡并保持平衡，硫酸盐矿物的摩尔分数（$X_{SO_4^{2-}}$）恒定，体系中 $\delta(^{34}S_{\Sigma S})$ 值保持不变（无外源硫混染，不存在其他岩浆过程的扰动）。$\delta(^{34}S_{硫酸盐})$ 对 $\Delta(^{34}S_{硫酸盐-硫化物})$ 构成两条回归线，其交点位于 $\Delta=0$ 处，对应的 $\delta^{34}s$ 为体系的总硫同位素（$\delta(^{34}S_{\Sigma S})$），且两条回归线的斜率分别接近成矿流体的 $X_{SO_4^{2-}}$ 和 X_{H_2S} 值：

$$\delta(^{34}S_{硫酸盐})=m\Delta(^{34}S_{硫酸盐-硫化物})+\delta(^{34}S_{\Sigma S})$$

式中 m 为回归线的斜率，$\delta(^{34}S_{\Sigma S})$ 为截距。

对于 Butte 成矿体系的硫同位素组成（图 4-18），斜率与 $X_{SO_4^{2-}}$ 和硫化物摩尔分数（X_{H_2S}）的关系如下：

$$X_{SO_4^{2-}}=1-m$$
$$X_{H_2S}=1+m$$

硫酸盐矿物和硫化物之间达到同位素的平衡时，两条回归线之间的夹角为 $45°$（x,y 轴相同比例）。当还原硫或氧化硫成为最主要的成分（$X_i>0.90$）时，其同位素组成接近体系的 $\delta(^{34}S_{\Sigma S})$ 值。

Pittsmont 和 Anaconda 地区钾硅酸盐蚀变矿物组合中硫酸盐矿物和硫化物的 $\delta^{34}s$-$\Delta(^{34}S_{硫酸盐-硫化物})$ 回归线相交在 $\delta^{34}s=10.9‰$ 的位置。在 SO_4^{2-} 和 H_2S 均来自 SO_2 歧化反应的前提下，图 4-18 所示两条回归线的斜率分别代表 $X_{SO_4^{2-}}$ 和 X_{H_2S}，分别为 0.85 和 0.15。

矿脉中石英/硬石膏之比为 $20\sim30$，硫化物含量很低，硬石膏/黄铁矿 >100。如果矿物比值接近平衡流体的 SO_4^{2-} 摩尔分数（$X_{SO_4^{2-}}\approx0.99$），$\delta(^{34}S_{\Sigma S})$ 应该等于硬石膏的 $\delta^{34}s$ 值（$\sim9.8‰$）。Δ 值逐渐增大的顺序是硬石膏-辉钼矿 < 硬石膏-黄铁矿 < 硬石膏-黄铜矿。

如果热液体系的 $\delta(^{34}S_{\Sigma S})=0‰$，在相对还原（$X_{SO_4^{2-}}\approx0.05$，$300\sim600℃$）条件下，硫化物的 $\delta^{34}s$ 值在 $-1.0‰\sim-0.5‰$ 之间变化，共生硫酸盐的 $\delta^{34}s=8.6‰\sim19.2‰$。相反，更氧化条件下（$X_{SO_4^{2-}}\approx0.95$），硫化物的 $\delta^{34}s=-19.2‰\sim-8.6‰$，硫酸盐矿物的 $\delta^{34}s=0.5‰\sim1.0‰$。如果

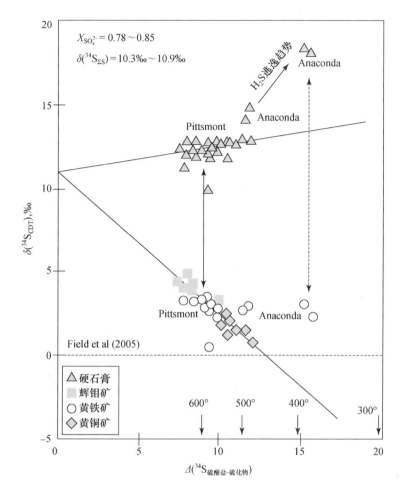

图 4-18 Butt 斑岩矿床主成矿阶段之前钾硅酸盐矿物组合中硫酸盐-硫化物矿物对的 $\delta^{34}S$-$\Delta(^{34}S_{硫酸盐-硫化物})$ 变异图. 两条回归线的交点和斜率分别指示热液体系中总硫同位素组成($\delta(^{34}S_{\Sigma S})$)和氧化还原硫($X_{SO_4^{2-}}/X_{H_2S}$)的比例

体系中氧化硫和还原硫等量,黄铁矿的 $\delta^{34}S$ 值为 $-10.1‰$~$-4.5‰$,硫酸盐的 $\delta^{34}S$ 值为 $4.5‰$~$10.1‰$。当温度和 $\delta(^{34}S_{\Sigma S})$ 恒定时,矿物的 $\delta^{34}S$ 值随 $X_{SO_4^{2-}}$ 变化而改变(图 4-19a)。图中还显示了 $\delta(^{34}S_{\Sigma S})=10‰$ 环境中硫化物和共生硫酸盐 $\delta^{34}S$ 的变化规律。

当氧化或还原硫成为体系的主要硫组分时,该组分 $\delta^{34}S$ 值在给定温度范围内变化很小,且接近 $\delta(^{34}S_{\Sigma S})$ 值;对于含量较少的组分,由于温度诱发同位素分馏,其 $\delta^{34}S$ 值变化往往很大。同位素效应的差异,与 SO_4^{2-}/H_2S 比值有关:

$$X_{SO_4^{2-}} = \Delta\delta(^{34}S_{H_2S})/[\Delta\delta(^{34}S_{SO_4^{2-}}) + \Delta\delta(^{34}S_{H_2S})]$$

Δ 表示硫化物或硫酸盐 $\delta^{34}S$ 最高值和最低值之间的差异。

$$\delta(^{34}S_{\Sigma S}) = \delta(^{34}S_{SO_4^{2-}}) - \Delta(^{34}S_{SO_4^{2-}-H_2S})(1-X_{SO_4^{2-}}) = \delta(^{34}S_{H_2S}) - \Delta(^{34}S_{SO_4^{2-}-H_2S})(X_{H_2S}-1)$$

式中 $\delta(^{34}S_{SO_4^{2-}})$ 和 $\delta(^{34}S_{H_2S})$ 分别代表硫酸盐矿物和硫化物的平均值,其差值为 $\Delta(^{34}S_{SO_4^{2-}-H_2S})$。

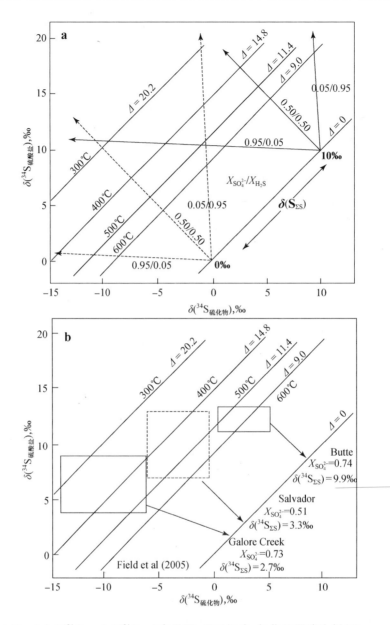

图 4-19 (a) $\delta(^{34}S_{SO_4^{2-}})$-$\delta(^{34}S_{H_2S})$变异图,显示温度、氧化还原硫比例($X_{SO_4^{2-}}\approx$ 0.05, 0.50, 0.95)和总硫同位素组成($\delta(^{34}S_{\Sigma S})$分别为 0‰和 10‰)的变化对热液体系同位素的影响;(b) 一些斑岩矿床中硫酸盐矿物(硬石膏,石膏)-硫化物(辉钼矿,黄铁矿,黄铜矿)矿物对的硫同位素分布区间. 这些矿床富硫酸盐($X_{SO_4^{2-}}\geqslant$ 0.50),$\delta(^{34}S_{\Sigma S})=3‰\sim10‰$

图 4-19b 显示 Butte、Galore Creek 和 El Salvador 斑岩型矿床的相关数据。这些数据分布在不同区域中,显示具不同 $\delta(^{34}S_{\Sigma S})$ 的三个热液成矿体系。El Salvador 和 Galore Creek 样品分布范围很大,与采样区面积大以及后期热液改造有关。Butte 样品的 $\delta^{34}s$ 值和温度变化范围相对较

小。主成矿阶段前，花岗质岩浆与海相蒸发盐地层同化混染，导致石英斑岩富 ^{34}S（大多数海相蒸发岩的 $\delta^{34}S = 10‰ \sim 35‰$）。如果 $\sim 0‰$ 和 $14‰$ 分别作为混合的两个端元值，岩浆将含 71% 的壳源硫。

Anaconda 地区的硬石膏样品更富重硫同位素，且变化范围大（$\delta^{34}S = 14.1‰ \sim 18.2‰$）。氧化性斑岩成矿系统中，岩浆释放的含硫气体以 SO_2 为主。岩浆热液流体中 SO_2 与 H_2O 发生歧化反应，产物中 H_2SO_4 和 H_2S 的摩尔比为 $3:1$（$X_{SO_4^{2-}} = 0.75$）。SO_2 歧化反应发生的温度与钾硅酸盐蚀变的温度范围一致。当单一相岩浆热液不混溶产生卤水和蒸汽相时，SO_4^{2-} 全部进入卤水相，仅部分 H_2S 溶解在卤水中，另外一些 H_2S 进入低密度蒸汽相。假定 H_2S 的分配系数为 ~ 1（Field et al，2005），H_2S 比 SO_4^{2-} 亏损 ^{34}S，富 H_2S 蒸汽相的分离，使卤水相富集 ^{34}S。在 $550℃$、$600 \sim 700bar$（$6 \sim 7$ km 静水压力）条件下，$13‰ \sim 52‰$ 的硫作为富 H_2S 蒸汽相逃逸，形成富 ^{34}S 的硬石膏（$\delta^{34}S = 14.1‰ \sim 18.2‰$）。

流体和围岩中 Fe 可以缓冲卤水的氧逸度和 SO_4^{2-}/H_2S 比值。Fe 缓冲剂通过二价铁到三价铁的氧化还原平衡关系，使卤水中 SO_4^{2-} 还原为 H_2S。类似反应可以使硫酸盐还原成硫化物并沉淀出磁铁矿、黄铁矿和黄铜矿：

$$12FeCl_2 + 12H_2O + H_2SO_4 = 4Fe_3O_4 + 24HCl + H_2S$$
$$4FeCl_2 + 7H_2S + H_2SO_4 = 4FeS_2 + 8HCl + 4H_2O$$
$$8CuCl + 8FeCl_2 + 15H_2S + H_2SO_4 = 8CuFeS_2 + 24HCl + 4H_2O$$

这些反应产物中的 HCl 与长石反应，形成绢云母蚀变。

重晶石是主成矿阶段矿物组合中最后形成的矿物之一，^{34}S 强烈富集表明，富 SO_4^{2-} 的低温流体在成矿晚期占主导。Pittsmont 体系中观察到硬石膏-黄铁矿的分馏表明，矿物在 $550 \sim 600℃$ 达到同位素平衡（见图 4-18）。流体来源于花岗岩热液，岩浆与地层中的蒸发岩同化混染，导致硫化物的 $\delta^{34}S$ 值升高。Anaconda 矿体中发生卤水-蒸汽相分离，瑞利分馏反应使亏损 ^{34}S 的 H_2S 蒸汽相逃逸，硬石膏更富集 ^{34}S。卤水中硫酸盐还原为 H_2S 的过程与磁铁矿、黄铁矿、黄铜矿结晶以及酸性蚀变相关。

4.3　稳定同位素地质温度计

共生矿物 A、B 间同位素（δ_A 和 δ_B）分馏因子（α）是温度的函数：

$$1000 \ln\alpha = A \times 10^6/T^2 + B$$

式中 T 为绝对温度（K）；A、B 为常数，其大小与物质的组成和结构有关。表 4-4 列出了常见矿物-H_2O 的氧同位素分馏方程。平衡条件下，根据矿物中离子与氧结合键的强弱及原子质量的不同，矿物对之间的同位素组成呈规律性变化。常见矿物的 $\delta^{18}O$ 值变化顺序：磁铁矿＜钛铁矿＜绿泥石＜黑云母＜石榴石＜橄榄石＜角闪石＜辉石＜钙长石＜白云母＜方解石＜钾长石＜白云石＜石英。测定一种矿物的同位素组成，对与该矿物平衡的另外一相采用某一假定值，根据矿物与 H_2O 之间的同位素分馏系数来计算同位素平衡温度。对石英脉型矿床，成矿温度可以通过测定石英的 $\delta^{18}O$ 值以及其中流体包裹体中 H_2O 的 $\delta^{18}O$ 值，依据石英-H_2O 氧同位素分馏方程 $1000 \times \ln\alpha = 3.38 \times (10^6/T^2) - 3.40$，计算石英与成矿流体的平衡温度。

表 4-4　常见矿物-H_2O 之间的氧同位素分馏方程

矿物-水体系	氧同位素分馏方程	温度,℃	资料来源
石英-H_2O	$1000\ln\alpha = 3.38\times(10^6/T^2) - 3.40$	200~500	Clayton et al (1972)
磁铁矿-H_2O	$1000\ln\alpha = -1.47\times(10^6/T^2) - 3.7$	500~800	Bottinga et al (1973)
黑钨矿-H_2O	$1000\ln\alpha = 1.04\times(10^6/T^2) - 2.5$	350~550	丁悌平等(1992)
锡石-H_2O	$1000\ln\alpha = 2.60\times(10^6/T^2) - 9.91$	270~350	张理刚(1995)
锡石-H_2O	$1000\ln\alpha = 0.20\times(10^6/T^2) - 4.34$	370~500	张理刚(1995)
白云母-H_2O	$1000\ln\alpha = 2.38\times(10^6/T^2) - 3.89$	400~650	O'Neil (1969)
黑云母-H_2O	$1000\ln\alpha = 0.41\times(10^6/T^2) - 3.10$	500~800	Batchelder et al (1974)
角闪石-H_2O	$1000\ln\alpha = 0.95\times(10^6/T^2) - 3.40$	500~800	Bottinga et al (1973)
石榴石-H_2O	$1000\ln\alpha = 1.27\times(10^6/T^2) - 3.65$	500~750	Lichtenstein & Hoernes (1992)
文石-H_2O	$1000\ln\alpha = 20.41\times(10^6/T^2) - 41.42$	0~70	周根陶 & 郑永飞 (2000)
钙长石-H_2O	$1000\ln\alpha = 2.15\times(10^6/T^2) - 3.27$	350~800	O'Neil & Taylor (1967)
水镁石-H_2O	$1000\ln\alpha = 1.56\times(10^6/T^2) - 14.1$	15~120	Xu & Zheng (1999)
绿泥石-H_2O	$1000\ln\alpha = 6.34\times(10^6/T^2) - 2970/T$	170~350	Cole & Ripley (1999)
金红石-H_2O	$1000\ln\alpha = -4.1\times(10^6/T^2) - 0.96$	575~775	Addy et al (1974)

　　发生同位素交换的分子和晶体体积随压力的变化甚微,所以,同位素地质温度计在<10kbar 时可以忽略压力的影响。应用同位素地质温度计的基本前提包括:(1)平衡分馏系数与温度间的误差可以测量,且有规律可循;(2)矿物对之间的标准曲线可靠;(3)同期结晶的矿物相来自同一流体,且它们之间保持平衡;(4)矿床形成后,矿物间或矿物与流体之间未发生同位素交换反应;(5)在实际测试中,可以完全分离不同的矿物相,保障测试矿物的纯度(利用激光显微熔样技术,可以获得矿物微区的同位素数据,有效地保证所测矿物的纯度以及平衡矿物相的位置)。

　　共生硫化物间硫同位素的分馏系数是温度的函数。在一定温度条件下,较重的同位素富集于硫键较强的矿物中。^{34}S 在主要硫化物中的富集顺序是:黄铁矿>闪锌矿>黄铜矿>方铅矿。图 4-20 显示重要富硫矿物相对黄铁矿的硫同位素分馏关系。显然,矿物对的曲线越陡,该矿物对的温度计就越灵敏。硫酸盐-硫化物地质温度计比硫化物-硫化物的温度计更灵敏。所有硫酸盐与 H_2S 都有近似的分馏因子,常见硫酸盐矿物(重晶石、天青石、硬石膏)都可用于地质温度计。硫酸盐-硫化物间的不平衡态并不影响硫化物矿物对间硫同位素的平衡关系,因为 H_2S-硫化物间的交换比 H_2S-SO_4^{2-} 间的交换快。表 4-5 列出了常见矿物对之间的同位素分馏系数。

　　图 4-21 显示石英与常见矿物的氧同位素平衡分馏系数。表 4-6 列出了石英与常见造岩矿物氧同位素分馏方程中的常数。例如,氧原子在钠长石和透辉石之间的分馏关系表示为

$$1000\ln\alpha = 1.81\times10^6/T^2$$

分别测定钠长石和共生透辉石的 $\delta^{18}O$ 值,可以计算出平衡温度。

　　氧同位素在矿物对之间平衡的温度计算方法不仅适合热液矿床,也广泛应用在变质岩的研究方面。例如,Zheng et al (2003)比较了石英-蓝晶石氧同位素温度与石英-多硅白云母氧同位素温度,石英-石榴石氧同位素温度与石英-绿辉石氧同位素温度。这种变质矿物对氧同位素平衡温度的一致性表明,榴辉岩形成过程实现了氧同位素的平衡交换反应。

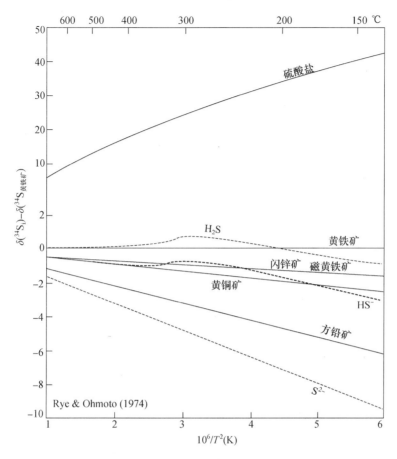

图 4-20　不同 S 离子(虚线)和热液矿物(实线)相对黄铁矿的硫同位素分馏曲线

表 4-5　常见共生矿物对的硫同位素分馏方程($1000\ \ln\alpha = A \times 10^6/T^2 + B$)

矿物对	A	B	温度,℃	资料来源
黄铁矿-闪锌矿	0.33		150～600	Smith et al (1977)
黄铁矿-闪锌矿	0.30		200～700	Ohmoto et al (1979)
黄铁矿-方铅矿	1.15		150～600	Smith et al (1977)
黄铁矿-方铅矿	1.03		200～700	Ohmoto et al (1979)
闪锌矿-方铅矿	0.74		150～600	Smith et al (1977)
闪锌矿-方铅矿	0.73		50～700	Ohmoto et al (1979)
闪锌矿-方铅矿	0.76		100～600	Clayton (1981)
闪锌矿-方铅矿	0.74	0.08	300～600	丁悌平等(1992)
重晶石-闪锌矿	5.16	6.0	<350	Ohmoto et al (1979)
重晶石-闪锌矿	7.9	1.0	>400	Ohmoto et al (1979)
重晶石-黄铁矿	7.6	1.0	>400	Ohmoto et al (1979)
重晶石-黄铁矿	4.86	6.0	<350	Ohmoto et al (1979)

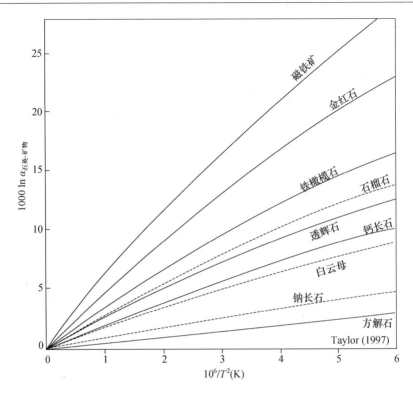

图 4-21 与石英平衡的常见矿物的 $^{18}O/^{16}O$ 比值变异曲线

表 4-6 常见共生矿物对的氧同位素分馏方程 ($1000\ \ln\alpha = A \times 10^6/T^2 + B$)

矿物对	A	B	温度范围,℃	资料来源
石英-磁铁矿	6.29		200～500	Chiba et al (1989)
石英-磁铁矿	4.32	1.45	500～700	Shick et al (1974)
石英-钙长石	1.99		400～500	Chiba et al (1989)
石英-钠长石	0.94		500～800	Chiba et al (1989)
石英-方解石	0.38			Chiba et al (1989)
石英-白云母	2.20	−0.60	＞500	Bottinga et al (1973)
石英-透辉石	2.75		400～800	Chiba et al (1989)
石英-铁橄榄石	3.67		＞700	Chiba et al (1989)
石英-角闪石	3.15	−0.30		Javoy et al (1977)
石英-黑云母	3.69	−0.60		Javoy et al (1977)
石英-黑云母	4.07	−1.11		Bottinga (1977)
石英-绿泥石	5.44	−1.63		Javoy et al (1977)
方解石-钙长石	1.61			Chiba et al (1989)
方解石-钠长石	0.56			Chiba et al (1989)
方解石-透辉石	2.37			Chiba et al (1989)
方解石-磁铁矿	5.91			Chiba et al (1989)
钠长石-透辉石	1.81			Chiba et al (1989)
钠长石-磁铁矿	5.35			Chiba et al (1989)
钙长石-透辉石	0.76			Chiba et al (1989)

续表

矿物对	A	B	温度范围,℃	资料来源
钙长石-铁橄榄石	1.68			Chiba et al (1989)
透辉石-铁橄榄石	0.92			Chiba et al (1989)
透辉石-磁铁矿	3.54			Chiba et al (1989)
石榴石-方解石	−2.77			Rosenbaum & Mattey (1995)
磁铁矿-铁橄榄石	2.62			Chiba et al (1989)

巴西 Tapajos 金矿中明矾石的 $\delta^{34}S = 4.1‰ \sim 38.2‰$,共生黄铁矿的 $\delta^{34}S = -6.3‰ \sim 1.7‰$ (Juliani et al,2005)。硫同位素在明矾石和黄铁矿之间的分馏给出了合理的成矿温度(图4-22)。黄铁矿 $\delta^{34}S$ 的 $\pm2‰$ 变化,可导致 $130 \sim 180℃$ 的温度变化。假定黄铁矿的 $\delta^{34}S = 1‰$,获得由明矾石-黄铁矿矿物对确定的温度,与由明矾石 SO_4-OH 氧同位素平衡分馏温度一致。硫和氧同位素平衡温度与初始热液蚀变的温度一致。

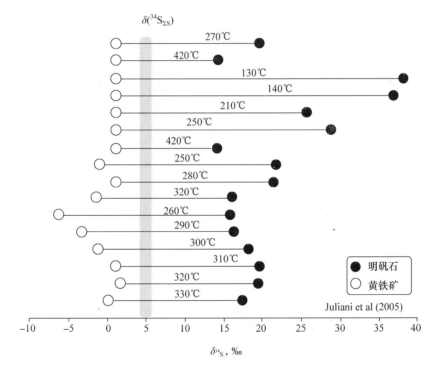

图 4-22　明矾石与共生黄铁矿的 $\delta^{34}S$ 值以及相关平衡温度,阴影区代表初始 $\delta^{34}S$ 值范围

Khashgerrl et al(2006)测试了 Oyu Tolgoi 斑岩矿床中 19 个含水矿物的氢-氧同位素、27 个硫化物(包括硫砷铜矿,铜蓝,黄铜矿,斑铜矿,辉铜矿和黄铁矿)和硫酸盐矿物(明矾,硬石膏,石膏)的硫同位素,以及部分矿物的氧同位素。地开石、硬石膏、石膏样品均采自高级黏土化蚀变带。计算平衡流体氢-氧同位素的平衡分馏方程列在表 4-7。氢-氧同位素数据如图 4-23 所示。火山蒸汽比高盐度流体富集氘 $10‰ \sim 20‰$。明矾石形成于岩浆高温热液中。与白云母平衡流体的 $\delta(^{18}O_{H_2O}) = 3.9‰ \sim 5.5‰$($300℃$)。$200 \sim 300℃$ 条件下,绿泥石和白云母的平衡流体具有相同的 δ_D-$\delta^{18}O$ 范围,说明形成白云母-绿泥石的热液系统没有大量外来流体混入。与之相反,对

于赋存在晚期裂隙中的地开石,与之平衡流体的$\delta^{18}O$和δ_D值(150℃)与大气降水线接近,说明此时以大气降水为主。硫酸盐矿物富集^{34}S,硫化物亏损^{34}S。不同硫化物之间存在恒定硫同位素差值,反映硫同位素在高温热液系统中达到平衡。明矾石-硫化物是高硫态热液矿床的典型矿物对。明矾石的$\delta^{34}S$值(8.4‰～17.9‰)高,硫化物的$\delta^{34}S$值(-16.0‰～-6.0‰)低。辉铜矿的$\delta^{34}S=-8.4$‰,明矾石具有高的$\delta(^{18}O_{SO_4^{2-}})$值(8‰～19‰)和$\delta^{34}S$值(9.8‰～18‰)。黄铁矿-硬石膏的同位素分馏温度为225～270℃,黄铜矿-黄铁矿的温度为230℃。共生明矾石和黄铁矿的硫同位素数据说明同位素分馏温度大约为260℃,明矾石具较低的$\delta^{18}O$和$\delta^{34}S$值,说明大气降水对成矿作用有重要贡献。

表 4-7　矿物-H_2O 的氢-氧同位素平衡分馏方程

矿物-H_2O 的氢-氧同位素平衡分馏方程	同位素	温度范围,℃
$10^3 \ln\alpha_{高岭石-H_2O} = 2.76 \times 10^6/T^2 - 6.75$	O	<350
$10^3 \ln\alpha_{叶蜡石-H_2O} = 2.76 \times 10^6/T^2 + 1.08 \times 10^3/T - 5.37$	O	<700
$10^3 \ln\alpha_{伊利石-白云母-H_2O} = 2.39 \times 10^6/T^2 - 3.76$	O	<700
$10^3 \ln\alpha_{明矾石(SO_4^{2-})} = 3.09 \times 10^6/T^2 - 2.94$	O	$250\sim450$
$10^3 \ln\alpha_{绿泥石-H_2O} = 2.69 \times 10^9/T^3 - 6.34 \times 10^6/T^2 + 2.97 \times 10^3/T - 5.37$	O	$170\sim350$
$10^3 \ln\alpha_{高岭石-H_2O} = -2.2 \times 10^6/T^2 - 7.7$	D	>300
$10^3 \ln\alpha_{绿泥石-H_2O} = -3.7 \times 10^6/T^2 + 24$	D	$170\sim350$

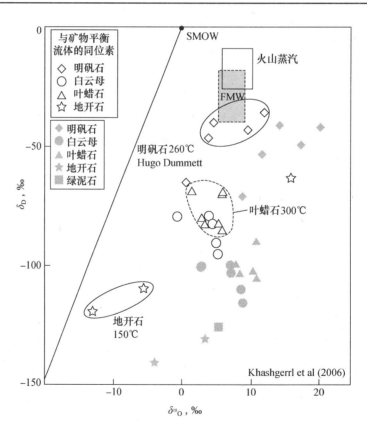

图 4-23　Oyu Tolgoi 斑岩成矿系统的 δ_D-$\delta(^{18}O_{H_2O})$ 协变图,FMW 代表与酸性岩浆平衡的水

4.4　Rb-Sr 同位素体系

放射性同位素地球化学在矿床学领域的应用主要包括：成矿物质的示踪和成矿时代的厘定。成矿物质的示踪是基于不同地质体及其演化产物的特征性同位素组成，且一定物质的同位素组成特征在多数地质过程中不会被完全改变。厘定成矿时代的基本原理是给定的放射性同位素体系具有固定的衰变常数（表 4-8）。岩石（矿石）或者矿物形成以后，其同位素体系随即封闭，记录了其形成到现在的时间。然而，如果后期的地质事件对岩石（矿石）或者矿物产生了明显改造（如热液蚀变、矿物溶解再生长），其同位素体系可能被改造。一般情况下，高温条件下结晶矿物的同位素体系，在低温热液蚀变中可以保持其同位素体系封闭。在矿床地球化学研究中，选择何种同位素体系，需要根据所研究成矿系统的特点和恰当的矿物，有针对性地分析其同位素组成，以便获得有关成矿作用的时间信息（包括原岩形成时间、不同期次矿石形成时间、热液蚀变时间等）。下面通过介绍常用的放射性同位素体系，阐述应用放射性同位素地球化学理论示踪成矿物质来源和厘定成矿时代的基本方法。

表 4-8　常用放射性同位素体系及其衰变常数 λ 值

母体同位素	子体同位素	λ, a^{-1}	数据来源
^{87}Rb	^{86}Sr	1.42×10^{-11}	Steiger & Jager (1977)
^{147}Sm	^{143}Nd	6.54×10^{-12}	Lugmair and Marti (1978)
^{238}U	^{206}Pb	1.55125×10^{-10}	Steiger & Jager (1977)
^{235}U	^{207}Pb	9.8485×10^{-10}	Steiger & Jager (1977)
^{187}Re	^{187}Os	1.66×10^{-11}	Shen et al (1996)
^{176}Lu	^{176}Hf	1.94×10^{-12}	Patchett et al (1981)
^{40}K	^{40}Ar	5.81×10^{-11}	Steiger & Jager (1977)
^{40}K	^{40}Ca	4.962×10^{-10}	Steiger & Jager (1977)

4.4.1　Sr 同位素示踪原理

现代大洋玄武岩样品的 ^{87}Sr/^{86}Sr 值变化较大。对未经地壳锶明显混染的年轻玄武岩和辉长岩分析表明，上地幔现在的 ^{87}Sr/^{86}Sr 比值为 0.704 ± 0.002（Rb/Sr＝0.025）。相比之下，地球早期分异导致富 Rb 地壳的 ^{87}Sr/^{86}Sr 值升高（在地幔岩浆分异过程中，相对 Sr，Rb 优先进入地壳），如前寒武纪片麻岩的 ^{87}Sr/^{86}Sr 比值一般＞0.712，壳源花岗岩具更高的 ^{87}Sr/^{86}Sr 比值。尽管受来源处 Rb/Sr 初始比、时间和地质演化的影响，壳源岩石的 ^{87}Sr/^{86}Sr 比值普遍比幔源岩石的 ^{87}Sr/^{86}Sr 比值偏高。海水的锶同位素组成在显生宙以来波动较显著（^{87}Sr/^{86}Sr＝0.707～0.709）。

由于成矿流体通常是不同来源物的混合，其 ^{87}Sr/^{86}Sr 比值实际上代表由不同锶含量和 ^{87}Sr/^{86}Sr 比值物质的混合。在两组分系统内，可以计算出各端元的锶浓度和 ^{87}Sr/^{86}Sr 值。考虑不同锶浓度和不同 ^{87}Sr/^{86}Sr 比值的 A 和 B 混合物 M。假设混合后，锶浓度和 ^{87}Sr/^{86}Sr 比值不再改变，M 中 ^{87}Sr/^{86}Sr 已知：

$$(^{87}\text{Sr}/^{86}\text{Sr})_M = \frac{\text{Sr}_A \text{Sr}_B \left[(^{87}\text{Sr}/^{86}\text{Sr})_B - (^{87}\text{Sr}/^{86}\text{Sr})_A \right]}{\text{Sr}_M (\text{Sr}_A - \text{Sr}_B)} + \frac{\text{Sr}_A (^{87}\text{Sr}/^{86}\text{Sr})_A - \text{Sr}_B (^{87}\text{Sr}/^{86}\text{Sr})_B}{\text{Sr}_A - \text{Sr}_B}$$

下标 A、B、M 分别代表组分 A、组分 B 和混合物 M。可以获得

$$(^{87}Sr/^{86}Sr)_M = (a/Sr_M) + b$$

其中，a、b 是混合物中由组分 A、B 所确定的常数，以 $(^{87}Sr/^{86}Sr)_M$ 对 $1/Sr_M$ 作图，混合物双曲线可转化为直线。图 4-24a 显示岩浆岩的 $^{87}Sr/^{86}Sr$ 对 $1/Sr$ 的变化趋势，结晶分异仅改变 Sr 含量，同化混染则同时改变样品的 $^{87}Sr/^{86}Sr$ 比值和 Sr 含量。热液蚀变的情况非常类似地壳混染过程。假定流体交代岩浆岩，使其 $^{87}Sr/^{86}Sr$ 比值和 Sr 含量不断变化。在已知新鲜岩石（或矿物）Sr 含量及其 $^{87}Sr/^{86}Sr$ 比值的情况下，可以通过作图，求出蚀变反应过程中，岩石（或矿物）从流体中获得额外 Sr 的量(Lutz et al, 1988)。图 4-24b 的 F 点代表流体的位置，从 F 点向样品 A(Sr=6.3×10^{-6})连线，并延伸使其与未蚀变岩石 $^{87}Sr/^{86}Sr$ 比值的沿线相交于 C 点，依据该交点对应的横坐标值，求出 Sr 的含量为 5.0×10^{-6}。流体蚀变使样品 A 的 Sr 含量增加了 1.3×10^{-6}，即 26%。类似地，从 F 点向样品 B(Sr=20.0×10^{-6})连线，并延伸使其与未蚀变岩石的 $^{87}Sr/^{86}Sr$ 延伸线相交于 D 点，依据该交点对应的横坐标值，得到对应的 Sr 含量为 17.5×10^{-6}。流体蚀变使样品 B 的 Sr 含量增加了 1.3×10^{-6}，即 14.2%。

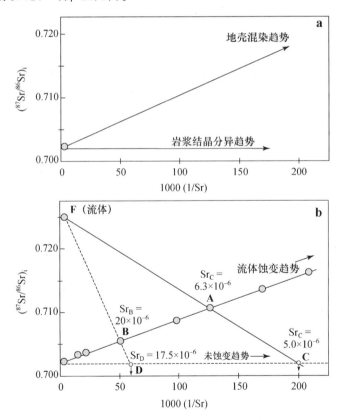

图 4-24 Rb-Sr 同位素体系在岩浆演化、混染以及流体蚀变过程中的变化趋势

热液矿床的形成，往往是多来源物质反应与混合的结果。可以应用锶同位素示踪成矿流体的来源及其演化轨迹。在一些情况下，母体的 $^{87}Sr/^{86}Sr$ 比值可精确测定（如岩浆流体与岩浆有相同的 $^{87}Sr/^{86}Sr$ 比值）。新疆阿尔泰稀有金属伟晶岩 3 号脉边缘相的 Rb-Sr 等时线初始 $^{87}Sr/^{86}Sr$

比值为 0.7080(等时线年龄 218.4Ma,Zhu et al,2006),与其附近出露的二云母花岗岩(Rb-Sr 等时线初始 ^{87}Sr/^{86}Sr 比值 0.7074,等时线年龄 247.8Ma)属同源岩浆演化的产物。赣南海锡坑钨矿中的黑钨矿-石英脉具有较高的初始 ^{87}Sr/^{86}Sr 比值(0.7283~0.7426,等时线年龄 161~153Ma,郭春丽等,2007),指示成矿物质的壳源属性。

4.4.2　Rb-Sr 等时线

在热液矿床中常常形成锶的独立矿物,如菱锶矿($SrCO_3$)和天青石($SrSO_4$)。通常情况下,Sr 主要通过取代 Ca 和 Ba 赋存在斜长石、方解石、萤石和重晶石中。Rb 主要通过取代 K,赋存在钾长石和云母中。Sr 的稳定同位素为 ^{88}Sr、^{87}Sr、^{86}Sr、^{85}Sr,其中 ^{87}Sr 由 ^{87}Rb 放射性衰变产生($\lambda = 1.42 \times 10^{-11}/a$):

$$^{87}Sr = {^{87}Sr_i} + {^{87}Rb}(e^{\lambda t} - 1)$$

$$^{87}Sr/^{86}Sr = (^{87}Sr/^{86}Sr)_i + (^{87}Rb/^{86}Sr)(e^{\lambda t} - 1)$$

t 代表矿物或岩石自形成以来的时间。这是应用 Rb-Sr 同位素体系定年的基本公式。如果初始值 $(^{87}Sr/^{86}Sr)_i$ 已知,可由样品的 $^{87}Rb/^{86}Sr$ 和 $^{87}Sr/^{86}Sr$ 比值计算出 t。若 $(^{87}Sr/^{86}Sr)_i$ 未知,可以挑选符合前提条件(所有样品同时形成、同源、自形成以来保持体系封闭、其 $^{87}Rb/^{86}Sr$ 比值变化较大)的样品,定义一条等时线。等时线的截距代表体系的初始值 $(^{87}Sr/^{86}Sr)_i$,等时线年龄由斜率 $(e^{\lambda t} - 1)$ 通过计算得出。

位于等时线上的所有样品点应该具有相同的形成时间和初始值 $(^{87}Sr/^{86}Sr)_i$。如果样品数据点偏离拟合线的分散程度超过了实验室分析误差,则该直线为假等时线。数据点偏离拟合的程度用加权平均方差 MSWD(mean squared weighted deviates)表示,它是每一个数据点偏离拟合线偏差的平方除以自由度($n-2$,n 为样品数)。等时线的 MSWD 值应该在 1.0 附近,MSWD 值过大则可能为假等时线。

如果体系遭受后期地质事件改造(例如热液蚀变),很可能得到假等时线。图 4-25a 显示 Rb-Sr 同位素等时线的成因。如果矿石-矿物体系形成后,遭受了热液蚀变改造,造成体系的同位素组成不均一,则形成假等时线(图 4-25b)。因此,利用等时线确定成矿时代,要仔细分析共生矿物组合,并分析后期地质事件对矿石矿物同位素体系的影响。

在多来源物质参与的成矿过程中,Rb-Sr 等时线法定年受到限制。由两种组分以不同比例混合形成的样品,具有不同的 Rb/Sr 和 $(^{87}Sr/^{86}Sr)_i$,由它们获得的 $^{87}Rb/^{86}Sr$-$^{87}Sr/^{86}Sr$ 拟合线关系应该是混合线。应用 Rb-Sr 同位素体系厘定成矿时代的年龄需要确保样品满足该同位素体系的应用前提:所有样品同源,即具有相同的锶同位素初始比值 $(^{87}Sr/^{86}Sr)_i$,且矿石形成后体系保持封闭。这些条件往往不能严格满足,因为成矿作用发生时,一般伴随着不同阶段的热液蚀变。然而,如果热液蚀变的温度比较低(例如:<200℃,不足以改变样品中 Rb-Sr 同位素体系),那么,依然可以应用同位素等时线方法确定成矿时代。对于仅遭受了低级变质作用(绿片岩相及其以下)改造的矿体,也可以应用 Rb-Sr 等时线确定矿石的形成时代。例如,受剪切带控制的新疆天格尔金矿,其 Rb-Sr 同位素体系在矿石和围岩中达到平衡,石英、白云母和含金石英脉的 Rb-Sr 同位素数据构成了内部等时线(224Ma,表 4-9,图 4-25c),$(^{87}Sr/^{86}Sr)_i = 0.7294 \pm 0.0089$,表明上地壳流体在剪切带中汇聚成矿。

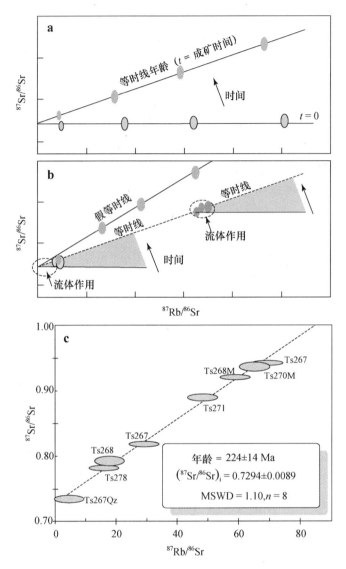

图 4-25 （a）等时线的计时原理；（b）流体作用导致成矿体系的同位素组成不均一，并形成假等时线；（c）天格尔金矿的 Rb-Sr 同位素等时线（Zhu et al, 2007）

　　硫化物 Rb-Sr 同位素等时线的广泛应用已经成为获得成矿时代的重要方法。在多数金矿中，自然金往往与一些金属硫化物（黄铁矿、毒砂、黄铁矿）伴生或共生。在不能直接测定自然金形成时间的情况下，直接测定载金矿物的形成时间，应该可以近似地估计金矿形成时间。Tretbar et al （2000）利用黄铁矿 Rb-Sr 等时线获得了美国卡林型金矿的成矿年龄 39.0 ± 2.1 Ma。Yang & Zhou （2001）报到了山东玲珑金矿中黄铁矿的 Rb-Sr 等时线年龄 $123 \sim 122$ Ma。青海玉树地区东莫扎抓铅锌矿床黄铁矿和方铅矿的 Rb-Sr 同位素等时线年龄为 34.75 ± 0.02 Ma（初始 $^{87}Sr/^{86}Sr = 0.70881$，田世洪等，2009）。随着激光微区同位素分析技术（La-MC-ICPMS）的发展，可以测定矿物微区的 Rb-Sr 同位素组成。这对研究成矿作用有重要帮助。例如,Li et al(2008)分析了石英和黄铁矿微区 Rb-Sr 同位素组成,并对石英获得等时线年龄 121.6±2.4Ma,$(^{87}Sr/^{86}Sr)_i$＝0.7118。9 个黄铁矿晶体的 Rb-Sr 同位素测定结果也构成一条等时线($120.2±3.7Ma,(^{87}Sr/^{86}Sr)_i$＝0.70805)。

表 4-9　天格尔含金糜棱岩化石英脉以及其中石英和白云母的 Rb-Sr 同位素组成

	^{86}Sr, nmol	Sr, $×10^{-6}$	^{87}Rb, nmol	Rb, $×10^{-6}$	$^{87}Rb/^{86}Sr$	$^{87}Sr/^{86}Sr$	2σ	$^{87}Sr/^{86}Sr_{(220Ma)}$
TS267Qz 石英	10.96	9.794	317	97.28	28.92	0.817841	14	0.727354
TS268M 白云母	26.47	23.86	1557	477.8	58.82	0.919874	13	0.735833
TS270M 白云母	27.66	25.05	1804	553.6	65.20	0.936551	27	0.732548
TS267　含金石英脉	3.582	3.201	14.39	4.416	4.017	0.733928	15	0.721359
TS268　含金石英脉	21.38	19.01	372.5	114.3	17.42	0.792680	23	0.738175
TS278　含金石英脉	6.012	5.38	92.24	28.31	15.34	0.782120	14	0.734123
TS267　富白云母含金石英脉	24.80	22.29	1725	529.3	69.56	0.942069	14	0.724424
TS271　富白云母含金石英脉	8.417	7.57	406.2	124.7	48.26	0.890168	19	0.739168

4.5　Sm-Nd 同位素体系

4.5.1　Sm-Nd 等时线

$$^{147}Sm \longrightarrow ^{143}Nd+\alpha$$
$$^{143}Nd/^{144}Nd=(^{143}Nd/^{144}Nd)_i+(^{147}Sm/^{144}Nd)(e^{\lambda t}-1)$$

λ＝$6.54×10^{-12}/a,t$ 是矿物或矿石自形成以来的时间。此式是 Sm-Nd 同位素年代学的基本公式。

Sm-Nd 同位素年代学的应用前提是假定所有矿物具有相同的$(^{143}Nd/^{144}Nd)_i$ 值,岩石或矿石形成的时间相对较短,且形成后体系保持封闭。例如,美国 Kentucky 萤石矿床中各种颜色萤石的 Sm-Nd 同位素等时线年龄为 277.0±16Ma(ε_{Nd}＝－13,Chesley,1994)。加拿大 Val d'Or 钨矿中黑钨矿的 Sm-Nd 同位素等时线年龄为 2596±33Ma(n＝19,ε_{Nd}＝2.5,Angline et al,1996)。青海玉树地区东莫扎抓铅锌矿床黄铁矿和方铅矿的 Sm-Nd 同位素等时线年龄为 35.74±0.71Ma,与其 Rb-Sr 等时线年龄(34.75±0.02Ma)基本一致(田世洪等,2009)。Jiang et al(2000)通过分析 Sullivan Pb-Zn-Ag 矿床的 Sm-Nd 同位素组成(表 4-10),分别获得 Sm-Nd 等时线年龄 1470±59Ma 和 1451±46Ma,二者基本一致,代表成矿时代。

摩洛哥 Bou Azzer 矿床赋存在蛇纹岩与闪长岩接触带附近,原生矿物包括方钴矿、斜方砷钴矿、红砷镍矿、斜方砷镍矿、斜方砷铁矿、辉钴矿、辉砷钴矿、毒砂,以及一些贱金属硫化物和少量自然金,局部见他形辉钼矿与铀钛矿(UTi_2O_6)共生。铀钛矿由沥青铀矿和 TiO_2 通过如下反应形成:

$$UO_2+2TiO_2 \longrightarrow UTi_2O_6$$

该反应中 U 仅以 U^{4+} 形式出现,因此,铀钛矿的出现指示了成矿作用的还原环境。铀钛矿的 U-Pb 年龄多数不谐和,其中 13 个谐和年龄的平均值为 $310\pm5Ma$,代表铀钛矿的形成年龄(Oberthur et al,2009)。辉钼矿和铀钛矿同时出现在石英-碳酸盐脉中,形成时间与 Co-As 主矿化期一致。依据同位素组成特征(表 4-11,图 4-26),矿区的碳酸盐样品可以分为三组:(1)矿区东部的五个样品构成一条等时线($308\pm31Ma$),$\varepsilon_{Nd}=1.0$ 表明成矿物质来自相对亏损的源区;(2)Bou Azzer East 样品也给出类似的等时年龄,但其 $\varepsilon_{Nd}=-1.5$;(3)Filon 7 矿区的三个样品给出了类似的等时线,但其 $\varepsilon_{Nd}=-5$,说明成矿物质源区具有强烈富集的地球化学特征。

表 4-10 Sullivan 铅锌银矿床的 Sm-Nd 同位素组成(Jiang et al, 2000)

矿石矿物组合	Sm, $\times10^{-6}$	Nd, $\times10^{-6}$	$^{147}Sm/^{144}Nd$	$^{143}Nd/^{144}Nd$
sl+cc+gl±po±qz	0.675	1.495	0.2731	0.513401 ± 0.000021
sl+gl+po±cc±qz	0.091	0.237	0.2323	0.512994 ± 0.000016
sl+po+cc±gl±qz	0.195	0.663	0.1775	0.512487 ± 0.000012
sl+gl±po±cc±qz	0.477	2.391	0.1207	0.511967 ± 0.000016
gl+sl±po±cc±qz	0.544	2.343	0.1404	0.512222 ± 0.000021
sl+po+qz±pl±gl	1.655	8.021	0.1247	0.511909 ± 0.000015
po+cc±sl±py±qz	0.202	0.699	0.1745	0.512163 ± 0.000025
po+gl+sl±tt	0.227	0.761	0.1802	0.512442 ± 0.000023
py+cc	0.970	2.615	0.2242	0.512320 ± 0.000016
py+po+pl±sl±qz	0.267	1.264	0.1274	0.511908 ± 0.000017

注:cc—方解石,gl—方铅矿,pl—斜长石,py—黄铁矿,po—磁黄铁矿,qz—石英,sl—闪锌矿,tt—黝铜矿。

表 4-11 Bou Azzer 矿区碳酸盐岩的 Sm-Nd 浓度及其同位素比值(Oberthur et al, 2009)

编 号	Sm, $\times10^{-6}$	Nd, $\times10^{-6}$	$^{147}Sm/^{144}Nd$	$^{143}Nd/^{144}Nd$	ε_{Nd}	$\varepsilon_{Nd\,(T=308Ma)}$
BA04-16	40.98	150.39	0.1641	0.512621	-0.13	1.0
BA04-17	13.75	60.18	0.1376	0.512553	-1.7	0.7
BA04-20	4.54	9.91	0.2759	0.512832	3.8	0.7
BA04-35	0.91	4.76	0.1153	0.512516	-2.4	0.8
BA04-37	11.89	37.20	0.1924	0.512703	1.3	1.4
BA04-15	38.89	101.62	0.2314	0.512621	-0.3	-1.7
BA04-09	33.89	63.69	0.3204	0.512823	3.6	-1.3
BA04-09R	33.81	63.91	0.3199	0.512815	3.5	-1.4
BA04-01	9.90	27.70	0.2153	0.512466	-3.4	-4.1
BA04-04	32.03	77.90	0.2476	0.512560	-1.5	-3.5
Mar06-09	14.06	14.06	0.1879	0.512401	-4.6	-4.3

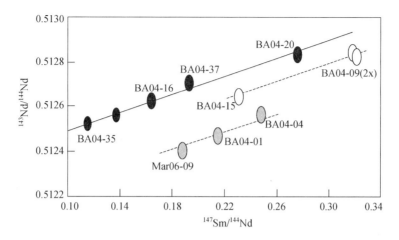

图 4-26　Bou Azzer 矿床的 Sm-Nd 等时线（数据见表 4-11）

4.5.2　Nd 同位素示踪原理

一般用球粒陨石均一库（chondritic uniform reservoir，CHUR）模式描述地球的 Nd 同位素演化（假定地球的 Nd 同位素在一个均一储库中演化，其 Sm/Nd 比值等于球粒陨石，现代 $^{147}Sm/^{144}Nd=0.1967$，$^{143}Nd/^{144}Nd=0.512638$）。

$$(^{143}Nd/^{144}Nd)^t_{CHUR} = (^{143}Nd/^{144}Nd)_{CHUR} - (e^{\lambda t}-1)(^{147}Sm/^{144}Nd)_{CHUR}$$

$$\varepsilon_{Nd(0)} = [(^{143}Nd/^{144}Nd)_{测定}/0.512638-1] \times 10^4$$

$$\varepsilon_{Nd(t)} = [(^{143}Nd/^{144}Nd)_i/(^{143}Nd/^{144}Nd)^t_{CHUR}-1] \times 10^4$$

式中 $(^{143}Nd/^{144}Nd)_i$ 是岩石的初始值，由全岩同位素等时线确定。

$\varepsilon_{Nd(t)}>0$，表明岩石来源于一个在更早时期已经产生过岩浆后残余的固相库，这样的库亏损那些易于分配进入岩浆熔体中的大离子亲石元素（LILE）。如来源于亏损地幔的 MORB，其 $(^{143}Nd/^{144}Nd)_i$ 值高于 CHUR。$\varepsilon_{Nd(t)}<0$，表明岩石来源于 Sm/Nd 值低于 CHUR 的源区，这种源区中一般存在古老地壳物质。

地壳岩石的 Sm-Nd 同位素可以用来计算壳-幔分离的模式年龄。基于 CHUR 的模式年龄计算公式如下：

$$t_{CHUR}=1/\lambda \times \ln\{[(^{143}Nd/^{144}Nd)_{测定}-0.512638]/[(^{147}Sm/^{144}Nd)_{测定}-0.1967]+1\}$$

由于上地幔 Nd 同位素演化往往偏离 CHUR（不断通过岩浆抽提，上地幔的 Sm/Nd 比值高于 CHUR）。因此，从亏损地幔分异出来的地壳物质的模式年龄应该基于亏损地幔（DM）：

$$(^{143}Nd/^{144}Nd)_{DM}=0.513151$$

$$(^{147}Sm/^{144}Nd)_{DM}=0.2136$$

$$t_{DM}=1/\lambda \times \ln\{[(^{143}Nd/^{144}Nd)_{测定}-0.513151]/[(^{147}Sm/^{144}Nd)_{测定}-0.2136]+1\}$$

模式年龄代表物质进入地壳以来的时间，因此又称为地壳存留年龄。

新疆西天山泥盆纪-早石炭世火山岩具有典型大陆弧的地球化学特征。在俯冲带发育过程中，洋壳和陆源物质通过俯冲带进入地幔深部，在<150 km 区域的脱水反应会把地壳物质携带

到地幔楔中,并导致地幔楔部分熔融形成岛弧岩浆。西天山新源火山岩剖面上部的中酸性火山岩具有相对低的 $\varepsilon_{Nd(t)}$ 值($-0.22\sim0.87$)和高且变化大的$(^{87}Sr/^{86}Sr)_i=0.7045\sim0.7068$,而下部玄武岩的 $\varepsilon_{Nd(t)}$ 值高但变化范围较大($0.89\sim3.04$),$(^{87}Sr/^{86}Sr)_i$ 值相对较低且较均一($0.7044\sim0.7059$,表4-12)。西天山西段晚古生代火山岩形成于中晚泥盆世,以玄武岩、玄武质安山岩和安山岩为主,火山岩向东部逐渐变化为早石炭世玄武岩、玄武质安山岩、安山岩、流纹岩组合。沿那拉提山向东,火山岩的形成年龄更年轻(晚石炭世)。在西天山东段出露的晚石炭世粗面安山岩-粗面岩具有异常低的$(^{87}Sr/^{86}Sr)_i$ 值($0.7015\sim0.7051$)和高 $\varepsilon_{Nd(t)}$ 值($2.68\sim4.29$)。晚泥盆-早石炭世岛弧火山岩的源区由于存在俯冲带物质(陆源沉积物和俯冲带流体),表现出高$^{87}Sr/^{86}Sr$ 和低 $\varepsilon_{Nd(t)}$ 的富集特征。这与晚石炭世岩浆显著亏损的地球化学特征形成鲜明对比,表明晚石炭世火山源区没有陆源物质(图4-27)。这种岩浆源区性质在时间-空间上的变化规律显示,从晚泥盆世到晚石炭世,西天山构造体制从俯冲向碰撞后环境转变(Zhu et al,2009)。中亚造山带显生宙花岗质岩石普遍具有正 $\varepsilon_{Nd(t)}$ 值(Han et al,1997;Heinhorst et al,2000),极端演化的伟晶岩-花岗岩可以出现负 $\varepsilon_{Nd(t)}$ 值(Zhu et al,2006),这种具初生地壳性质岩浆的普遍发育,是中亚地区地壳生长的主要方式,并伴随形成各种矿床。

表 4-12　西天山岛弧火山岩代表性样品的 Sr-Nd 同位素组成

	TS30	TS037	TS039	TS076	TS082	TS99	TS200	TS197	TS191
位置	特克斯	特克斯	特克斯	新源	新源	新源	拉尔敦	拉尔敦	拉尔敦
岩性	玄武质安山岩	粗面岩	粗面安山岩	玄武岩	玄武岩	粗面安山岩	粗面安山岩	粗面岩	流纹岩
U-Pb 年龄,Ma	363	363	363	355	355	355	324	324	313
Rb,$\times10^{-6}$	45.10	80.02	151.0	20.79	20.01	94.84	177.5	248.6	261.4
Sr,$\times10^{-6}$	294.4	343.3	312.6	377.8	331.3	393.3	192.9	148.7	222.9
Nd,$\times10^{-6}$	22.33	38.03	31.91	12.86	12.28	17.33	22.42	16.73	37.4
Sm,$\times10^{-6}$	5.19	7.88	6.97	3.28	3.10	3.94	5.49	4.24	9.12
$^{87}Rb/^{86}Sr$	0.4244	0.6591	1.398	0.1344	0.2026	0.3260	2.622	4.536	2.586
$^{87}Sr/^{86}Sr$	0.709776	0.713152	0.715767	0.705544	0.705981	0.706076	0.716443	0.724115	0.715703
$\pm$,2σ	0.000010	0.000012	0.000012	0.000012	0.000013	0.000011	0.000010	0.000011	0.000011
$^{87}Sr/^{86}Sr_{(t)}$	0.707601	0.709774	0.708602	0.704865	0.704957	0.704428	0.704352	0.703198	0.703778
$^{143}Sm/^{144}Nd$	0.1355	0.1190	0.1298	0.1581	0.1480	0.1449	0.1342	0.1383	0.1329
$^{143}Nd/^{144}Nd$	0.512328	0.512212	0.512215	0.512670	0.512572	0.512675	0.512731	0.512719	0.512646
$\pm$,2σ	0.000012	0.000014	0.000013	0.000011	0.000014	0.000010	0.000011	0.000010	0.000011
$\varepsilon_{Nd(t)}$	-3.23	-4.74	-5.17	2.37	0.92	3.07	4.40	2.99	2.79
TDM,Ga	1.6	1.51	1.70	1.32	1.34	1.05	0.81	0.87	0.95

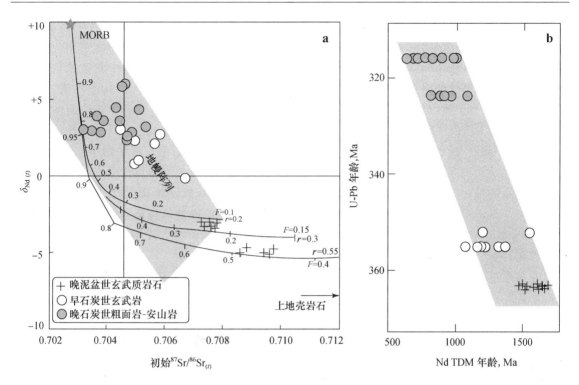

图 4-27 （a）西天山晚古生代火山岩 Sr-Nd 同位素变化特征，三条曲线显示陆壳与洋脊玄武岩（MORB）同化混染形成晚泥盆世熔岩的模拟结果；（b）火山岩 Nd 模式年龄与锆石 U-Pb 年龄的协变图（Zhu et al，2009）

4.6 Re-Os 同位素体系

4.6.1 Re-Os 同位素原理和示踪

1925 年，德国科学家 Noddak 在研究乌拉尔铂矿石时发现了铼（rhenium，Re）。1929 年以后，人们意识到辉钼矿是铼的主要载体，并从辉钼矿中首次分离出铼金属。铼有 29 种同位素，其中两种在自然界中稳定存在（^{185}Re 和 ^{187}Re），它们的相对丰度分别为 37.398 和 62.602。Re 具有不同程度的氧化性、挥发性、亲铜性、亲铁性以及中等不相溶性。Re 在硅质地球中的丰度很低（原始地幔中 0.28×10^{-9}），但在一些硫化物中可以富集达百分之几（例如辉钼矿、Re 的硫化物）。富含硫化物的黑色页岩中，Re 含量甚至 $>3000 \times 10^{-9}$。

高度亲铁、中等亲铜和中等不相溶的地球化学性质，决定了 Re 在地质过程中的地球化学行为。例如，当上地幔发生部分熔融形成岩浆时，由于 Re 的中等不相溶性（类似 Yb），其分配系数小于 1，Re 优先进入熔体。但是，当原岩中存在石榴石，且在部分熔融过程中石榴石为残留相时，Re 残留在石榴石中，熔体将亏损 Re。在岩浆结晶分异过程中，Re 优先进入硫化物、磁铁矿、铬铁矿和尖晶石中（Park et al，2012）。在岩浆中出现硫过饱和或者硫化物熔体不混溶时，Re 会强烈分配进入硫化物熔体或者硫化物中，表现出明显的亲硫性。

在 MORB 岩浆形成过程中,Re 和亲石元素 Yb 都不相溶,Re 和 Yb 不应该产生明显分异,且母源区(亏损洋中脊地幔 DMM)的 Yb/Re 比相似。MORB、DMM 以及大陆地壳等一些主要地球化学储库的 Yb/Re 值均高于原始地幔的值,说明从原始地幔演化的过程中发生过 Re 丢失。上地幔中至少有部分区域具有较低的 $^{187}Os/^{188}Os$ 值。根据 DMM 的 $^{187}Os/^{188}Os$ 平均值,需要大量循环地幔(相当于整个地幔的 2‰～22‰)保存于下地幔中。深部地幔储存下来的俯冲玄武质地壳可以提供 Re,以平衡 DMM 长期亏损的 Yb/Re。弧火山岩的数据代表经历去气作用的岩浆样品,这些样品的 Re 含量非常低(0.01×10^{-9}～1.67×10^{-9})。火山喷气凝华物中存在 Re 的硫化物,表明 Re 可以通过岩浆蒸汽迁移(Korzhinsky et al,1994)。对夏威夷大洋玄武岩中去气和非去气样品的对比发现,就算是在极其新鲜、最近喷发的熔岩中,挥发性 Re 也在岩浆去气过程中发生丢失。Sun et al (2005)测定了岛弧玄武质岩浆高镁橄榄石中玻璃包裹体的 Re 浓度(0.65×10^{-9}～6.0×10^{-9}),Yb 的变化范围较小(0.97×10^{-6}～2.86×10^{-6})。说明地幔中的 Re 通过弧岩浆作用,在局部地区高速向地壳迁移。

在地质过程中,Re、Os 的地球化学行为存在显著差异。相对 Os,Re 在地幔熔融和地壳形成过程中的不相溶性更强,Os 保留在难熔地幔残余的橄榄石、硫化物和金属合金中。地球化学性质的差异,导致大陆地壳不同物质中 Re/Os 比值的巨大差异(图 4-28a)。

Re 和 Os 在地幔残余硫化物中表现出强烈的亲硫性。源区存在的残余硫化物会抑制 PGE 在低度部分熔融时进入熔体。因此,在较低程度部分熔融时,Re 主要与硫化物相关,趋向于保留在源区。在较高程度部分熔融时,源区硫化物消耗尽,Re 进入硅酸盐岩浆。地幔中 Os 的分配受元素极度难熔性质的控制,Os 趋向于与其他难熔 PGE 元素(如 Ir 和 Ru)形成合金。这些合金往往以橄榄石和铬铁矿包裹体形式残留在源区。

Os 有 7 种同位素(^{184}Os,^{186}Os,^{187}Os,^{188}Os,^{189}Os,^{190}Os,^{192}Os),^{187}Os 是放射性同位素 ^{187}Re 衰变的产物,^{186}Os 是 ^{190}Pt 衰变的产物。Os 的其他同位素均为稳定同位素。

$$^{187}Os/^{188}Os = (^{187}Os/^{188}Os)_i + (^{187}Re/^{188}Os)(e^{\lambda t}-1)$$

衰变常数 $\lambda=1.66\times10^{-11}/a$, $(^{187}Os/^{188}Os)^0_{CHUR}=0.1271$, $(^{187}Re/^{188}Os)^0_{CHUR}=0.40076$。存在如下关系:

$$\gamma^t_{Os}=100\times[(^{187}Os/^{188}Os)^t_{sample}/(^{187}Os/^{188}Os)^t_{CHUR}-1]$$

$$(^{187}Os/^{188}Os)^t_{CHUR}=0.9600+0.40076[\exp(\lambda t\times4.56\times10^9)-\exp(\lambda t)]$$

$$t_{CHUR}=(1/\lambda)\ln\{[^{187}Os/^{188}Os-(^{187}Os/^{188}Os)^0_{CHUR}]/[^{187}Re/^{188}Os-(^{187}Re/^{188}Os)^0_{CHUR}]-1\}$$

$$=(1/\lambda)\ln\{[(^{187}Os/^{188}Os-0.1271)/(^{187}Re/^{188}Os-0.40076)]-1\}$$

模式年龄 t_{CHUR} 接近 Os 从地幔分异的时间,代表地壳残留时间的最小值。由于辉钼矿含大量 Re 和极微量 Os,其模式年龄可以代表辉钼矿的结晶时间。

洋岛玄武岩(OIB)的 $^{187}Os/^{188}Os$ 变化范围为 0.128～0.207($\gamma_{Os}=0.7$～63)。富集地幔储库的 γ_{Os} 值:EM1=19.7,EM2=7.1,HIMU=18.1(图 4-28b)。MORB 地幔 $^{187}Os/^{188}Os$ 的范围为 0.122～0.127($\gamma_{Os}=-4$～0)。

夏威夷玄武岩的 ^{186}Os 和 ^{187}Os 异常反映了地幔与地球金属核之间的相互作用。具 Os 同位素异常的夏威夷苦橄岩也显示出 Tl 同位素变化,Tl 和 Os 同位素之间缺乏相关关系,以及铁锰沉积物中高的 Tl/Os 比率,排除了 Os 同位素异常的沉积成因(Nielsen et al,2006)。一种模型认为,洋岛玄武岩源于深部地幔,并且带入了那些通过俯冲进入地幔的洋壳。大洋铁锰沉积物具很高的 Pt/Os 比值,长期持续会形成高的 $^{186}Os/^{188}Os$ 值。因此,古老 Fe-Mn 沉积物加入到地幔中,也能解释一些地幔柱所具有的高 $^{186}Os/^{188}Os$ 比值特征。Fe-Mn 沉积物加入到地幔,能引起 ^{186}Os 同位素异常,这种异常应该伴随着显著的 Tl 同位素变化,因为 Fe-Mn 沉积物的 Tl 浓度高,并且 Tl 同位素分馏可以达到 $\varepsilon_{Tl} > 15$。大陆地壳和上地幔以相对稳定的 Tl 同位素值($\varepsilon_{Tl} = -2.0 \pm 0.5$)为特征。夏威夷火山的地幔源区存在古老沉积物。

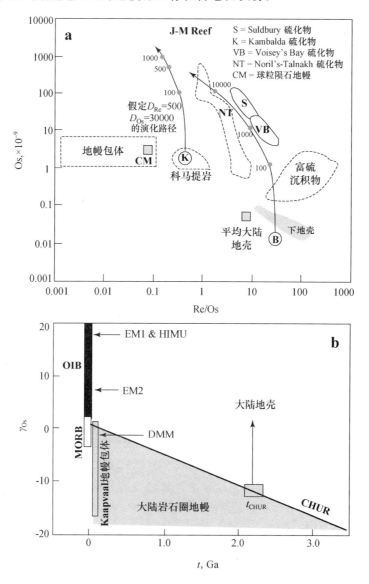

图 4-28 (a) Re/Os 比值与 Os 浓度的关系. 下地壳数据来自 Lewisian. 分别以科马提岩(K)和玄武质岩浆体系(B)中矿石的平均值为原点的演化曲线, 表示 Os 浓度增加以及岩浆硫化物中 Os/Re 比值下降的趋势(R 因子作用的结果). (b) Os 同位素储库和地幔端元的同位素范围, $\gamma_{Os} = 500$, $t_{CHUR} = 2.2Ga$ (Lambert et al, 1998)

Kaapvaal 克拉通的难熔岩石圈地幔包体明显亏损 Re。模式年龄是熔融亏损事件的最小估计（＞2Ga）。一些斑晶的 $^{187}Os/^{188}Os$ 为 0.1089 ± 0.0022（$\gamma_{Os}=-14$）。大陆岩石圈地幔的 Os 同位素不均匀,且变化很大（图 4-28b）。中上地壳的 Re/Os 和 $^{187}Os/^{188}Os$ 值分别为 7.8 和 1.68。苏格兰 Lewisian 杂岩中麻粒岩相闪长玢岩、辉长岩和超镁铁质片麻岩记录了较高的 Re/Os 比值（9.6～22.3）,太古宙地壳的 $^{187}Os/^{188}Os$ 的比值为 2.3～28.2。

随 f_{O_2}/f_{S_2} 比值减小,Re-Os 在不混溶硫化物熔体与硅酸盐岩浆之间的分配系数（D_{Me}）会增大。科马提岩浆的喷发温度高（～1600℃）,玄武质岩浆的喷发温度相对较低（～1300℃）。与玄武岩相关矿床的 D_{Me} 值比与科马提岩相关矿床的 D_{Me} 值高。IPGE(Ir, Os, Ru)优先富集在早期硫化物固溶体(mss)中,PPGE (Pt, Pd, Rh)主要富集在富 Cu 残余岩浆中。Bushveld、Duluth、Stillwater 和 Sudbury 矿床中都存在壳源 Os,Kambalda、Cape Smith 和 Noril'sk-Talnakh 矿床则缺乏明显地壳混染。

存在两种可能的矿化过程:一种可能是在位于或接近硫化物饱和并与含硫化物地壳接触的地方,镁铁质-超镁铁质岩浆中硫化物熔体发生脱挥发分过程,并与硅酸盐岩浆分离(不混溶)。这种情况下,硫化物矿体的 Re-Os 受壳源控制。亲硫元素(Cu, Ni, Co, PGE)从未混染的硅酸盐岩浆进入到硫化物矿体中,类似与科马提岩相关矿床的成矿过程。另外一种可能是:硫化物不饱和的铁镁质-超铁镁质岩浆,与地壳发生同化混染,导致系统饱和硫化物。不混溶硫化物熔体从硅酸盐岩浆中分离出来,亲硫元素从混染的镁铁质-超镁铁质岩浆进入到硫化物熔体中(类似与玄武岩相关的成矿作用)。

Lambert et al (1998)建立了 Re-Os 模型。第一阶段:计算 Re 和 Os 在混合岩浆中的浓度（Re_{mix} 和 Os_{mix}）:

$$Re_{mix}=[Re\ f_{sil}]+[Re_{sc}(1-f_{sil})]$$
$$Os_{mix}=[Os\ f_{sil}]+[Os_{sc}(1-f_{sil})]$$

其中 f_{sil}＝未混染硅酸盐岩浆的分数,$(1-f_{sil})$＝硫化物熔体的分数,Re 和 Os 分别代表矿床形成过程中 Re 和 Os 的浓度;Re_{sc} 和 Os_{sc} 分别代表 Re 和 Os 在地壳混染硫化物中的浓度。

第二阶段:Re 和 Os 在混合岩浆系统中重新分配,在不混溶硫化物熔体与硅酸盐岩浆之间的关系:

$$Re_{sm}=Re_{mix}D_{Re}(R+1)/(R+D_{Re})$$
$$Os_{sm}=Os_{mix}D_{Os}(R+1)/(R+D_{Os})$$

其中 Re_{mix} 和 Os_{mix} 分别代表混合岩浆的 Re 和 Os 浓度;Re_{sm} 和 Os_{sm} 分别代表硫化物熔体中 Re 和 Os 的浓度;D_{Re} 代表 Re 在硫化物熔体与硅酸盐岩浆之间的分配系数,D_{Os} 代表 Os 在硫化物熔体与硅酸盐岩浆之间的分配系数（D_{PGE} 的范围为 100～100000）。上述两个关系可以模拟岩浆硫化物矿石中 Re/Os 与初始 Os 浓度。R 因子是与一定质量硫化物熔体平衡的硅酸盐岩浆的质量分数,R 值越大,硫化物熔体(小珠滴)就会从越多的硅酸盐岩浆中吸收 PGE 以及 Cu、Ni、Co 等亲铜元素。R 因子的值与岩浆的活动性成正比,活动性越高,R 值越大。R 因子可以根据成矿系统中未混染硅酸盐岩浆的质量分数计算:

$$R=f_{sil}/(1-f_{sil})$$

不混溶硫化物岩浆的 Os 同位素组成:

$$(^{187}Os/^{188}Os)_{sm}=[Os\ f_{sil}/Os_{mix}]\ [(^{187}Os/^{188}Os)-(^{187}Re/^{188}Os)(e^{\mu}-1)]$$

$$+\left[Os_{sc}(1-f_{sil})/Os_{mix}\right]\left[(^{187}Os/^{188}Os)_{sc}-(^{187}Re/^{188}Os)_{sc}\right]$$

其中 Os 代表成矿时硅酸盐岩浆的 Os 浓度,Os_{mix} 代表混染岩浆的 Os 浓度,f_{sil} 代表未混染硅酸盐岩浆的质量分数,$^{187}Re/^{188}Os$ 和 $^{187}Os/^{188}Os$ 为硅酸盐岩浆的测定值,Os_{sc} 代表混染硫化物的 Os 浓度,$(^{187}Re/^{188}Os)_{sc}$ 和 $(^{187}Os/^{188}Os)_{sc}$ 为混染硫化物的测定值。同样,可以计算出相应的 γ_{Os} 值。

俯冲大洋板片(包括 MORB 和大洋岩石圈地幔以及相关沉积物)的深循环,是地球 Re-Os 循环的重要组成部分。俯冲带在地球上的分布特征决定着地幔中 Os 的高度不均一性。Re 与 Os 在地球化学性质上的差异,决定了其地球化学行为与同位素组成在陨石、地幔、地壳等单元中的明显区别,为应用 Re-Os 同位素示踪方法研究岩石圈地幔、俯冲带或地幔柱等地质演化过程提供了理论基础。Ingle et al(2004)用 Os 和 Hf 同位素对澳大利亚西南部和印度东部白垩纪大陆拉斑玄武岩的研究表明,玄武岩的 Os 和 Hf 同位素组成随着大陆混染指标(如 SiO_2、$(Th/Ta)_{PM}$、$(La/Nd)_{PM}$)的变化而变化。$\gamma_{Os(t)}$ 与 Sr 或 Nd 同位素比值无明显关系,而 $\varepsilon_{Hf(t)}$ 与所有同位素体系和陆壳混染指标有很好的相关性。表明这些大陆拉斑玄武岩的地幔源区不可能来自单一的亏损软流圈地幔。HIMU 洋岛玄武岩的 $^{187}Os/^{186}Os$ 比值高达 1.25,而其他洋岛玄武岩的 $^{187}Os/^{186}Os$ 比值明显偏低。计算表明,16% 的 2.1Ga 再循环洋壳能够解释 HIMU 中较高的 $^{187}Os/^{186}Os$ 初始值。

4.6.2 Re-Os 同位素等时线

恰当地应用 Re-Os 同位素年代学地球化学原理,对于认识成矿带的演化和成矿作用有重要意义。Re-Os 同位素等时线方法可以确定多种矿床的形成时代,主要测定对象包括辉钼矿、毒砂、黄铁矿和含 PGE 的碳质页岩等。例如,我国秦岭辉钼矿的 Re-Os 等时线年龄(131~112Ma,Mao et al,2008)代表华北南缘重要多金属成矿时代。对采自长江中下游 5 个矽卡岩-斑岩 Cu-Au-Mo 矿区和铜陵大团山矽卡岩 Cu-Au-Mo 矿体的 16 件辉钼矿分析,获得 Re-Os 模式年龄 144~135Ma,大团山铜矿 Re-Os 等时线年龄 139Ma(毛景文等,2004),表明矽卡岩-斑岩 Cu-Au-Fe-Mo 矿床与层控矽卡岩 Cu-Au-Mo 矿床属于同一成矿系统。乌兹别克斯坦 Muruntau 金矿是世界上最大的单个热液金矿,受剪切带控制。Morelli et al(2007)通过测定含自然金的毒砂,获得 Re-Os 等时线年龄 287.5±1.7Ma,代表金矿的成矿时代。对哈萨克斯坦巴尔喀什-阿克沙套地区 11 件辉钼矿样品进行了 Re-Os 同位素分析(陈宣华等,2010),得到博尔雷斑岩型矿床和东科翁腊德、扎涅特、阿克沙套石英脉-云英岩型钨钼矿床的辉钼矿模式年龄分别为 316Ma、298Ma、295Ma 和 289Ma。

一些矿床的 Re-Os 定年结果与锆石 U-Pb 年龄一致(或接近)。例如,新疆喀拉通克 Cu-Ni 硫化物矿床块状矿石的 Re-Os 等时线年龄 285Ma(Zhang et al,2008)与锆石 U-Pb 年龄(287Ma,韩宝福等,2004)一致。俄罗斯 Noril'sk Cu-Ni 矿床的 Re-Os 等时线年龄(242Ma 和 243Ma,Walker et al,1994),在误差范围内与岩体的锆石 U-Pb 年龄(248Ma)接近。但是,一些矿床的 Re-Os 年龄与锆石 U-Pb 年龄不一致。澳大利亚 Kambalda Ni-Cu-PGE 矿床与科马提岩共生,其 Re-Os 等时线年龄为 2664Ma,与科马提岩系中的锆石 U-Pb 年龄(2709Ma,Foster et al,1996)接近。加拿大 Voisey's Bay Ni-Cu-Co 矿床的锆石和斜锆石 U-Pb 年龄为 1333Ma,矿石 Re-Os 等时线年龄为 1302Ma(Lambert et al,2000)。美国 Stillwater 矿床锆石 U-Pb 年龄和 Sm-Nd 等时线年龄为 2700Ma,其橄榄岩中铬铁矿的 Re-Os 等时线年龄~2900Ma,作者用地壳混染后 Os 同位素组成的不均一性来解释这种显著的差异。Stillwater 橄榄岩带中浸染状铬铁矿矿石(含铬铁矿 $1\%\sim6\%$)和海绵陨铁状矿石(含铬铁矿 $13\%\sim30\%$)组成的 Re-Os 等时线年龄为 2904Ma, $\gamma_{Os}=2.20$(近似地幔值),而海绵陨铁状矿石(含铬铁矿 $40\%\sim70\%$)和块状矿石(含铬铁矿约 94%)组成的等时线 Re-Os 年龄 2771Ma, $\gamma_{Os}=3.75$(Horan et al,2001)。

对加拿大 Ovens 和 Dufferin 矿床中毒砂的 Re-Os 同位素研究(Morelli et al,2005)表明,毒砂的 Re 含量从 $\sim3\times10^{-9}$ 变化到 $\sim9\times10^{-9}$,其普通 Os 含量低($^{192}Os=0.1\times10^{-12}\sim9\times10^{-12}$)。$^{187}Re/^{188}Os$ 同位素比值的变化范围大($600\sim(>5000)$)。毒砂样品构成了等时线($407\pm4Ma$,图 4-29a)。^{187}Re 对 $^{187}Os^{*}$ 的回归分析也得到相同的等时线年龄($405\pm8Ma$,图 4-29b)。两个样品(OV5a-2,OV5b-1)中 $>98\%$ 的 ^{187}Os 为放射性成因,$^{187}Re/^{188}Os>5000$(($^{187}Os/^{188}Os)_i=0.83\pm0.16$)。样品 OV-5b 具有最低的普通 Os 含量,其模式年龄为 $406\pm2Ma$。Dufferin 矿床中毒砂的 Re 丰度($1\times10^{-12}\sim7\times10^{-9}$)变化较大,普通 Os 丰度($^{192}Os=0.7\times10^{-12}\sim3.7\times10^{-12}$)变化不大,且通常含大量放射性成因 Os。毒砂样品构成等时线($380\pm3Ma$,($^{187}Os/^{188}Os)_i=0.38\pm0.16$)。阿拉斯加 Ruby Creek 块状硫化物矿床中金属硫化物的 Re 含量很高($129\times10^{-9}\sim5100\times10^{-9}$),Os 含量也很高($0.69\times10^{-9}\sim21\times10^{-9}$),其中非放射性成因 ^{192}Os 含量很低($66\times10^{-12}\sim320\times10^{-12}$),$^{187}Re/^{188}Os$ 值非常高($3860\sim60819$)。样品中 ^{187}Os 主要为放射性成因(占 $98.8\%\sim99.9\%$)。Re-Os 等时线年龄为 $391\pm11Ma$(^{187}Re 与放射性 ^{187}Os 的等时线年龄为 $386\pm3.8Ma$,Selby et al,2009)。

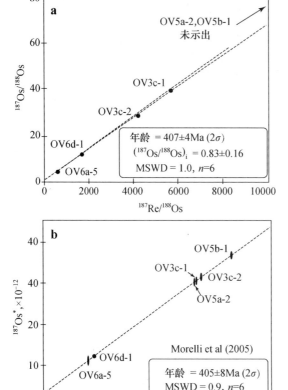

与大多数矿床中的硫化物(辉钼矿除外)相比,一些由沉积岩作为围岩的矿床中,硫化物明显富集 Re($129\times10^{-9}\sim5100\times10^{-9}$,大部分 $>1000\times10^{-9}$),且 Os 主要属于放射性成因。Ruby Creek 矿床中没有发现辉钼矿,其 Mo 含量很低($<30\times10^{-6}$)。考虑到 Mo、Re 元素的相似性,以及 Re 在富含 Ge 矿物中的亲和性,岩石中的 Re 可能赋存在与硫化物共生的锗石和硫铜锗矿中(Hitzman,1986)。与富含有机质沉积物发生反应,使成矿流体富含 Re。白云岩中的碳沥青提供了碳水化合物和流体迁移的证据。在 Ruby Creek 以

图 4-29　Ovens 矿床中毒砂的 Re-Os 同位素等时线

西 5 km 的 Pardners 山中,白云质角砾岩中的碳沥青与 Ruby Creek 矿床中的碳沥青类似(Re 含量达 35×10^{-9})。斑铜矿以及部分黄铜矿和黄铁矿样品的 Re-Os 年龄表明,成矿时间为 384Ma。在碳酸盐岩成岩后经历了一次热液事件,并形成了大量黄铁矿和少量贱金属硫化物,在角砾岩内部结晶出富铁方解石和白云石。有机质是成矿流体中 Re 的主要来源。

加拿大 Panda 金伯利岩中的金刚石含大量硫化物包裹体,通过测定这些硫化物的 Re-Os 同位素组成,可以获得金刚石形成的时间信息。硫化物构成的 Re-Os 等时线年龄为 3.52 ± 0.17Ga,与 3.5Ga 地幔相比,其$(^{187}Os/^{188}Os)_i$ 显著偏高(图 4-30),说明古老地壳物质包括地表碳通过俯冲带流体发生了深循环(Westerlund et al,2006)。显生宙地壳物质通过俯冲带发生深循环并形成金刚石的实例是哈萨克斯坦 Kokchetav 超高压变质地体,其中所含的大量显微金刚石是地壳碳酸盐矿物通过俯冲带深循环到地幔深部,发生相变并分解的产物(Zhu & Ogasawara,2002)。大陆地壳中的碳酸盐矿物(菱镁矿)通过俯冲带循环到>240km 地幔时,石榴石转变为高压相富 Si 镁铝榴石的反应:

$$x[(Ca,Fe)_{3-n}Mg_n][Al_{2-m}Si_{3+m}]O_{12}+MgO+8yH_2O+0.5(xm+4y)Al_2O_3+(6y-xm)SiO_2$$
$$==x[(Ca,Fe)_{3-n-z}Mg_{n+z}][Al_2Si_3]O_{12}+y(Mg_{10}Al_2)[Al_2Si_6]O_{20}(OH)_{16}$$

其中 $y=0.1(1-xz)$,$m=0.005\sim0.042$,$n=1.107\sim1.242$,$z=0.024\sim0.087$。此反应消耗 MgO,促使菱镁矿的分解反应快速向右进行,形成大量金刚石(主要被镁铝榴石包裹):

$$MgCO_3==C+MgO+O_2$$

这个金刚石的变质成因机制,很好地解释了超高压变质地体中赋存大量显微金刚石,以及这些金刚石与石榴石大理岩共生的地质事实(相反,与之伴生的柯石英榴辉岩中罕见变质金刚石)。

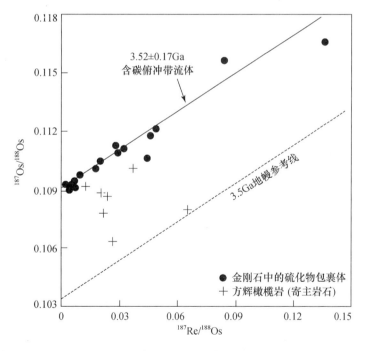

图 4-30　金刚石中硫化物包裹体的 Re-Os 等时线(Westerlund et al,2006)

4.6.3　与玄武质岩浆演化有关的矿床

Voisey Bay 矿床与 1334Ma 的基性岩浆作用相关。Lambert et al (1999)研究了该矿床中的 3 种样品:正长橄长岩中的浸染状矿化(5%的硫化物)、侵入体底部橄长岩中的块状矿石(80%的硫化物),以及围岩片麻岩中的硫化物,获得 Re-Os 等时线年龄为 1323Ma($\gamma_{Os}=1040$,图 4-31)。

Re-Os 等时线年龄与橄长岩中斜锆石的 U-Pb 年龄一致,说明全岩 Re-Os 同位素体系在成岩后一直处于封闭状态。硫化物的 Re/Os 比值与硅酸盐岩浆的相似。硫化物样品较高的 γ_{Os} 值,说明存在放射性成因物质(大陆地壳)的混染。Tasiuyak 和 Nain 片麻岩中的硫化物都含放射性成因 Os(γ_{Os} 分别为 3900 和 12100,图 4-32)。因此,具放射性成因 Os 的大陆地壳混染(选择性混染模型、全地壳混染模型)是导致岩浆中硫化物饱和的原因。

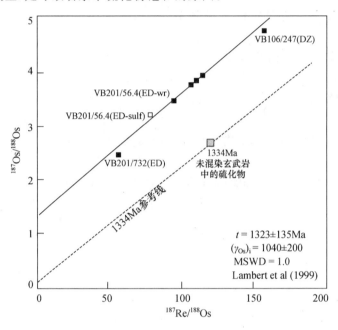

图 4-31　Voisey Bay 矿床的 Re-Os 等时线

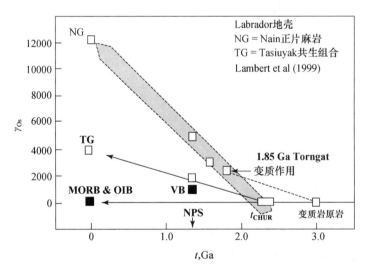

图 4-32　γ_{Os} 随时间的变化关系,显示太古宙 Nain 正片麻岩(NG)和元古代 Tasiuyak 副片麻岩(TG)的 Os 同位素数据. Nain 侵入岩套(NPS)中橄长岩结晶时间 1.334Ga. VB 代表 Voisey Bay 中岩浆硫化物矿石,Os 同位素在 Tasiuyak 副片麻岩中的演化线(TG 方向)与地幔增长线相交的 $t_{CHUR}=2.4Ga$

Tasiuyak 片麻岩混染模型：在 1334Ma，Tasiuyak 和 Nain 片麻岩比"平均上地壳"含更多放射成因 Os。若硫化物矿体是低 Os 浓度（$15×10^{-9}$）玄武质岩浆与高 Re/Os 地壳混染的结果，Tasiuyak 片麻岩中硫化物较高的 Re 和 Os 含量，是硫化物熔体发生选择性混染的结果，但此过程不能产生 Voisey Bay 硫化物矿体（$R=200～400$ 时，需要矿石的 Cu、Ni 和 PGE 浓度极高，与事实不符）。如果 Tasiuyak 片麻岩提供了矿石中放射性成因 Os，全地壳混染更合理。玄武质岩浆与 Tasiuyak 片麻岩（2%）混染，产生硫化物饱和的硅酸盐岩浆（图 4-33a 中的 2a）。R 因子变化过程提高了硫化物岩浆的不混溶程度（图 4-33a 中的 2b）。$R=200～800$ 可以拟合矿石的 Re-Os 同位素地球化学特征。

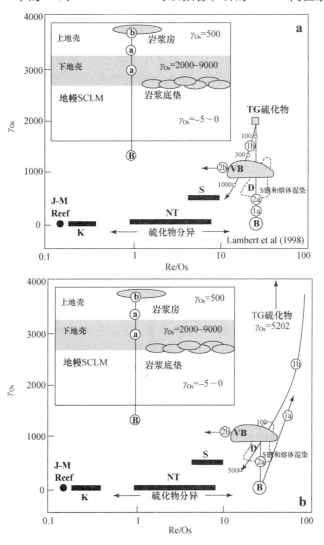

图 4-33 （a）Tasiuyak 混染模型：嵌入图显示克拉通岩石圈区域，γ_{Os} 值对应岩石圈残留时间 1Ga．"TG 硫化物"显示在 1334Ma 时，Tasiuyak 副片麻岩的 Re/Os 比值和 Os 同位素组成．Voisey Bay（VB）硫化物矿石的 Re-Os 同位素数据与选择性混染玄武质岩浆 B（过程 1a）相符．未混染玄武质岩浆 B 与硫化物岩浆不混溶（$R=400～800$，过程 b）．玄武质岩浆 B 与 2% Tasiuyak 片麻岩混染，产生硫饱和的熔体（过程 2b）．（b）Nain 混染模型：Nain 片麻岩作为地壳混染物．VB 矿石的 Re-Os 同位素数据与选择性混染的玄武质岩浆 B 一致（$R=200～300$，过程 2a）．玄武质岩浆 B 与 16% 的 Nain 片麻岩混合，产生硫饱和熔体（$R=200～1000$，过程 2b）．$D_{Re}=500$，$D_{Os}=30000$

Nain 片麻岩混染模型：Nain 片麻岩硫化物中 Re 和 Os 浓度较低,作为地壳硫化物的来源,过程 1a 和 1b 的模拟曲线靠近矿石区域,但位于其下部。16％混染($R=200\sim1000$)可以模拟矿石的 Os 同位素组成(图 4-33b,过程 2a 和 2b)。

4.6.4 金铀砾岩型矿床

大约 87％的砂金矿床形成于太古宙,8％形成于新太古宙。除占已知砂矿 3％的新生代砂金矿外,年轻单元中还没发现重要的古砂金矿。Au 在不同时间以不同速率聚集在不同类型矿床中,这可能与陆壳形成速率、大气圈和水圈演化有关。南非 Witwatersrand 盆地是目前世界上最大的单个金矿省。全球已知砂矿中 Au 的 91％位于该盆地中(Frimmel et al,2005)。该超巨型金矿的形成受益于以下综合因素：富金的太古宙花岗绿岩带、前陆盆地沉积环境(陆地上没有植被、强烈的化学风化、沉积-改造作用发育)、新太古宙溢流玄武岩厚层覆盖、处于稳定克拉通内部(保存条件好)。Au 在太古宙以高速率进入地壳(比显生宙高出几个数量级)。与年轻金矿不同,Witwatersrand 金矿中的 Re 和 Os 的含量显著偏高。太古宙地幔的部分熔融程度很高,Au 从这样的地幔中分离出来,初始^{187}Os/^{188}Os 比为 0.108,类似 30 亿年前地幔的初始^{187}Os/^{188}Os 比值(Kirk et al,2002)。该盆地的火山-沉积岩发生了多期变质,形成了次生硫化物及热液矿物。对 Au 来源的争论包括岩屑冲积说(Minter,1999；Kirk et al,2002；Meier et al,2009)、热液说(Barnicoat et al,1997)以及介于其间的沉积构造型(Frimmel et al,2005)。金矿与沥青碳氢化合物密切相关,Re、Os 与富有机物质有关,并可被有机物质捕获。金一般出现在数厘米厚的含烃层中(富烃类流体在破碎裂隙中的沉淀物)。

尽管 Witwatersrand 盆地沉积物经历了变质事件(<400℃),但这种低温地质过程不可能导致 Re-Os 同位素再平衡。因此,不可能获得精确的等时线关系,但可以反映再平衡事件发生的最大年龄。结构上的证据也表明,多阶段硫化物生长可能会将微量物质带入 Re-Os 体系。考虑到硫化物多阶段生长现象,以及样品中碳氢化合物与金之间存在密切的结构关系,碳氢化合物样品构成假等时线的年龄(2.26±0.19Ga,图 4-34)可以近似地代表成矿时代。Rasmussen et al(2007)通过磷钇矿和独居石得出了～2.1Ga 的生长年龄。鉴于沉积之后 Os 同位素体系发生部分重置(或混合),并考虑到全岩与单矿物相 PGE 分配模式相似性这一特征,可以得出贵金属元素活化发生在沉积之后的结论。

全岩、硫化物和含沥青烃类分馏物的 Re 和 PGE 分析显示(Schaefer et al,2010),有机物及硫化物中的 PGE 丰度和分馏程度相似,说明在样品尺度上没有发生明显的 PGE 活化迁移和分馏。有机质相对富集 PPGE(Pt,Pd,Rh),Pd/Os≫1(部分样品甚至>400)。Pt 和 Pd 在有机质与硫化物中分馏明显,Pd/Pt>1。除三个样品外,所有样品都有相似的 PGE 分配模式,表明矿化系统的 PPGE 富集具有相同的成因。由于 Au 与 PGE 地球化学行为的相似性,Re-Os 同位素体系可以确定金矿化时代。样品的^{187}Re/^{188}Os(0.03～106.6)和^{187}Os/^{188}Os(0.106～4.75)变化范围较大(表 4-13)。所有这些数据可以构成一条假等时线(2.34±0.26Ga,$n=17$)。然而,样品规模上,矿化过程未到平衡。有机质和硫化物样品可以分别构成假等时线(分别获得 2.26±0.19Ga 和 2.48±0.67Ga)。玄武质熔岩的 Re 含量为 $0.137\times10^{-9}\sim0.568\times10^{-9}$,Os 含量 $0.043\times10^{-9}\sim0.404\times10^{-9}$。玄武岩样品构成等时线的年龄为 2.43±0.21Ga((^{187}Os/^{188}Os)$_i$=0.117±0.065,MSWD=21)。

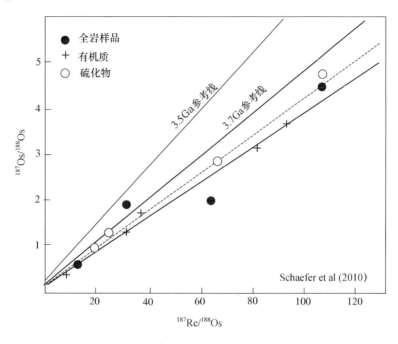

图 4-34 Witwatersrand 金矿样品的 Re-Os 同位素协变图(部分硫化物和有机质的数据见表 4-13).有机质样品的假等时线 2.26±0.19 Ga (MSWD=109),硫化物样品的假等时线年龄 2.48±0.67Ga (MSWD=1145,虚线)

表 4-13 Witwatersrand 金矿的 Re-Os 同位素组成(Schaefer et al, 2010)

	Os,×10⁻⁹	2σ	¹⁸⁷Os/¹⁸⁸Os	2σ	Re,×10⁻⁹	2σ	¹⁸⁷Re/¹⁸⁸Os	2σ
硫化物								
	0.427	0.001	1.6096	0.0024	3.91	0.04	52.6	0.53
	1.13	0.01	1.2688	0.0020	5.10	0.05	24.9	0.25
	1.09	0.01	0.97393	0.000168	3.99	0.04	19.6	0.20
	0.354	0.001	2.8682	0.0048	3.58	0.04	66.0	0.67
	0.660	0.001	4.7471	0.0077	9.12	0.09	106.6	1.08
	813	349	0.10619	0.00022	11.53	0.12	0.07	0.029
有机质								
	489	11	0.10667	0.00005	2.56	0.03	0.03	0.01
	0.673	0.006	1.7118	0.0159	4.34	0.04	37.5	0.61
	0.359	0.001	3.6771	0.0120	4.76	0.05	93.4	1.00
	0.880	0.001	1.2905	0.0037	5.03	0.05	31.7	0.33
	0.268	0.001	3.1686	0.0137	3.24	0.03	81.3	0.94
	0.285	0.001	3.5865	0.0227				
	1.50	0.016	0.35994	0.00617	2.63	0.03	8.7	0.20

　　黄铁矿样品的 Re-Os 等时线年龄为 2.99±0.11Ga (Kirk et al, 2001),自然金颗粒获得了更老的年龄 3033±21Ma(图 4-35)。硫化物年龄的不一致可能由金矿中不同期次硫化物造成。一

些硫化物可能在沉积之后很快就形成了,而其他的一些硫化物明显形成较晚。盆地中一些金矿床可能是岩屑成因(风化矿床),Vaal Reefs 样品中的金经历了沉积再活化过程,活化作用受盆地中含有机质热液的影响。富 Os 岩屑金颗粒显示异常低的 Re/Os 比值,意味着极少放射性成因 Os。这些样品的 t_{RD} 模式年龄为 3.2~2.6Ga。最老的模式年龄与铱锇矿岩屑的 t_{RD} 模式年龄相当,也与岩屑锆石的峰值年龄一致。Schaefer et al(2010)的数据支持贵金属的后期来源观点,即矿化之前,贵金属经历了地壳过程(包括侵蚀和沉积)。Au 和 PGE 以岩屑方式或者通过热液流体富集成矿。低温流体活动对金铀砾岩型矿床的形成和演化具有普遍意义,例如加拿大 Athabasca 盆地的金铀砾岩型矿床,在 16 亿年前形成不整合型矿床后,至少经历了两次热液改造事件(380Ma 和 2.5Ma,Alexandre et al,2012)。

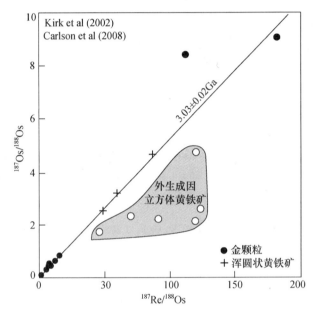

图 4-35　Witwatersrand 金矿碎屑金颗粒和浑圆状黄铁矿的 Re-Os 同位素等时线,外生成因立方体黄铁矿的 Re-Os 体系处于开放状态

4.6.5　欧洲 ABTS 成矿带

作为特提斯造山带的组成部分,ABTS 成矿带从罗马尼亚 Apuseni 山,经塞尔维亚 Timok 山,到保加利亚 Panagyurishte 地区(延伸 1500km,宽 10~70 km),含 4 个大型矿集区(Apuseni, Banat,Timok,Panagyurishte)。带内岩浆岩主要为中-高钾钙碱性系列,也含碱性和橄榄安粗岩序列的岩石组合。微量元素地球化学性质相似(富轻稀土和 LILE,亏损 Nb 和 La,Eu 异常不明显)。ABTS 俯冲带最北部的矿集区(罗马尼亚 Apuseni 山)中,形成了白垩纪和古近纪 Cu-Au 矿床。成矿作用主要发生在早白垩世推覆体边界上,逆冲断层为含矿流体提供了通道。Timok 位于以逆冲推覆体为主的 Apuseni-Banat 区域和以伸展作用为主导的 Panagyurishte 区域之间。Timok 北部的 Majdanpen 地区主要形成矽卡岩和斑岩矿床。岩浆活动从东向西进行,早期形成 Bor 斑岩和超高温 Cu-Au-Mo 矿床、Veliki Krively 斑岩矿床等,随后形成二长岩以及相关斑岩矿床。Panagyurishte 矿集区沿 EW 向贯穿保加利亚,其中广泛发育矽卡岩矿床。这些矿集区重要金属矿床的 Re-Os 年代数据显示在图 4-36。Elastsite 斑岩矿床主要成矿阶段持续 0.555Ma,Baita Bihor 矽卡岩矿床的多期流体以及成矿作用持续了 1.94Ma(主成矿阶段持续 1.10Ma)。

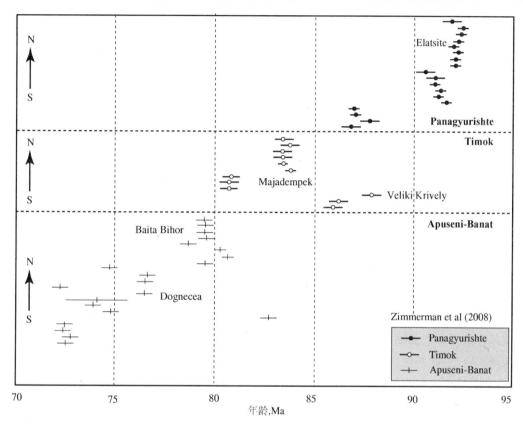

图 4-36　ABTS 造山带中按南北向地形排布的 Re-Os 辉钼矿年代数据

辉钼矿中较高的 Re 含量($250 \times 10^{-6} \sim 1000 \times 10^{-6}$)表明金属来自地幔或者年轻地壳,Re 含量中等($10 \times 10^{-6} \sim 100 \times 10^{-6}$)的样品主要来源于大陆地壳,Re 含量低($< 10 \times 10^{-6}$)的样品代表经历变质作用改造。黑云母脱水熔融可以形成变质辉钼矿。高 Re 斑岩矿床往往伴随 Au-PGE 矿化(常与闪长岩有关)。矽卡岩矿床的 Re 含量变化很大。Baita Bihor 矽卡岩矿床 Re 浓度很低(但富含辉钼矿),Dogrecea 矽卡岩多孔石英中辉钼矿的 Re 含量高。Re 含量数据支持以俯冲为主导的构造背景,伴随着大陆地壳混染。Re 浓度与成矿区域和成矿类型密切相关。从 Panagyurishte、Timok 到 Apuseni-Banat,Re 浓度显著下降。Timok 斑岩矿床中 Re 含量为 $100 \times 10^{-6} \sim 1000 \times 10^{-6}$。Panagyurishte 斑岩矿床的 Re 浓度含量变化很大($200 \times 10^{-6} \sim 2000 \times 10^{-6}$)。石英脉中辉钼矿比浸染状辉钼矿含更多 Re。Re 浓度的系统性变化,可能反映流体和熔体从源区迁移到矿区时,与围岩的相互作用。Panagyurishte 地区以伸展作用为主导,岩浆可以迅速侵位(地壳混染微弱)并导致大规模火山活动,伴随较高 Re 浓度和 Cu-Au 成矿作用。Timok 以及 Apuseni-Banat 推覆体形成了较厚的地壳,阻滞了熔体,并造成了地壳物质的同化混染,形成了低 Re 矽卡岩。

ABTS 俯冲带的地球化学数据支持不同深度地幔、年轻镁铁质地壳,以及少量上地壳为岩浆和成矿物源区。Panagyurishte 矿床的 Hf 同位素证实,岩石圈地幔部分熔融伴随着少量地壳混染。Banat 晚白垩纪侵入体的 $\varepsilon_{Nd(t)}=-0.2\sim3.9$,表明物质来自亏损地幔或年轻镁铁质下地壳。ABTS 成矿系统演化的寿命短(20Ma)。Re-Os 年代和 Re 浓度数据表明:俯冲带中短期且不断迁移的岩浆热液源区来自富集地幔和年轻地壳。单个斑岩型矿床形成时间<1Ma(大多数 0.5Ma)。斑岩矿床富含 Au 和 PGE,且 Re 浓度高(>1000×10^{-6})。成矿作用在空间和时间上发生规律性变化:从 Panagyurishte 的 92~87Ma、Timok 地区的 88~81Ma,到 Apuseni-Banat 地区的 83~72Ma。

4.7 $^{40}Ar/^{39}Ar$ 同位素年代学

$^{40}Ar/^{39}Ar$ 同位素年代学是确定矿床形成时代的重要方法。含 K 矿物中的 ^{39}K 可以通过在核反应堆中受快中子辐照转化为 ^{39}Ar:

$$^{39}K+n(中子)=\!=\!=^{39}Ar+p(质子)$$

通过已知年龄的标样,定义通量 J:

$$J=(e^{\lambda t}-1)/(^{40}Ar/^{39}Ar)$$

此式中的 t 已知(标样的年龄),可以求出测试样品的年龄:

$$t=\ln[J(^{40}Ar/^{39}Ar)+1]/\lambda$$

在对实际样品年龄的测试过程中,需要对大气 Ar 以及其他干扰因素进行校正。

应用 $^{40}Ar/^{39}Ar$ 同位素年代学方法,可以获得热液矿床的成矿年龄。例如新疆天格尔金矿中,与含金黄铁矿共生白云母的激光全熔 $^{40}Ar/^{39}Ar$ 年龄为 221~220Ma(Zhu et al,2007,见表 4-14)。此成矿年龄与含金黄铁矿-石英脉的 Rb-Sr 等时线年龄(224Ma,图 4-25c)完全一致。图 4-37 显示天格尔金矿含金黄铁矿-石英脉中白云母的激光 $^{40}Ar/^{39}Ar$ 同位素测定结果。天格尔金矿中主要金成矿期白云母的 $^{40}Ar/^{39}Ar$ 年龄非常均一,24 个云母片的 $^{40}Ar/^{39}Ar$ 年龄测定结果在误差范围内完全相同,这些测定结果的众值(221.2Ma)与其等时线年龄(222.5±1.2Ma)在误差范围内完全一致。

由于 $^{40}Ar/^{39}Ar$ 年代学方法将样品的 ^{39}K 原位转化为 ^{39}Ar,因此可以将矿物不同区域的 Ar 分阶段释放出来,并恢复每一阶段所包含的年龄信息。通过这种方法可以构筑年龄谱图,从年龄谱图上确定一个相对可靠的结晶年龄(坪年龄)。例如,智利中部巨型斑岩矿床和热液金矿中角闪石的 $^{40}Ar/^{39}Ar$ 最大坪年龄为 21.9±2.2Ma。El Teniente 斑岩矿床南部地区橄榄辉长玄武岩中的角闪石 $^{40}Ar/^{39}Ar$ 全熔年龄为 11.6±3.0Ma,斜长石的 $^{40}Ar/^{39}Ar$ 坪年龄为 10.9±1.6Ma 和 12.4±1.7Ma(Hollings & Cooke,2005)。加拿大 Ovens 矿床矿石的全岩 $^{40}Ar/^{39}Ar$ 年龄(396Ma)低于毒砂 Re-Os 等时线年龄(~407Ma),与矿区岩脉的 $^{40}Ar/^{39}Ar$ 年龄(398Ma)一致(图 4-38a)。Dufferin 矿床围岩的全岩 $^{40}Ar/^{39}Ar$ 年龄(383Ma,第一次 50%气体释放)与毒砂样品 Re-Os 分析年龄一致,低于岩脉的 404±2Ma(对应 87%气体释放,图 4-38b)。明矾石也可以用于 Ar-Ar 年代学研究。图 4-39 显示巴西 Tapajos 金矿中明矾石的分析结果,年龄落在 1867±2Ma 和 1846±2Ma 之间(Juliani et al,2005)。年轻年龄可以解释为 1869Ma 时期形成矿物的重结晶。新疆哈密镜儿泉伟晶岩型稀有金属矿床中白云母的^{40}Ar-^{39}Ar 坪年龄为 243±2Ma(陈郑辉等，2006)，与阿尔泰地区稀有金属伟晶岩 3 号脉的形成时间基本相同。同位素年龄数据的积累表明，印支期是新疆以及中亚地区最重要的贵金属和稀有金属成矿时期(Zhu et al，2006；朱永峰，2007)。

表 4-14　天格尔金矿中白云母的^{40}Ar/^{39}Ar 激光测年结果

	%^{40}Ar*	年龄,Ma±	^{39}Ar, mol	^{40}Ar	±^{40}Ar	^{39}Ar	±^{39}Ar	^{38}Ar	±^{38}Ar	^{37}Ar	±^{37}Ar	^{36}Ar	±^{36}Ar
169-01	99.48	220 1	8.84E−14	50.16	0.07	3.6170	28	0.04321	7	0.0144	7	0.00089	2
169-02	99.20	219 1	1.96E−14	11.08	0.01	0.8009	7	0.00958	2	0.0041	7	0.00030	2
169-03	99.39	220 1	6.15E−14	34.94	0.04	2.5160	32	0.03017	4	0.0537	7	0.00075	2
169-04	99.42	221 1	1.01E−13	57.65	0.08	4.1432	31	0.04971	6	0.0615	11	0.00117	2
169-05	99.52	221 1	8.31E−14	47.41	0.05	3.4025	24	0.04086	5	0.0225	8	0.00078	2
169-06	98.99	221 1	2.58E−14	14.77	0.01	1.0577	8	0.01270	2	0.0576	14	0.00053	3
169-07	99.26	221 1	3.12E−14	17.75	0.02	1.2747	11	0.01535	4	0.0670	14	0.00048	2
169-08	99.35	220 1	5.99E−14	33.97	0.03	2.4502	18	0.02928	5	0.0606	11	0.00078	2
169-09	99.13	220 1	3.83E−14	21.76	0.02	1.5654	18	0.01869	3	0.0081	9	0.00065	2
169-10	99.35	220 1	5.12E−14	29.08	0.03	2.0935	14	0.02513	4	0.0405	5	0.00066	2
169-11	99.49	221 1	7.07E−14	40.20	0.04	2.8916	26	0.03460	5	0.0097	18	0.00070	2
169-12	99.30	221 1	5.36E−14	30.65	0.05	2.1946	32	0.02658	7	0.0860	23	0.00077	3
169-13	99.45	220 1	7.96E−14	45.23	0.07	3.2560	52	0.03854	8	0.0156	18	0.00084	2
169-14	99.42	221 1	9.78E−14	55.72	0.10	4.0018	74	0.04731	8	0.1010	16	0.00114	2
169-15	99.43	221 1	1.03E−13	58.79	0.08	4.2240	26	0.05050	6	0.1118	10	0.00119	2
169-16	99.21	221 1	6.70E−14	38.35	0.07	2.7419	39	0.03331	5	0.1233	10	0.00109	3
169-17	99.36	221 1	9.93E−14	56.59	0.09	4.0621	34	0.04876	7	0.0714	15	0.00127	3
169-18	99.54	222 1	1.29E−13	73.86	0.22	5.2770	110	0.06319	15	0.1333	21	0.00122	2
169-19	99.57	222 1	1.93E−13	110.25	0.21	7.8977	85	0.09382	8	0.1582	21	0.00168	2
169-20	99.50	223 1	1.60E−13	91.65	0.15	6.5371	150	0.07794	15	0.0707	16	0.00159	2
169-21	99.51	221 1	1.35E−13	76.72	0.12	5.5166	51	0.06544	7	0.0552	10	0.00129	2
169-22	99.27	220 1	1.56E−13	88.77	0.16	6.4012	110	0.07583	9	0.0561	10	0.00223	3
169-23	99.59	222 1	1.94E−13	110.85	0.28	7.9195	200	0.09395	22	0.1435	24	0.00160	2
169-24	99.39	220 1	1.05E−13	59.69	0.13	4.2973	92	0.05163	12	0.0833	12	0.00127	3

J	±J	37 Decay	39 Decay	Irr $^{39/37}$Ca	±$^{39/37}$Ca	Irr $^{38/37}$Ca	±$^{38/37}$Ca
0.00939	2.15E−05	7.84E+01	1.0015621	0.000756	0.00003	0.00014	0

Irr $^{36/37}$Ca	±$^{36/37}$Ca	Irr $^{38/37}$K	±$^{38/39}$K	Irr $^{40/39}$K	±$^{40/39}$K	P^{36}Cl/^{38}Cl	±P^{36}Cl/^{38}Cl
0.0005145	0.000041	0.01077	0	0.004782	0.0004	320	0

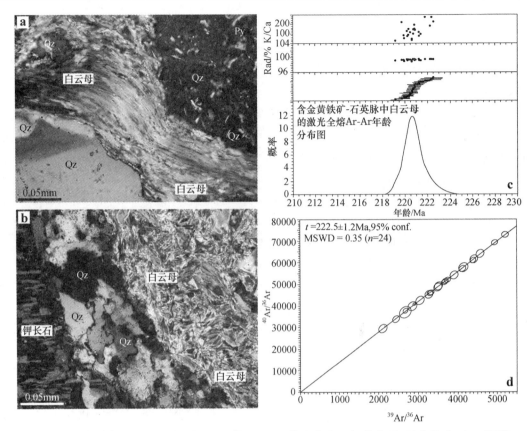

图 4-37 （a～b）天格尔金矿含金黄铁矿-白云母-石英脉发生了韧性变形，正交偏光，Qz—石英，Py—黄铁矿；（c）白云母 Ar-Ar 年龄分布，众值 221.2Ma；（d）白云母 Ar-Ar 激光全熔等时线

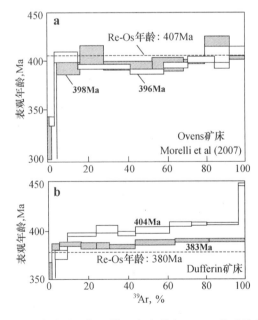

图 4-38 矿石全岩样品 $^{40}Ar/^{39}Ar$ 坪年龄与 Re-Os 等时线年龄比较

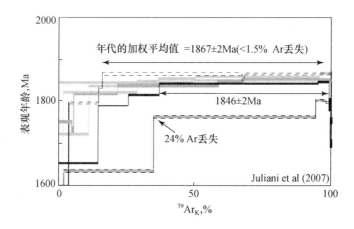

图 4-39　Tapajos 金矿中明矾石的 $^{40}Ar/^{39}Ar$ 坪年龄

　　新西兰 Otago 片岩带中赋存大量石英脉型金矿。Macraes 金矿产在低绿片岩相剪切带中，矿脉包括平行于剪切的平坦型和网脉型，其中常见白钨矿。Rise-Shine 矿床位于高绿片岩相剪切带中，矿脉一般陡倾。两个矿区的剪切带在底部被矿化后的低角度正断层截断。多数脉中含方解石、铁白云石和菱铁矿。沿剪切面理分布着浸染状黄铁矿、毒砂、黄铜矿、闪锌矿和方铅矿。基于 35 个 $^{40}Ar/^{39}Ar$ 年龄数据分析，Gray & Foster（2004）认为，Otago 片岩带在 160～140Ma 期间达到变质峰期，在 140～120Ma 期间发育韧性剪切变形，片岩核部在～110Ma 时迅速剥露并冷却。Golden Point 矿床含金网脉中白云母的 $^{40}Ar/^{39}Ar$ 坪年龄（135.1±0.7Ma）应该代表成矿年龄。Glenorchy 矿化石英脉（白钨矿±自然金）中白云母的坪年龄在 134.8±0.8Ma 和 140.0±0.8Ma 之间变化（Mortensen et al, 2010）。Forster & Lister（2003）获得白云母的 $^{40}Ar/^{39}Ar$ 坪年龄为 114～102Ma。他们认为，120～115Ma 期间形成的大规模横卧褶皱影响了 Otago 中部，随后的 N-S 向地壳伸展形成了变质核杂岩，冷却发生在 112～109Ma 期间。

　　Otago 片岩带中多数金矿化形成于两次独立地质事件。Macraes 金矿形成较早，Rise-Shine 形成较晚。图 4-40 展示了 Otago 片岩带在抬升过程中的矿化轨迹。高绿片岩相和低绿片岩相岩石单元，通过剪切带在中白垩世伸展阶段汇集到地表。Macaes 矿床在第一次矿化事件中形成于低绿片岩相的脆韧性转换带，Rise-Shine 矿床在第二次矿化事件中形成于脆韧性转换带中。从 137Ma 开始，该地区岩浆岩从典型岛弧钙碱性岩浆活动逐渐过渡到高 Sr/Y 岩浆活动。洋脊俯冲或俯冲板片变平引起基性岩浆底垫（下地壳岩石重熔），可以解释这种转变。Otago 片岩带距离岛弧岩浆带 200km，在 137Ma 时通过岩浆前峰的洋脊，在片岩带之下就位，持续 1～4Ma（假设汇聚速率 5～10 cm/a）。扩张洋脊在 142～135Ma 期间穿越 Otago 片岩带之下的区域，在增生楔底部引起热异常，形成了剪切带以及其中的含金矿脉。

　　土耳其 Anatolia 地区的岩浆热液活动与新特提斯洋在晚白垩世的闭合过程有关（Marschik et al, 2008），其中的 Divrigi 矿床（133.8Mt，56%Fe 和 0.5%Cu，块状磁铁矿为主，含 5% 浸染状黄铁矿和少量磁黄铁矿及黄铜矿）位于正长岩-二长岩和北部二长斑岩的接触带，南部蛇纹石中含大量滑石菱镁片岩。磁铁矿矿石与次生钾长石和黑云母共生。黄铁矿-方解石形成于最晚期热液蚀变。方柱石、钙铁榴石、辉石、角闪石、黑云母和电气石等蚀变矿物沿断裂带分布。与黄铁

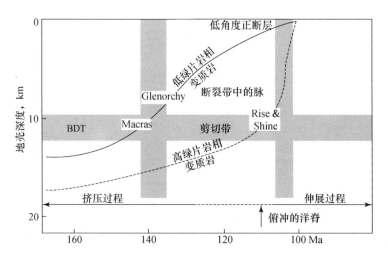

**图 4-40　Otago 地区剪切带与成矿事件的关系(Mortensen et al, 2010). 曲线代表低绿
片岩相岩石的演化轨迹,虚线代表高绿片岩相的轨迹**

矿和方解石密切伴生的绿色黑云母($^{40}Ar/^{39}Ar$ 坪年龄 73.8±0.6Ma, 74.3±0.8Ma)晚于块状
磁铁矿。矿区外围 Hasancelebi 地区的矿化与方柱石±辉石±角闪石±黑云母蚀变有关。磁铁
矿与角闪石和黑云母共生,充填在方柱石颗粒间隙。方解石脉穿切磁铁矿、角闪石和黑云母。方
解石和硫化物在晚期蚀变时进入系统。褐色黑云母与方解石伴生,或在方解石中呈片状,其
$^{40}Ar/^{39}Ar$ 坪年龄为 73.4±0.4Ma 和 74.9±0.4Ma。褐色黑云母脉(黑云母坪年龄 73.1±
0.8Ma)穿切了含方柱石的蚀变围岩(Marschik et al, 2008)。

　　Mantos Blancos (MB)矿带(晚侏罗-早白垩世,延伸 200 km)是智利铜矿的主要来源之一。
矿体赋存在流纹岩丘中,其中的角砾岩被闪长岩-花岗闪长岩侵入,造成了第二期角砾化和热液
蚀变。所有这些单元都发生了不同程度的矿化。MB 矿带存在两期热液事件(Ramriez et al,
2006):第一期与岩浆-热液角砾岩同时,形成黄铜矿、黄铁矿、斑铜矿、石英和绢云母组合。第二
期热液事件发生了钾化(钾长石、石英、电气石、黑云母、绿泥石和磁铁矿)、青磐岩化(石英、绿泥
石、绿帘石、方解石、钠长石、赤铁矿和方铅矿)和钠化(钠长石、赤铁矿),形成了黄铜矿、黄铁矿和
蓝辉铜矿。这些矿物呈浸染状或网脉状产在长英质岩丘、斑岩和闪长岩-花岗闪长岩的热液角砾
中。通过系统分析 MB 矿区及周边岩浆和热液蚀变矿物的$^{40}Ar/^{39}Ar$ 同位素体系,可以揭示复杂
热液演化和成矿过程。矿区蚀变花岗闪长岩中,强烈蚀变的斜长石给出了两个很好的$^{40}Ar/^{39}Ar$
坪年龄(145.6±0.8Ma 和 147.1±0.6Ma),它们对应的$^{37}Ar_{Ca}/^{39}Ar_K$ 比值变化较大,在中温时以
绢云母的释气过程为主,坪年龄对应了蚀变事件(Oliveros et al, 2007)。矿区以南 3 km 处出露
的花岗闪长岩中,角闪石的$^{40}Ar/^{39}Ar$ 坪年龄为 136.8±1.8Ma,等时线年龄 140.8±2.0Ma。黑
云母的坪年龄(145.4±0.6Ma),比角闪石的老,可能受绿泥石化和/或过剩 Ar 影响。闪长斑岩
中角闪石坪(142.2±1.0Ma)对应的$^{37}Ar_{Ca}/^{39}Ar_K$ 谱多变,说明发生了轻微蚀变,其等时线年龄
(141.8±3.6Ma)与坪年龄一致(初始$^{40}Ar/^{36}Ar=258.4±22.0$,比大气比值略低)。另外一个样
品的角闪石坪年龄为 141.6±0.6Ma。矿区西南 8 km 附近出露等粒花岗闪长岩中黑云母的坪年

龄为 148.2±0.6Ma。岩墙中斜长石的年龄谱具有平坦的 Ca/K 比值,说明同位素体系没有受富 K 流体的干扰。斜长石 K/Ar 系统在绢云母还处于封闭时就已经打开,其低温年龄(139.2± 1.0Ma)是一次热事件的反映,而新鲜斜长石的高温$^{40}Ar/^{39}Ar$ 坪年龄(162.6±1.9Ma)应该代表岩墙的侵位时间。晚期矿化二长岩岩墙(含少量黄铁矿和黄铜矿,弱青磐岩化和钠化)穿切了岩浆-热液角砾岩,其中原生角闪石的$^{40}Ar/^{39}Ar$ 坪年龄为 142.7±2.0Ma(具平坦$^{37}Ar_{Ca}/^{39}Ar_K$ 谱图)。矿区以南 7 km 处的玄武安山岩富斜长石斑晶,受接触变质影响,具角岩结构,斜长石和辉石斑晶遭受了强烈热液蚀变。全岩$^{40}Ar/^{39}Ar$ 坪年龄为 156.3±1.4Ma,角闪石的$^{40}Ar/^{39}Ar$ 坪年龄为 142.5±0.6Ma。绢云母化斜长石的表观年龄很不协调,^{39}Ar 分别释放 62% 和 63% 时对应的$^{40}Ar/^{39}Ar$ 坪年龄为 126.2±0.5Ma 和 147.5±0.7Ma($^{37}Ar_{Ca}/^{39}Ar_K$ 比值很高),记录了两次热液蚀变过程。

4.8　锆石微区 U-Pb 同位素年代学

对于含 U 而不含 Pb 的矿物,存在如下关系:
$$^{206}Pb = {^{238}}U(e^{\lambda t} - 1), \quad \lambda = 1.55125 \times 10^{-10}/a$$
$$^{207}Pb = {^{235}}U(e^{\lambda t} - 1), \quad \lambda = 9.8485 \times 10^{-10}/a$$

测定矿物中的 U 和 Pb 同位素组成,就可以根据上述公式计算出矿物的形成年龄,如果这种矿物对 U-Pb 同位素体系保持封闭,则依据上述两个公式计算出的年龄应该一致,称为谐和年龄。在$^{207}Pb/^{235}U$(x 轴)-$^{206}Pb/^{238}U$(y 轴)坐标体系中定义谐和线(concordia),符合上述条件矿物的 U-Pb 同位素组成将位于谐和线的某一点,该点对应的年龄值就代表该矿物的形成年龄。U-Pb 年代学应用最广的对象是锆石。这里以西天山天格尔糜棱岩化花岗岩中的锆石为例,说明利用 SHRIMP 方法确定岩石形成时代的基本方法和应该注意的事项。

首先要对锆石开展阴极发光研究。天格尔糜棱岩化花岗岩中的锆石形态各异,锆石中包含多种矿物包裹体。激光拉曼光谱和电子探针研究表明,这些矿物包裹体主要是钠长石、石英和磷灰石。锆石的阴极发光(CL)图像显示,主要存在两类锆石:具强阴极发光的锆石和不具阴极发光特征的锆石边。锆石核和幔一般为强发光部分(有些锆石核的 CL 图像相对比较暗,图 4-41)。大部分锆石具有明显的核、幔和边,少数锆石没有明显的核,只有幔和边。锆石幔的形状多不规则,显示锆石增生边交代锆石幔的结构特征。锆石增生边的宽度一般<30 μm。大多数锆石具有规则的晶体外形,但 CL 图像显示,这种规则的外形是其锆石增生边的特征。这种自形的不具阴极发光特征的锆石是热液锆石所特有的(Hoskin & Schaltegger, 2003;Hoskin, 2004),它们在流体环境下结晶生长,因而不具有岩浆锆石的特征。天格尔花岗岩中还观察到具不同 U-Pb 年龄(415Ma,397Ma)以及核-幔结构的锆石颗粒被热液锆石边焊接在一起的现象(图 4-41c)。

与热液锆石边相比,碎屑锆石核和岩浆锆石幔的 U-Pb 年龄明显偏老,而且,碎屑锆石核(2215Ma,1788Ma)远远早于岩浆锆石幔(460Ma,499Ma,图 4-41d)。碎屑锆石的 $\varepsilon_{Hf(t)}$ 值<0(−3.8~−2.6),所有锆石幔和边的 $\varepsilon_{Hf(t)}$>1.1(1.1~8.6,平均 3.99±0.86,Zhu, 2011)。$\varepsilon_{Hf(t)}$>0 揭示花岗岩浆起源于年轻地壳的部分熔融,碎屑锆石的 $\varepsilon_{Hf(t)}$<0 说明岩浆源区存在古老大陆地壳物质。TS06 样品中锆石的 Th/U 在 0.10~0.91 之间变化。岩浆锆石幔明显偏老的

U-Pb 年龄(524Ma,478Ma)很可能受到碎屑锆石的混染。除这两个测点外,其他测点给出加权平均年龄 403.7±5.6Ma(n=18,MSWD=1.5,图 4-42a~b)。此样品中的锆石热液边较窄,无法获得 U-Pb 年龄(只能得到热液边与岩浆幔的混合结果)。因此,TS06 样品的 U-Pb 年龄不代表岩浆侵入体的时间(尽管数据质量很好,均为谐和年龄,MSWD=1.5,但没有明确的地质意义)。

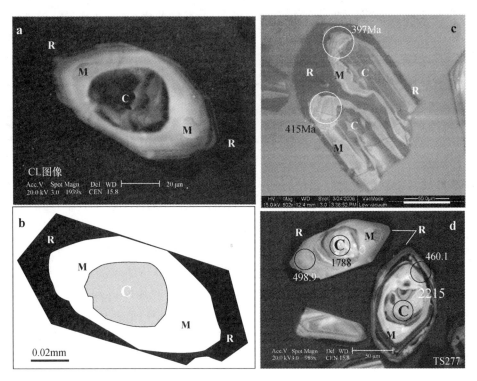

图 4-41 (a)糜棱岩化花岗岩中自形锆石晶体的阴极发光(CL)图像;(b)依据 CL 图像描绘的锆石核-幔-边结构;(c)两个具核-幔结构的锆石颗粒被热液锆石边焊接成一个颗粒,CL;(d)具核-幔-边结构的锆石颗粒,热液边不连续,甚至缺失,CL 图上的圆圈表示测点位置,旁边的数字代表 U-Pb 表观年龄,Ma。C=碎屑锆石,M=岩浆锆石幔,R=热液锆石边

对 TS277 样品中锆石幔和热液边的分析结果列在表 4-15。锆石的 Th/U=0.06~1.1,U 含量变化很大(107×10^{-6}~5748×10^{-6})。存在四个年龄段:碎屑锆石(2215~1276Ma)、碎屑锆石与岩浆锆石幔的混合(623.3~458.9Ma)、岩浆锆石幔(458.9~431.6Ma,加权平均 443.4±3.3Ma)、热液锆石边(420.9~393.9Ma,加权平均 418±4.9Ma)。最小的两个谐和年龄为 399.7±4.4Ma 和 393.9±1.4Ma(图 4-42d)。如果这两个年龄代表热液锆石边的年龄,那么上述加权平均年龄 418±4.9Ma 可能代表岩浆锆石幔与其热液边的混合。岩浆锆石幔的加权平均年龄 443.4±3.3Ma(MSWD=3.1,n=10)应该代表天格尔花岗岩的形成年龄。

因此,天格尔花岗岩在早志留世早期侵位,然后受到韧性剪切带破坏。花岗岩中的锆石遭受剪切带流体的改造,形成了热液锆石边。对糜棱岩化花岗岩的 U-Pb 定年需要十分慎重,如果不仔细研究锆石的结构及其成因,就不可能得到有地质意义的年龄。热液矿床以及与变质作用有关矿床中的锆石,多发生了类似的热液改造过程。对这类锆石的年代学研究,必须以详细的岩石学和锆石成因研究为基础。

虽然锆石是比较稳定的矿物,在多数地质过程中可以保持其 U-Pb 同位素体系封闭,但越来越多的研究表明,锆石与流体反应会导致其 U-Pb 同位素体系重置,使其 U-Pb 定年结果产生歧义,对这种锆石的年代学数据必须慎重地结合地质事实,在研究锆石结构特征和成因基础上,给予合理解释。有关锆石与流体反应的相关问题,建议读者参考相关论著(Rayner et al,2005;Geisler et al,2007;Li et al,2007;Zheng et al,2007;Wu et al,2009;von Quadt et al,2011)。

表 4-15　天格尔糜棱岩化花岗岩锆石 SHRIMP 测定结果(锆石核的测定结果未列出)

	^{206}Pb, %	^{206}Pb, $\times10^{-6}$	U, $\times10^{-6}$	Th, $\times10^{-6}$	$^{232}Th/^{238}U$	$^{207}Pb/^{235}U$	误差, ±%	$^{206}Pb/^{238}U$	误差, ±%	$^{206}Pb/^{238}U$ 年龄,Ma	误差, Ma
幔+核	0.14	138	2141	298	0.14	0.5675	1.6	0.07492	0.37	465.7	1.7
幔+核	0.41	48.9	767	146	0.20	0.572	2.4	0.07398	0.51	460.1	2.2
幔+核	0.42	82.8	1193	175	0.15	0.603	1.9	0.08047	0.93	498.9	4.5
幔+核	0.62	28.5	453	146	0.33	0.5730	2.7	0.07285	0.67	453.3	2.9
幔	1.81	15.2	246	69	0.29	0.523	9.6	0.07046	1.0	438.9	4.3
幔	0.10	257	4175	357	0.09	0.5403	0.72	0.07151	0.42	445.3	1.8
幔	0.18	98.1	1608	439	0.28	0.5410	1.2	0.07089	0.34	441.5	1.4
幔	1.23	17.8	286	68	0.25	0.540	1.6	0.07165	0.78	446.1	3.4
幔	2.25	8.26	136	48	0.37	0.510	10	0.06925	1.3	431.6	5.5
幔	2.21	6.76	107	32	0.30	0.650	12	0.07180	1.6	447.2	6.8
幔	1.15	15.3	248	65	0.27	0.605	5.5	0.07108	1.2	442.7	5.3
幔	0.38	37.3	616	176	0.30	0.554	2.3	0.07028	0.58	437.8	2.4
幔	1.20	117	1871	756	0.42	0.557	3.0	0.07184	0.62	447.2	2.7
边	0.32	74.7	1295	176	0.14	0.507	1.9	0.06700	0.41	417.8	1.7
边	1.67	13.8	240	148	0.64	0.545	9.3	0.06614	1.0	412.9	4.0
边	4.74	121	1995	1554	0.80	0.593	7.2	0.06748	0.43	420.9	1.7
边	1.73	13.3	230	74	0.33	0.569	7.0	0.06618	1.0	413.1	4.0
边	0.30	16.0	287	65	0.23	0.604	2.5	0.07840	1.9	399.7	4.4
边	0.26	94.7	1745	707	0.42	0.481	1.1	0.06300	0.37	393.8	1.4

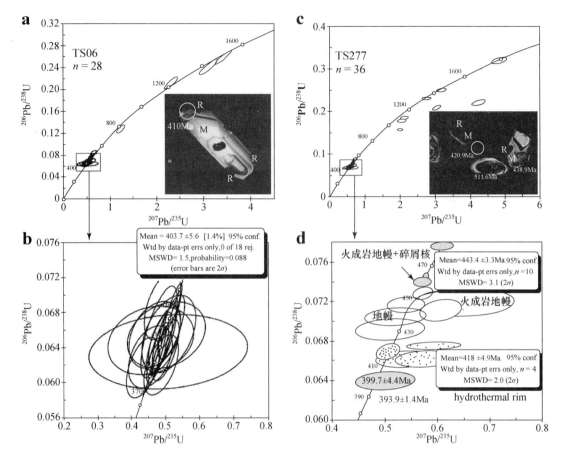

图 4-42 新疆天格尔糜棱岩化花岗岩中锆石的 SHRIMP 定年结果(Zhu, 2011). CL 图中的圆圈边的数字代表 U-Pb 表观年龄. C—碎屑核, M—岩浆锆石幔, R—锆石热液边

第五章 斑岩型成矿系统

斑岩矿床是重要的铜、钼和金矿床类型。这类矿床的储量大、品位低,在时空分布和成因上与长英质浅成侵入体密切相关,矿石呈浸染状或者细脉浸染状,热液角砾岩常见。斑岩矿床形成在地壳浅部,容易受到后期构造、侵蚀和掩埋等地质过程的影响。广泛发育的热液蚀变分带是找矿勘探的重要标志。依据铜金属储量,对斑岩型矿床提出了如下分类(Clark, 1993):<0.1Mt(小型)、0.1～0.3162Mt(中型)、0.3162～1.0Mt(大型)、1.0～3.162Mt(超大型)、3.162～10Mt(巨型)、10～31.62Mt(超巨型)和>31.62Mt(庞然大物)。世界范围内 25 个最大斑岩矿床的品位-吨位如图 5-1 所示。El Teniente、Chuquicamata、Rio Blanco、Butte 和 Escondida 矿床为庞然大物,其余 20 个都是超巨型矿床。智利中部晚中新世-上新世成矿省含 2 个庞然大物(El Teniente 和 Rio Blanco)和 1 个超巨型矿床(Los Pelambres)。智利北部的始新世-渐新世成矿省含有 1 个巨型、5 个超巨型、1 个庞然大物和一些大型矿床。Cerro Colorado、Grasberg、Sar Chesmeh、Oyu Tolgoi、Aktogay-Aiderly 和 Kal'makyr 是位于美洲之外的超巨型斑岩矿床。上述 25 个斑岩型矿床中的 22 个形成于三个不连续的时间段:古新世-始新世早期(65～50Ma)形成了美国 Butte 斑岩矿床以及秘鲁南部和智利北部的许多巨型斑岩矿床。始新世中晚期(42～33Ma)在智利北部形成了 2 个庞然大物、6 个超巨型和一些巨型 Cu-Mo-Au 斑岩矿床。同时,形成了美国 Bingham 超巨型 Cu-Mo-Au 矿床。智利中部的斑岩成矿系统、Grasberg、Cerro Colorado 和 Sar Chesmeh 超巨型 Cu-Au 矿床形成于新近纪(12～3Ma)。中亚地区的 Oyu Tolgoi、Aktogay-Aiderly 和 Kal'makyr 形成于晚古生代(330～310Ma)。环太平洋地区巨型斑岩矿床的成矿年龄一般晚于 20Ma,可能与斑岩成矿系统的保存条件有关,抬升和侵蚀很可能破坏了至少部分老的巨型斑岩系统。成矿系统形成后,构造环境转变为伸展环境,引起的埋藏作用有利于矿床的保存。大型矿床通常形成于地质过程不连续时期,指示流体产生与释放过程的不连续性。大型矿床的形成是许多因素共同影响的结果,如果缺乏有效的成矿元素富集机制,最有利的地球动力学过程和地质环境仅仅只能产出巨型、低品位的地球化学异常。

5.1 成矿岩浆及其源区地球化学性质

大多数斑岩矿床与钙碱性浅成侵入体有关。与 Grasberg、Bingham 和 Kal'makyr 富金斑岩矿床相关的浅成侵入体具高钾钙碱性。碳酸质围岩中通常发育 Cu-Au 矽卡岩矿床,在较远处还可能发育 Zn-Pb 或 Au 矽卡岩矿化。越过矽卡岩前缘,往往发育碳酸盐交代的铜矿或 Cu-Zn-Pb-Ag±Au 矿化,或者在较远处形成低温热液金矿。高硫型热液矿床可以出现在斑岩矿床之上的盖层中。斑岩是成矿系统的核心,记录了原始岩浆和成矿流体特征(图 5-2)。尽管发育大型斑岩成矿系统的地区通常缺乏大规模火山喷发(因为岩浆喷发使挥发分大量逃逸,不利于形成大型矿床),但斑岩成矿系统在空间上往往与早期的同源钙碱性火山岩有关。

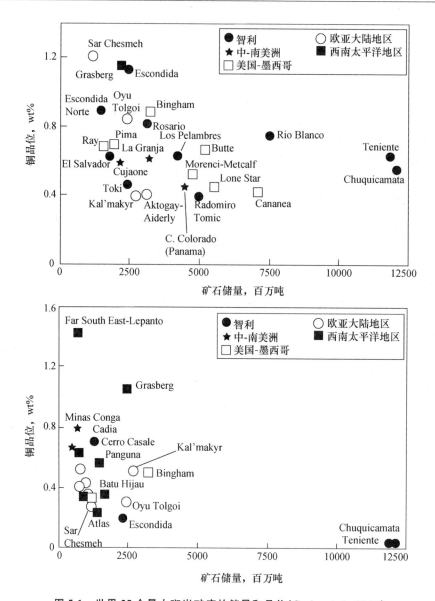

图 5-1　世界 25 个最大斑岩矿床的储量和品位(Cooke et al, 2005)

　　斑岩型成矿系统中长英质侵入体的形状多变(直立筒状岩株、岩墙、岩墙群、小型不规则岩体等)。一些大型斑岩矿床中矿化侵入体的垂向延伸＞2 km。岩浆减压淬火以及挥发分快速释放形成斑状结构。随深度增加,基质的粒度逐渐增大,岩石过渡为不等粒结构和半自形粒状结构。

　　与斑岩型矿床相关的侵入体具有多期多相特征。El Teniente 矿区至少存在五期岩浆侵入事件(图 5-3):第一期石英闪长岩-英云闪长岩岩株(6.46～6.11Ma),第二期石英闪长岩-英云闪长岩(5.63～5.47Ma),第三期英安斑岩(5.28Ma),第四期为英安质环状岩墙(4.82Ma),第五期英安质侵入体和岩墙(4.58～4.46Ma)。从外围向矿区内部,形成时间逐渐年轻。Endeavor 斑岩成矿系统中可以识别出 9 个岩浆侵入相(Lickfold et al, 2003)。在大多数斑岩矿床中,早期斑

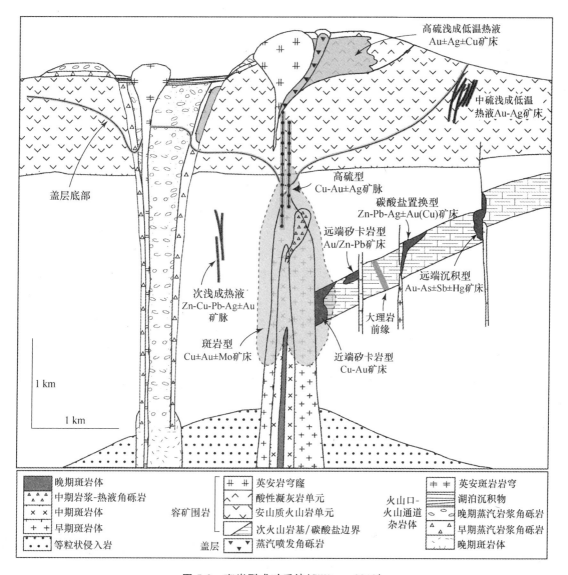

图 5-2　斑岩型成矿系统(Sillitoe, 2010)

岩中的矿化最发育,往后矿化变弱。与斑岩成矿系统相关的岩石成分跨越了岩浆岩的全部范围,绝大部分斑岩为偏铝质-弱过铝质。主要岩石类型包括钙碱性闪长岩、石英闪长岩、花岗闪长岩、石英二长岩闪长岩、石英二长岩和二长花岗岩等。富含钼的斑岩矿床与更偏酸性的侵入体有关,富金斑岩矿床与铁镁质岩浆关系更密切。

　　岩浆蒸汽对形成热液矿床有重要作用。火山蒸汽往往在冷却时浓集形成富含成矿元素的酸性流体,形成高级黏土化蚀变晕圈(高岭石,叶蜡石,明矾石),并淋滤高硫型浅成热液矿床的围岩。在大多数高硫浅成低温热液系统中,高级黏土化蚀变发育在金属通过流体进入成矿系统之前。然而,在某些高硫矿床中(例如智利 Pascua 矿床),矿化与酸性淋滤和蚀变同时发生(Chouinard et al, 2005),说明 Au 和 Cu 直接从低盐度岩浆流体中沉淀出来。

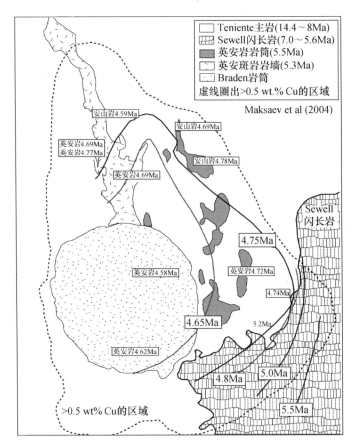

图 5-3 El Teniente 斑岩矿床的多期侵入体

稀土元素(REE)在熔体中配分的地球化学行为受电荷和半径控制,具有相近电荷和半径的元素对(如 Y-Ho,Zr-Hf),在岩浆分异过程中不会彼此分离。因此,岩浆岩的 Y/Ho 和 Zr/Hf 比值应该变化很小,并分别接近球粒陨石的 27.7 和 36.6。基于 REE 和其他微量元素特殊的地球化学性质,可以示踪岩浆源区特征以及相关流体的演化轨迹。然而,在应用微量元素地球化学原理示踪岩浆演化过程时,不能生搬硬套文献中的模式,因为所有模式都基于一定区域的特定研究对象。由于地球各圈层组成和性质的不均一性,以及地壳演化的阶段性,在太平洋西岸建立的成矿模式,不可能适用于特提斯-喜马拉雅地区(或者非洲、欧洲和亚洲的其他地区)。矿床地球化学理论的应用必须结合实际地质事实,并以所研究区域的地质演化为基础。对成矿作用过程中元素地球化学行为的研究同样如此。

岩浆蒸汽可以搬运 HFSE 和 REE (de Hoog & van Bergen,2000),这必然导致岩浆体系由于去气过程而亏损这些元素。通过水岩反应,体系中的 REE 可以发生再分配。热液中元素的活动性很大程度上依赖于形成络合物配体的稳定性。REE、Y 和 Zr 这些半径小、电荷高的阳离子优先与强配位体结合(如氟化物、硫酸盐和碳酸盐)。Y/Ho 分馏就是 Y 优先与富卤素流体形成络合物的结果(Bau & Dulski,1995)。热液矿床的蚀变分带往往具有不同的 REE 地球化学特征。实验研究表明,REE 与 Cl⁻ 形成强络合物(Migdisov et al,2009),意味着 REE 的氯络合物可以控制斑岩型矿床 REE 的地球化学行为。与新鲜岩浆岩相比,含矿斑岩通常明显亏损 REE。在斑岩成矿系统中,REE 含量受热液蚀变的影响,并伴随矿物结构显著变化(van Dongen et al, 2010)。例如,Ok Tedi 斑岩矿床,强烈蚀变和矿化的闪长斑岩具有一个贫石英网状脉的中心核,其周围的矿化呈环状分布。侵入岩中常见矿物包括奥长石、正长石、石英、黑云母、少量角闪石和微量磷灰石、金红石、榍石、磁铁矿、黄铁矿和黄铜矿。钾化带和青磐岩化带明显,所有蚀变带富含磁铁矿。黄铜矿通常分布在磁铁矿颗粒边缘,这是铁氧化物与热液发生"硫化作用"的标志(Einaudi et al, 2003)。早期蚀变形成黑云母、黏土矿物、钛铁矿、黄铜矿和磁铁矿,晚期形成钾长石、金云母、钛铁矿、金红石、黄铜矿、黑云母和辉钼矿。侵入体内部和周围出现 20 m 宽的热液角砾岩,斑岩体中发育石英-钾长石脉,并伴随浸染状矿化。

体积小于 1 km³ 的 Ok Tedi 斑岩中蕴含 4.98Mt Cu(Seedorff et al, 2005),要求很高的水岩比来搬运足量 REE,并改变岩石的 REE 配分模式。蚀变矿物组合(黑云母、钾长石)表明,流体温度>400℃。斑岩矿床中广泛存在磁铁矿和金红石,说明成矿流体的氧化性较强。热液黑云母的 F 含量(>2.4%)高于岩浆黑云母的 F 含量(<2.0%),表明成矿流体的卤素含量高。对 REE 络合反应的研究表明,氧化、富卤素、高温、酸性流体可以极大地促进 REE 的氯络合反应和氟络合反应(Wood, 2003)。富含 REE 的副矿物从岩浆期间以磷灰石-钛铁矿为主,转变为热液期以锆石、金红石、钍石、独居石和磷钇矿为主。所有锆石都显示出典型岩浆锆石的特征。随蚀变强度增加,锆石晶体表面的凹坑增多(海绵状)。Ok Tedi 斑岩矿床的 REE 含量在 $0.7 \times 10^{-6} \sim 239 \times 10^{-6}$ 范围内变化。所有样品相对于球粒陨石都富集 REE(尤其富集轻稀土)。新鲜和弱蚀变岩浆岩样品的 REE 含量($115 \times 10^{-6} \sim 240 \times 10^{-6}$)高于中等程度蚀变($42 \times 10^{-6} \sim 183 \times 10^{-6}$)和强蚀变的岩石样品($47 \times 10^{-6} \sim 175 \times 10^{-6}$,图 5-4)。弱蚀变样品的平均 La/Yb 比值为 20,而中等和强蚀变样品的 La/Yb 高达 70。随着蚀变强度增加,岩石中 K_2O 和 SiO_2 含量增加,P_2O_5、TiO_2、Zr 和 Y 含量降低(van Dongen et al, 2010)。蚀变岩石中的 REE 含量受锆石、磷钇矿、金红石和磷灰石含量的控制,且大部分 REE 赋存在磷灰石中。

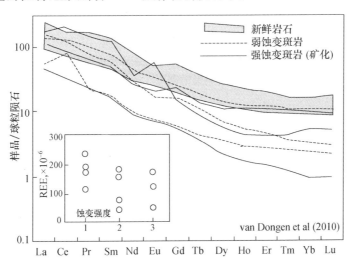

图 5-4　球粒陨石标准化的 REE 配分模式.蚀变样品(强度 2 和 3)的 REE 含量通常较低,且重稀土元素相对更亏损.REE 含量随蚀变强度增加而降低(插图)

　　流体出溶一般发生在岩浆分馏的晚期,与富钾、富硅、高分异的岩浆伴生。岩浆分异应该伴随 REE 含量升高。然而,在斑岩成矿体系中,岩浆岩中 K 和 Si 含量升高与 REE 含量降低耦合。热液蚀变强度增大是导致 REE 亏损的主要原因。元素的活动性可以由相对惰性元素(例如 Al_2O_3)的浓度线来表示(图 5-5,因为惰性元素的浓度不会由于蚀变而发生明显变化)。Cu、SO_3、SiO_2 和 K_2O 的明显富集与蚀变最强样品中含黄铜矿-石英脉和次生钾长石的事实一致。REE、Ti、P 和许多主量元素的亏损应该是热液再活化的结果。随着蚀变程度增强,富含 REE 的副矿物颗粒变小,形状更不规则,并出现海绵状锆石。REE 矿物指数的下降,说明副矿物在强烈蚀变过程中发生了分解。蚀变岩石中 Y 和 Ho 发生明显分馏(与球粒陨石的 Y/Ho 比值显著不同)。岩浆脱气伴随着 REE 分配进入气相,这可以解释强烈蚀变样品中较低的 REE 和凸型配分模式。然而,在斑岩型成矿体系的高温阶段,大多数富 REE 的副矿物在流体出溶前结晶。因此,成矿斑岩系统中岩石的 REE 含量不反映岩浆本身的地球化学特征。

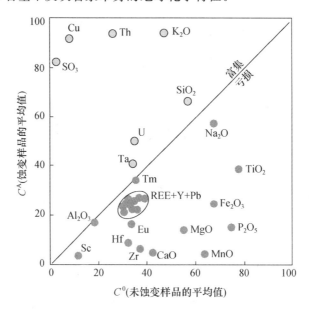

图 5-5　相对 Al_2O_3,蚀变过程中元素的富集和亏损情况. C^0 是新鲜样品的平均值,C^A 是强烈蚀变样品的平均值(van Dongen et al, 2010)

　　尽管未蚀变岩石富钾,但在强蚀变带中,钾的富集伴随着 Sr 的富集和 Y 的亏损。因此,热液蚀变使寄主岩石亏损 Y。这为高 Sr/Y 和低 Y 特征的岩浆岩提供了另一种解释。正如 Richards & Kerrich (2007)关于埃达克岩与矿化之关系时指出,高 Sr/Y 和低 Y 岩浆岩与矿化斑岩之间的相关性并不是唯一的。具有"埃达克质"地球化学特征的岩石本质上是一种蚀变岩。在一些情况下,例如新特提斯岛弧中,高 Sr/Y 比值的岩浆岩(无明显 Eu 异常)说明岩浆演化早期发生了角闪石结晶分离过程。这种富水岩浆代表成熟岛弧环境中钙碱性岩浆演化晚期高度分异的熔体(Richards et al, 2012)。

　　通过对比研究含矿斑岩体与不含矿的"埃达克质"或者"埃达克岩",发现类似地球化学特征(高 Sr/Y,La/Yb 值)的岩石可以在正常地幔楔部分熔融岩浆的角闪石或石榴石分异过程中形成(Richards, 2011)。幔源岩浆与地壳物质反应,也可以使岩石具有埃达克岩的地球化学特征。

岛弧岩浆源区富水,这是岩浆侵位到地壳浅部形成斑岩型成矿系统的前提。岩浆中角闪石和榍石结晶分异,导致体系的 Sr/Y 和 La/Yb 比值升高,显示出埃达克质的地球化学特征(图 5-6)。地壳浅部的高氧逸度条件也有利于斑岩成矿体系的形成。因此,具有高 Sr/Y 比值的岛弧岩浆仅仅是含水斑晶矿物(角闪石,黑云母)存在的证据,也是寻找斑岩矿床的标志之一,但这仅仅指示了岩浆中水含量较高,与俯冲板片或者洋壳熔融无关。

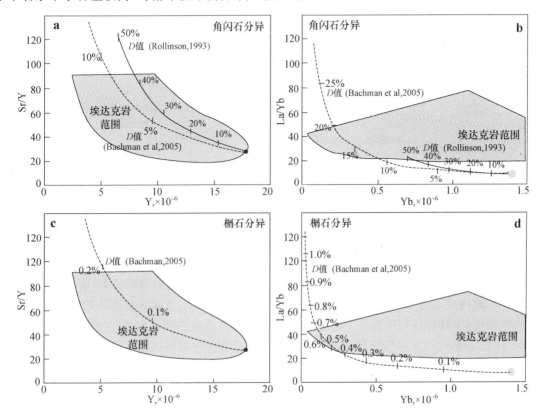

图 5-6　矿物分离对岩浆成分的影响(**Richards, 2003**)

俯冲板片部分熔融只在非常特殊的条件下才发生,例如年轻洋壳的俯冲(≤25Ma,Defant & Drummond,1990)、平板俯冲、洋脊俯冲,或者板片窗。俯冲板片部分熔融产生的熔体与地幔楔橄榄岩相互作用产生埃达克岩。埃达克岩具有如下地球化学特征:$SiO_2 \geqslant 56wt\%$,$Al_2O_3 \geqslant 15wt\%$,MgO 通常 $<3wt\%$,$Sr \geqslant 400 \times 10^{-6}$,$Y \leqslant 18 \times 10^{-6}$,$Yb \leqslant 1.9 \times 10^{-6}$,$Ni \geqslant 20 \times 10^{-6}$,$Cr \geqslant 30 \times 10^{-6}$,$Sr/Y \geqslant 20$,$La/Yb \geqslant 20$,$^{87}Sr/^{86}Sr \leqslant 0.7045$。高 La/Yb 比值指示部分熔融过程中残留石榴石,高 Sr 含量反映源区中没有斜长石残留,非放射性同位素特征指示大陆地壳物质混染弱,高 Mg、Ni、Cr 含量反映了板片熔体与地幔楔的相互作用。高 Mg 安山岩和富 Nb 玄武岩与埃达克岩密切共生,是受板片熔体交代地幔楔部分熔融的产物。

然而,一些学者仅仅根据岩石的高 Sr、低 Y 和 Yb 含量的地球化学特征,定义"埃达克岩"。应该明确的是,岩石中 Sr、Y 和 Yb 的含量仅仅反映岩浆源区残留石榴石。这样的源区条件可以出现在多种地质环境中,俯冲板片部分熔融并不是必要条件。加厚玄武质下地壳或者俯冲大陆地壳的部分熔融都可以产生具高 Sr、低 Y 特征的岩浆。大部分与斑岩矿床相关的埃达克质岩石都是钙碱性岩浆通过复杂过程演化的产物。例如,正常软流圈来源的岩浆,通过与大陆地壳相互作用和结晶分异,可以形成具埃达克质地球化学特征的岩浆(图 5-7)。有关埃达克岩与成矿作用的讨论,建议读者参考相关论著(如 Richards, 2011; 王登红,2011;华仁民 & 王登红,2012)。

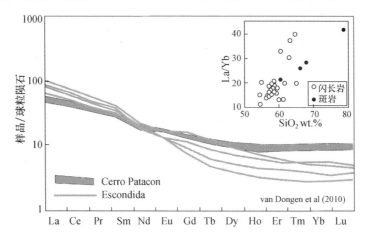

图 5-7　安山玢岩-闪长玢岩与含矿斑岩的球粒陨石标准化 REE 配分模式.平缓到右倾 REE 配分模式的变化,指示角闪石的分异过程.插入的图显示埃达克质闪长岩和矿化斑岩的 La/Yb 值随 SiO₂ 升高而增加的趋势(即地壳混染增强)

尽管斑岩型矿床主要产在岛弧环境中,但近年的找矿勘探实践和研究表明,斑岩矿床可以形成在多种大地构造环境中(图 5-8),包括与板片俯冲有关的岛弧、与陆陆碰撞或者岛弧-大陆碰撞形成的造山带、大陆岩石圈拆沉以及碰撞后的伸展环境。斑岩矿床不是典型弧火山作用的产物(Cooke et al, 2004)。在挤压环境中形成的浅部岩浆房要比伸展环境中形成的岩浆房大,在大岩浆房中的结晶分异可以产生大量岩浆热液。这种条件下的快速抬升和侵蚀及其所伴随的突然减压,将促进岩浆热液迁移并搬运成矿物质,这对形成斑岩矿床至关重要。

岛弧岩浆作用包括俯冲板片脱水导致地幔楔部分熔融产生的岩浆,以及俯冲板片部分熔融产生的岩浆。在板片俯冲到蓝片岩-榴辉岩过渡带时,角闪石等含水矿物转变为绿辉石等不含水矿物,释放出变质流体。这些流体交代地幔楔,使其富含 Rb、K、Cs、Ba、Pb 等大离子亲石元素(LILE),并亏损 Nb、Ta、Zr、Hf、Ti 等高场强元素(HFSE,这些元素主要赋存在金红石和钛铁矿中,并残留在榴辉岩中)。被交代的地幔楔发生部分熔融,形成的岩浆必然相对富集 LILE、亏损HFSE(岛弧岩浆的地球化学特征)。从地幔楔中上升的铁镁质岩浆,密度一般高于大陆地壳岩石,在上升过程中会在地壳底部停留,并结晶分异。结晶分异过程中释放的热量可以导致下地壳岩石部分熔融和同化混染(MASH 过程)。岩浆混合和分异形成混合成因的钙碱性岩浆具足够的浮力,上升进入上地壳。这种混合岩浆具相对高的氧化状态($\lg f_{O_2} > \text{QFM} + 2$)并富含水($\geqslant 4wt\% \ H_2O$)。高氧化态确保硫以硫酸盐的形式存在(例如,一些斑岩岩株含岩浆硬石膏),抑制硫化物结晶(硫化物结晶会夺去岩浆中的 Fe、Cu、Au、Mo)。富水保证岩浆在进入上地壳时饱和含水流体(金属元素可有效地分配进入这种流体相中)。铁镁质熔体的加入可以有效地提高 S 和 Au 的含量。上地壳岩浆房中积累了足够的长英质岩浆后,岩浆分异、再补给和挥发分出溶形成热液成矿体系。洋壳的 Cu 含量($60 \times 10^{-6} \sim 125 \times 10^{-6}$)明显高于地幔和陆壳的平均丰度

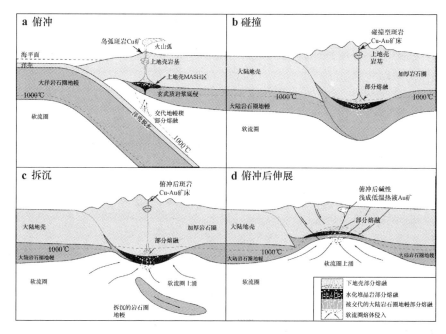

图 5-8 形成斑岩矿床的大地构造环境（Richards，2009）

（分别为 30×10^{-6} 和 27×10^{-6}，McDonough & Sun，1995）。洋壳部分熔融产生的岩浆具有较高的氧逸度，有助于抑制 Cu、Au 等金属元素以硫化物形式结晶，从而将大量金属携带到地壳浅部成矿。

南美大陆是世界上斑岩成矿系统最发育的地区之一。从中新世开始，南美板块边缘的大部分地区都经历了大洋岩石圈的缓角度俯冲（平板俯冲）。板片变平与异常的富金属热液活动在时间与空间上明显相关。俯冲板片变平，导致弧下大陆壳增厚，伴随地壳深熔。随着地壳不断加厚，岩浆源区的残留矿物相从以闪石为主，转变到以石榴石为主。此过程会释放大量流体。平板俯冲与巨型斑岩矿床和浅成低温热液矿床之间可能存在成因联系。从正常角度俯冲到平板俯冲的转变过程，对应着南美的一些大型斑岩成矿系统的形成。智利中部存在一个 550 km 长的平板俯冲段，其中产出了许多巨型斑岩 Cu-Mo、Cu-Au 和高硫型浅成低温热液金矿。Juan Fenandez 洋脊俯冲在晚中新世开始形成的挤压环境一直延续到上新世（Hollings et al，2005）。在挤压阶段，大部分火山作用停止。El Indio 和 Pascua Lama 巨型高硫型 Au-Ag 矿床成矿系统也形成于这种环境中。秘鲁北部中-晚中新世的矿床（如 Minas Conga 和 La Granja）主要出现在秘鲁平板俯冲带北部。由 Nazca 洋脊和已经俯冲完的 Inca 高原共同作用，形成了延伸>1500 km 的平板俯冲带。目前依然俯冲的 Nazca 洋脊上部，产出一些小型斑岩和浅成低温热液矿床（如 Toromocho 斑岩铜-钼矿床，7.4Ma）。

陆陆碰撞在深部伴随着俯冲板片断离、岩石圈拆沉和软流圈上涌等地质过程。碰撞导致的挤压使地壳加厚、岩石圈地幔拆沉。当等温线回弹或者软流圈上侵时，下地壳部分熔融。大陆板片持续俯冲至一定深度，其前缘的俯冲洋壳因矿物相变（密度加大）发生断离，软流圈穿过断离窗上涌，使下地壳部分熔融。岩浆源区角闪石分解并释放大量流体，使岩浆富水且具高氧化态。这种条件下产生的岩浆一般富钾，且具地壳放射性同位素的组成特征。下地壳源区残留石榴石，使这些岩浆具有高的 Sr/Y 和 La/Yb 比值。在大陆岩石圈持续俯冲的晚期阶段,伴随着俯冲板片断离、岩石圈拆沉和软流圈上涌,会产生后碰撞地壳伸展环境。在这种环境下,软流圈或者岩石圈发生减压熔融,产生铁镁质碱性岩浆。切穿岩石圈的伸展构造为幔源岩浆迅速上升提供了通道,壳幔相互作用相对较弱。

尽管大陆环境中斑岩型矿床在形成时间上晚于俯冲作用,但这些矿床相关岩浆的源区多与俯冲带有关,属于俯冲带流体交代地幔楔(或者岩石圈)重熔的产物。与硅酸盐熔体相比,Cu 和 Au 分配进入硫化物的趋势非常强烈,且 Au 的分配系数又远远大于 Cu。因此,第一阶段的岛弧岩浆可以产生富 Cu 的成矿系统,相对富 Au 的物相残留在岩石圈中。如果发生二次部分熔融,会导致富 Au 残余硫化物相溶解,形成具较高 Au/Cu 比值的岩浆。这些岩浆具有形成斑岩 Cu-Au 和浅成低温热液 Au 矿的潜力。岛弧岩浆通常与高硫型热液矿床有关,而碰撞后成矿系统多与低硫化态有关。

5.2 斑岩成矿系统的根部

斑岩矿床的根部包括相关深成岩体和矿体下部发育的热液蚀变区(其中存在大量石英脉)。Seedorff et al(2008)研究了六个斑岩体系(Yerington,Ann-Mason,Miami Inspiration,Sierrita-Esperanza,Ray 和 Kelvin-Riverside)的根部特征。Yerington 成矿系统有两个岩钟:早期矿化较好的岩钟发育钾化带,石英、黑云母和磁铁矿脉沿早期岩墙分布。钠-钙质蚀变往往叠加在钾化带上,与之伴生的石英、斜长石、电气石和阳起石脉沿岩钟顶部和边部分布。晚期弱矿化岩钟穿切早期矿化,钠-钙质蚀变带沿更深的岩钟顶部和侧翼发展。两个岩钟之间发育复杂的蚀变叠加。Ann-Mason 成矿系统比 Yerington 成矿系统深~1.5 km,矿体下部出现弱黑云母蚀变。钠-钙质蚀变带延伸到矿体下部至少 3 km。钠-钙质蚀变、钾化与斑岩脉的就位大体同期,青磐岩化带形成在更浅位置。晚期蚀变向上和向外分为钠化、钠化-绢云母化和绢云母化。Miami Inspiration 斑岩成矿体系的根部形成席状石英±钾长石±黑云母±黄铁矿±黄铜矿脉和钾长石壳,且发育韧性剪切带。在席状构造中出现方向不同的云英岩-黄铁矿脉±钾长石壳。云英岩-白云母脉和石英脉相互穿切,说明出现了多期矿化事件。Sierrita-Esperanza 斑岩成矿体系内部及其附近发育钾化带(钾长石、网脉状黑云母、石英±钾长石脉)。在斑岩体上部发育强烈绢云母化。斜长石、绿帘石和阳起石富集的钠-钙质蚀变和钠化带不均匀分布。含黄铁矿的粗粒云英岩脉位于矿体下部,并与贫硫化物的石英脉伴生。Ray 斑岩成矿系统的钾化和绢云母化强烈,一个岩钟中间出现席状石英+黄铜矿脉、钾长石壳和云英岩-白云母脉,深部普遍形成白云母-石英±黄铁矿±黄铜矿脉,缺失钠-钙质蚀变。Kelvin-Riverside 斑岩系统与角闪石-黑云母花岗闪长岩相关。钾长石-石英脉、黑云母蚀变以及 Cu-Mo 矿化以岩钟顶部为中心分布。云英岩-黄铁矿带位于钾化带下部。体系的边部出现赤铁矿和磁铁矿集合体,在更深处形成石英、钠长石、绿泥石和绿帘石等,局部出现含石榴石和绿帘石的强烈钠-钙质蚀变。

上述六个成矿系统的根部均发育钙质、钠-钙质蚀变、黑云母蚀变、云英岩化、石英脉和钾长石壳。这些特征显示,热卤水进入斑岩成矿系统的根部,岩浆流体多旋回释放并演化成酸性流体。早期高温蚀变由岩浆热液引起,往往与主要成矿阶段同时。大量岩浆热液在岩钟聚集,独立迁移。岩浆热液的金属元素含量很低,通过向着岩钟方向的岩浆对流萃取成矿元素,有效地使金属成矿元素富集成矿。

从长英质岩浆中分异出来的流体有能力在地质时期搬运充足的金属形成矿床。流体在岩钟聚集,形成热液-晶体-熔体系统,并上升侵位。大量低密度含水流体的加入,改变了上升岩浆的密度,岩浆热液打开上覆岩石(形成爆破角砾岩筒,沿断裂带形成热液角砾岩等),将含矿流体输送到矿体位置。在岩浆热液释放过程中,通常产生垂向放射状高温脉。外部卤水进入斑岩成矿系统将形成钠-钙质蚀变。卤水与干盐湖、地表卤水、围岩中古老蒸发岩,以及同时期的海水有关。在 Yerington 地区钠-钙质蚀变带内部,火山岩转变为钙质硅酸岩集合体,这是钙质交代作用和外部流体加入的证据。在钠-钙质蚀变强烈的地区,观察到石英被淋溶,形成孔洞结构花岗岩。许多斑岩矿床形成于干燥气候的古地表以下,或者其围岩为含蒸发岩的地层。

在同一矿体内部或者附近发育的钠-钙质蚀变,代表钠化、钙化和钾化的过渡(这些往往被误认为钾化)。这些过渡的集合体一般形成于体系边缘(外部流体与上涌岩浆流体混合)。在 El Salvador 深部出现钠长石、阳起石、绿帘石、磷灰石、硬石膏和榍石。钠长石、硬石膏和磷灰石伴随着钾长石和黑云母,并与磁铁矿或者含铜硫化物共生。围岩成分在一定程度上影响了这些集合体的组成。Yerington 斑岩成矿系统的根部存在多个中心,其轮廓受岩浆流体和外部流体控制,云英岩不发育。相反,Arizona 矿体下部出现大量云英岩,白云母的稳定性受流体组成、酸碱性和温度的控制,低温酸性环境有利于白云母稳定。云英岩-白云母脉往往穿切早期含钾长石壳的石英脉和黑云母脉。云英岩带下部缺失钾化带的两种可能的解释:第一,体系上部形成的酸性流体通过对流,进入斑岩成矿系统的根部;第二,形成云英岩的流体与成矿作用无关(例如,与晚期岩浆去气有关的热液蚀变)。在斑岩成矿系统中,岩钟上部和内部包含钾长石壳、钾长石细脉和矿化石英脉。在岩钟深部及其边缘发育良好的钠-钙质蚀变、钙化和硅淋滤,矿体出现的可能位置是岩钟上部或边部(图 5-9)。

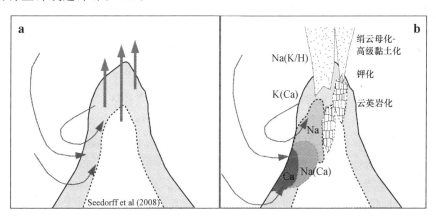

图 5-9　斑岩成矿系统根部的流体演化方向

5.3　热液蚀变和矿化分带

岩浆房以上的不同深度分别由三种流体形成不同类型矿床:与喷气孔有关的蚀变和矿化、斑岩 Cu-Mo-Au 矿化,以及浅成低温热液 Au-Cu 矿化。这三种矿化可能在空间和时间上互相叠覆,形成一个复杂的热液蚀变-成矿体系。斑岩型矿床的围岩蚀变非常发育,蚀变范围可从数米变化到数百米。常见的蚀变类型包括钾化、绢云母化、青磐岩化、高级黏土化、钠-钙质蚀变和硅化。伴随不同类型的蚀变,发育浸染状和细脉浸染状矿化。钾长石和黑云母是中酸性斑岩的主要钾化产物。黄铜矿±斑铜矿往往出现在钾化带中。早期钾化过程中,$Cu\pm Au$ 迁移并以黄铜矿、斑铜矿、辉铜矿、铜蓝、砷黝铜矿、硫砷铜矿等形式与黄铁矿共生。当体系的硫化态较低时,方辉铜矿±辉铜矿稳定存在。黄铜矿-斑铜矿的核心向外逐渐过渡为黄铜矿-黄铁矿带和黄铁矿晕圈(对应青磐岩化带)。当母岩为还原性岩石时,磁黄铁矿伴随黄铁矿出现。原生斜长石和次生钾长石均可以与流体反应,形成伊利石-白云母集合体(绢云母化):

$$NaAlSi_3O_{8钠长石}+K^++H_2O \longrightarrow KAl_2[AlSi_3O_{10}](OH)_{2白云母}+Na^++H^++SiO_2$$

$$KAlSi_3O_{8钾长石}+H_2O \longrightarrow KAl_2[AlSi_3O_{10}](OH)_{2白云母}+K^++H^++SiO_2$$

绢云母化往往不规则地叠加在钾化带上。绢云母化过程伴生大量黄铁矿。原生矿物或者早期蚀变矿物(黑云母、角闪石)通过与流体反应,形成绿泥石、绿帘石、钠长石、碳酸盐和黄铁矿集合体(通常称为青磐岩化)。例如,消耗黑云母形成绿泥石的过程,往往与大量次生石英伴生:

$$2K(Mg,Fe)_3AlSi_3O_{10}(OH)_{2黑云母}+4H^+ =\!=\!=$$

$$Al(Mg,Fe)_5AlSi_3O_{10}(OH)_{8绿泥石}+(Mg,Fe)^{2+}+2K^++3SiO_{2石英}$$

角闪石被绿泥石交代的过程中会丢失 Ca 和 Na,并在富 CO_2 流体中形成方解石。青磐岩化通常位于系统的侧翼。高级黏土化的特征矿物包括红柱石、叶蜡石和高岭石。高温时以石英-叶蜡石为主,低温时以石英-高岭石为主。高级黏土化和绢云母化代表逐渐增强的 H^+ 交代作用和碱金属离子的淋滤过程。高级黏土化可以叠加在斑岩矿床上部,对斑岩矿床有表生富集作用。钠-钙质蚀变通常伴随大量磁铁矿,反映斑岩成矿系统的根部特征。

与钾化过程相反,钠-钙质蚀变表现为钾长石被奥长石交代,铁镁质矿物被阳起石和榍石交代,以低温矿物组合为特征(钠长石,绿泥石和绿帘石),硫化物含量很低。在碱性斑岩成矿系统中,钠、钾交代作用可以同时进行。一些矿床中见到混合的钾-钙质矿物集合体(黑云母-阳起石-磁铁矿)。存在富氟流体时,黄玉交代钾长石、白云母、高岭石、叶蜡石、地开石等。硫酸根的加入提高了明矾石的稳定性,由岩浆蒸汽在斑岩系统浅部冷凝形成的石英-明矾石,是高级黏土化的重要组成部分。在富硼热液中,钾化主要表现为石英-电气石集合体。

斑岩成矿系统中的热液蚀变受斑岩的成分、侵位深度(温度、压力、氧逸度)、岩浆流体的成分以及围岩性质等诸多因素控制,均位于斑岩体顶部,并往往在平面上呈现一定的分带规律。系统总结蚀变分带规律对找矿勘探具有指导意义。Lowell & Guibert (1970)建立了以二长花岗岩为寄主岩的斑岩铜矿分带模式:中心为钾化带(黑云母-钾长石)、向外逐渐过渡为绢英岩化带(石英-绢云母-黄铁矿)、泥化带(石英-高岭石-蒙脱石)和青磐岩化带(绿帘石-方解石-绿泥石)。矿化分带与蚀变分带相对应,核部(包括钾化带和绢英岩化带)的铜品位高(~0.5%)。向外围,矿化逐渐变弱。硫化物由黄铜矿-辉钼矿-黄铁矿集合体转变为含微量 Au 和 Ag 的方铅矿-闪锌矿集合体。然而,40 多年的研究和找矿勘探实践表明,斑岩矿床的蚀变分带模式并不是简单的同心环状,绢云母化通常叠加在钾化带之上;青磐岩化大多只发育在侧翼,分布范围很广;泥化带在斑岩成矿系统的上部广泛发育。核心的钾化带可能因为温度过高而不成矿,绢云母化带和泥化带也可以是主要富矿体产出的位置。

斑岩成矿系统深部的轴心位置通常被钾化带占据,系统上部通常发育绢云母化和高级黏土化。深部的侧翼、较远的边部和外围的上部区域为青磐岩化带,局部遭受钠-钙质蚀变(Seedorff et al，2005）。水解反应主要发生在钾化带之上，钾化带被绢云母化叠加改造，向上逐渐变窄，可能被相对新鲜的岩石覆盖（图 5-10a）。该类矿床实例包括 Bajo de la Alumbrera、Henderson、Climax 等，其蚀变构型与 Lowell & Guibert（1970）的模式类似。在另一种情况下（图 5-10b），高级黏土化广泛发育，大多位于浅部，可以延伸到古地表。此类矿床中（如 Batu Hijau、El Salvador 和 Far Southeast-Lepanto 矿床），穿过矿体中心的平面均发育钾化，且被绢云母化和高级黏土化带环绕，其外部为青磐岩化带。第三种情况下（图 5-10c），强烈水解反应形成的绢云母化和高级黏土化带，从钾化带内部发育，穿切钾化带，向上逐渐变大，形成一个类似直立烟囱的蚀变带。在平面图上，中心区域为水解蚀变，向外为钾化带，之后为青磐岩化带。代表性矿床包括 Butte、Chuquicamata、Escondida 等。第四种情况下（图 5-10d），钠-钙质蚀变发育，在钾化带下部形成钟形蚀变体。钠质蚀变的突出部分延伸穿过系统中心。平面图上，以钠质蚀变为中心，钾化带环绕，再向外出现钠-钙质蚀变带。绢云母化和青磐岩化可以出现在浅部（如 Ann-Mason 矿床），也可以在深部发育（如 Yerington 地区，绢云母化带向上延伸进入古表面中，并被高级黏土化带覆盖）。

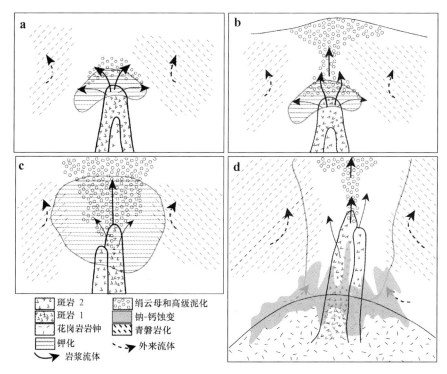

图例：
- 斑岩 2
- 斑岩 1
- 花岗岩岩钟
- 钾化
- 岩浆流体
- 绢云母和高级泥化
- 钠-钙蚀变
- 青磐岩化
- 外来流体

图 5-10　四种不同的斑岩型矿床蚀变分带模式（Seedorff et al，2005）

　　Sillitoe（2010）重新厘定了斑岩型矿床的蚀变分带模式，将绢云母化进一步划分为绿泥石-绢云母化和绢云母化两类，同时将绿泥石化从青磐岩化带中独立出来。黏土化蚀变包括深部的石英-叶蜡石带和浅部的石英-明矾石（高岭石）带（图 5-11），从核部向上，依次出现钾化带、绿泥石-绢云母化带、绢云母化带、石英-叶蜡石带和石英-明矾石（高岭石）带，顶部局部发育硅化。深部侧翼发育青磐岩化，浅部表现为绿泥石化。系统核心，从深部到浅部，流体温度逐渐降低，酸性程度逐渐增强，硫化物集合体从黄铜矿-斑铜矿、黄铜矿-黄铁矿、黄铁矿-斑铜矿变化为黄铁矿-硫砷铜矿-铜蓝组合。这些矿物分带受控于体系的硫化态和溶液的 pH。同时,硫化态又是硫逸度和温度的函数,随温度降低,从低硫化态逐渐变化到高硫化态。

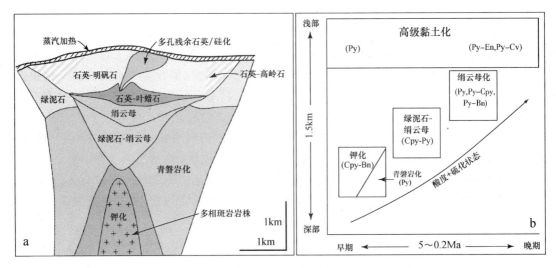

图 5-11　斑岩型矿床的蚀变分带模式(Sillitoe,2010)

　　Au 和 Cu 在地球化学性质上有很多相似之处。在富 Au 的斑岩矿床中,Au 以细小自然金包体赋存在黄铜矿和斑铜矿中。Cu 和 Mo 的相关性较弱。尽管存在相反的情况,在许多富 Au 斑岩矿床中,Mo 都倾向于富集在外部环带。例如,Yerington 矿床的 Mo 矿带位于 Cu 矿带的外围。在 Bingham 和 Butte 矿区,Mo 带位于 Cu 带下方,并部分重叠(Field et al,2005)。一些斑岩矿床的浅部发育 Cu±Au 矿化,深部逐渐转变为 Cu±Mo 矿化。从 Cu±Mo±Au 的核部向上和向外,Pb、Zn、Ag 的含量呈环带状增长,继续向外延伸还可以形成浅成低温 Au-As±Sb 矿化。形成浅成低温热液矿床的流体可能来源于岩浆。斑岩矿化阶段气相包裹体(沸腾形成)与高硫型浅成热液矿床中低盐度包裹体(气相浓缩形成)中的金属含量比例相同(Pudack et al,2009)。

　　蒙古 Oyu Tolgoi 斑岩 Cu-Au 成矿系统由 5 个矿床组成(SOT,SWOT,COT,HDS 和 HDN,图 5-12)。这些矿床与晚泥盆世石英二长闪长岩有关(锆石 U-Pb 年龄 378～363Ma,Khashgerrl et al,2006)。强烈水解蚀变形成大面积高级黏土化带。COT 矿床主要含铜矿物是铜蓝,其他 4 个矿床以黄铜矿-斑铜矿为主(斑铜矿为内核,黄铜矿、黄铁矿-硫砷铜矿为外环带)。高级黏土化带与高品位斑铜矿、黄玉、黄铁矿、硫砷铜矿和砷黝铜矿伴生,矿床中也存在丰富的热液磁铁矿和石膏。在 COT 矿区,由石英二长闪长岩和石英脉构成的高温热液角砾岩被晚期石英二长闪长岩侵入。HDN 矿区红色石英二长闪长岩中见大量含金石英脉。矿区普遍出现数米宽的岩墙,其中含硫化物和石英脉的角砾。

　　紧邻 Cu-Au 矿化带的高级黏土化带主要由钾明矾石、磷酸盐矿物、叶蜡石、硬水铝石、氯黄晶、黄玉、刚玉、红柱石、高岭石和地开石组成。地开石脉出现在高级黏土化带的深部。白色-紫色硬石膏和橙色-红色石膏出现在高级黏土化带边缘的裂隙中。白云母在弱蚀变岩石中与叶蜡石共生。早期钾-硅质蚀变表现为黑云母部分地被镁绿泥石交代。直径达 1cm 的普通辉石斑晶被阳起石或阳起石+黑云母交代。SWOT 矿床中基性岩浆岩的黑云母蚀变呈环带向外,在距离铜金矿化核部 600m 处形成绿帘石-绿泥石-伊利石-黄铁矿集合体(类似青磐岩化带)。强烈矿化

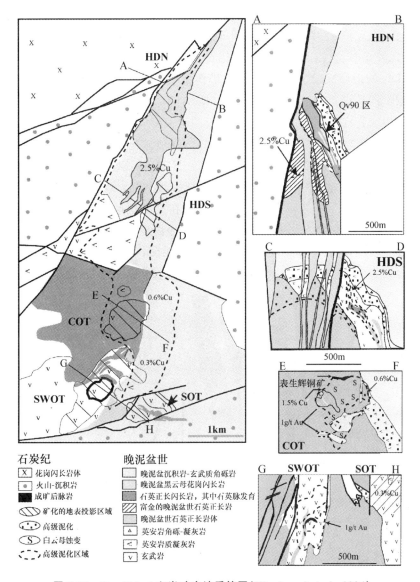

图 5-12　Oyu Tolgoi 斑岩矿床地质简图(Khashgerrl et al, 2006)

的石英二长闪长岩中广泛发育钾长石化。高温热液磁铁矿出现在两个阶段：细小的磁铁矿脉(早于 HDN 矿床中的石英脉)与早期钾或钠化有关；晚期磁铁矿充填在显微裂隙中，通常与钠长石交互生长，晚于黑云母蚀变。石英二长闪长岩普遍被白云母交代。白云母的生成晚于早期黑云母、磁铁矿和钠长石蚀变，但早于绿泥石和碳酸盐化阶段。白云母化整体上早于高级黏土化，因为在高级黏土化弱的地方，白云母蚀变占主导。在白云母化过程中，所有镁铁质矿物被转化成赤铁矿和钛的氧化物。在斑岩成矿系统深处，白云母化减弱。钠长石化在矿脉边部或伴随磁铁矿和硫化物产出。钠长石化虽然晚于早期高温石英脉和黑云母-钾长石蚀变，但早于白云母化阶段。绿泥石有两种产出形式：交代黑云母的褐色铁绿泥石和与黄铜矿共生的绿泥石。碳酸盐化表现为淡棕色含细小萤石的菱铁矿集合体。COT 的黄铁矿-铜蓝矿化成圆锥形，直径约 600 m，延深>600 m。高硫态硫化物(硫砷铜矿、铜蓝)与黄铁矿和砷黝铜矿伴生,占比例很小。黄铁矿、硫砷铜矿、砷黝铜矿、斑铜矿、黄铜矿、铜蓝和辉铜矿广泛分布在高级黏土带中。强烈白云母化往往伴随明矾石、叶蜡石、黄玉、氯黄晶、硬水铝石、高岭石和地开石蚀变带。

HDS 和 HDN 的地质概况、蚀变分带及成矿作用相似(图 5-13)。Cu 品级>1%的矿石中主要硫化物为斑铜矿和黄铜矿,其次为砷黝铜矿和辉铜矿。显微银金矿包体多出现在斑铜矿和砷黝铜矿内部及其边缘。在斑铜矿中也见到微米级的碲银矿(Ag_2Te)和硒铅矿(PbSe)包体。矿床以密集石英脉为中心(Qv90 带,石英脉>90 vol%)。强烈矿化的 Qv90 带在 HDN 形成了一个横截面 90 m 宽、垂直延伸 600 m、>1.5 km 的透镜体。HDN 的高级黏土化过程从早到晚依次形成红柱石、硬水铝石、与铝磷酸盐-硫酸盐共生的钾明矾、氯黄晶、黄玉、叶蜡石、高岭石和地开石。在 HDS 矿区,明矾石形成了一个不连续的壳体,覆盖在高品位矿体上。虽然存在一个数米宽的白云母-叶蜡石混合带,高级黏土化带总体上覆盖早期的白云母化带。硬水铝石在空间上常与红柱石伴生。红柱石以小集合体状产出(<0.5 mm),可能交代长石斑晶,往往被叶蜡石溶蚀。红柱石说明流体温度为 260~350℃。含黄玉的热液脉较窄,沿裂隙分布,穿切高级黏土化带。

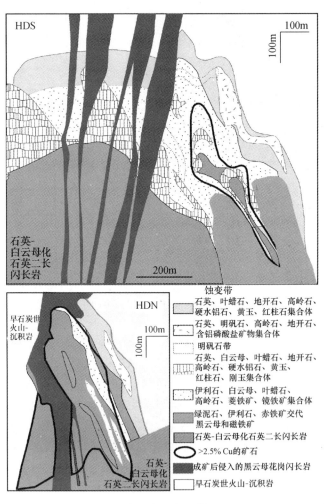

图 5-13　HDS 和 HDN 斑岩矿床蚀变分带(Khashgerrl et al, 2006)

高级黏土化带与新鲜英安岩-凝灰岩之间普遍存在宽数米的过渡带。英安岩-凝灰岩常被绿泥石-伊利石集合体交代。矿石矿物在整体上存在一个向上和向外的分带模式,从斑铜矿-黄铜矿、辉铜矿到黄铁矿-硫砷铜矿。高品位斑铜矿或斑铜矿-黄铜矿矿化与白云母化伴生,局部与晚期绿泥石、伊利石和赤铁矿伴生。斑铜矿-辉铜矿普遍与白云石共生。硫砷铜矿与高级黏土化带伴生。砷黝铜矿及少量硫砷铜矿在高品位斑铜矿和辉铜矿中以包体形式出现。矿物生成序列始于中性矿物(砷黝铜矿),发展到高硫化态硫砷铜矿,演化到低硫化态的辉铜矿和斑铜矿,最终形成辉铜矿。早期蚀变通常以叶蜡石、黄玉、氯黄晶、硬水铝石、高岭石、地开石为主,伴随黄铁矿-硫砷铜矿-砷黝铜矿。较晚的高品位斑铜矿-黄铜矿矿化与白云母蚀变有关。高品位硫化物集合体一般晚于高级黏土化。岩浆流体向外迁移并冷却,与高级黏土化带反应,导致高硫态硫化物结晶。此过程伴随着黄铁矿、砷黝铜矿和少量硫砷铜矿结晶。晚期低温蚀变形成了充填在裂隙中的地开石脉,表明大气降水的加入。

加拿大科迪勒拉 Mount Milligan 斑岩型铜金矿床(矿石储量 706.7Mt,0.33 g/t Au,0.18% Cu),位于晚三叠世-早侏罗世弧岩浆杂岩中,矿化与钙碱性二长岩-辉石正长岩相关。斑岩矿化以钾化带中的磁铁矿-硫化物矿化为主。黄铁矿普遍出现在钾化带、绢英岩化带、青磐岩化带中。铜金矿化主要发育在侵入体的钾化带和围岩粗面岩。高品位铜金矿化与磁铁矿角砾岩和侵入体附近的黄铜矿相关。在局部,磁铁矿与高品位金-铜矿体在空间上共生。深部矿化主要为黄铜矿,其次为钾化带中的斑铜矿。黄铜矿化主要为细粒浸染状、细脉状。黄铜矿-斑铜矿呈浸染状发育在侵入体与火山岩接触带的透镜状矿化带中。自然金赋存在裂隙中,或者包裹于黄铁矿、黄铜矿、磁铁矿和斑铜矿颗粒中。钙-钾质蚀变(正长石-黑云母-磁铁矿-阳起石)和钠-钙质蚀变(钠长石-阳起石-纤闪石-绿泥石-黄铁矿)在整个矿区都发育。表生富集层厚度一般<20 m,其中含铜蓝、辉铜矿、赤铜矿、黑铜矿、自然铜、孔雀石、蓝铜矿、菱铁矿和铁的氧化物(Lefort et al,2011)。

从早到晚识别出七个成矿阶段(图 5-14):钾长石角砾岩脉(Ⅰ脉)含黄铜矿、黄铁矿、磁铁矿和石英,角砾被钾长石网脉状胶结。Ⅱ脉由具钾长石蚀变晕的大量石英组成,含少量黄铜矿、斑铜矿、赤铁矿、碳酸盐、绿泥石和黄铁矿。Ⅲ脉由黄铁矿、绿帘石、碳酸盐矿物、绿泥石、赤铁矿和黄铜矿组成。Ⅳ脉(石英-黄铁矿-碳酸盐-绿泥石-赤铁矿)分布在火山岩和侵入体中,几乎没有矿化,局部含微量闪锌矿和黄铜矿。V_a 脉由石英±电气石±绿泥石±碳酸盐、微量黄铜矿、黄铁矿和赤铁矿组成,黄铜矿与电气石共生,电气石、绿泥石和石英沿脉壁分布。V_b 脉由石英±黄铁矿±碳酸盐和/或黄铁矿±绿泥石组成,多具强烈矿化。多种贵金属矿物以包体形式存在于石英和黄铁矿中。石英、碳酸盐和绿泥石充填在黄铁矿集合体间隙。黄铁矿与银金矿、Au-Ag-Bi-Te矿物、Pd-Pt 砷化物、碲化物、锑化物、毒砂、黝铜矿-砷黝铜矿、方铅矿、黄铜矿和闪锌矿伴生。这些矿物以裂隙充填、粒间充填和包体形式与黄铁矿伴生。Ⅵ～Ⅶ脉无矿化,蠕虫状绿泥石与石英、方解石和绿帘石伴生,含少量赤铁矿(Ⅵ)和黄铁矿(Ⅶ)。

早期黄铁矿因 As 含量不同构成震荡环带,一些生长环带中 As 含量高达 3.9%。毒砂和贱金属硫化物主要出现在 V_b 和Ⅵ脉中。晚期流体中 As 含量相对较低,形成黝铜矿-砷黝铜矿、银金矿、碲铋矿、六方碲银矿、碲金银矿、方铅矿、闪锌矿、砷铂矿、锑钯矿和锑汞钯矿,充填在早期黄铁矿、石英及碳酸盐矿物的裂隙和晶洞中。许多铂族元素矿物相复杂共生,且与银金矿和富 Hg 黄铁矿共生。这种晚期矿物组合主要出现在Ⅳ～V_a脉中(石英-黄铁矿-绿泥石-碳酸盐)。不同

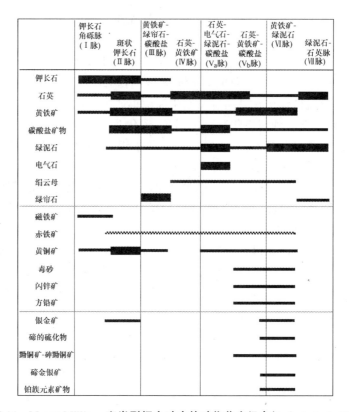

图 5-14　Mount Milligan 斑岩型铜金矿床的矿物共生组合(Lefort et al, 2011)

脉中石英的流体包裹体存在明显差异。Ⅳ～Ⅵ脉中流体包裹体在常温下为简单的气液两相。同一脉中流体包裹体的冰点温度和均一温度在较窄范围内变化。Ⅳ～Ⅵ脉中流体包裹体的均一温度 $170\sim270℃$，Ⅶ脉的均一温度 $117\sim186℃$。流体从Ⅳ脉的低盐度($<10\%$ NaCl)到 $V_a\sim$Ⅵ脉的高盐度($>25\%$ $CaCl_2$)方向演化，Ⅶ脉的流体盐度最低($<7\%$ NaCl)。绿泥石与石英平衡共生。依据 Al-绿泥石地质温度计估算结晶温度：V_a 脉中绿泥石的结晶温度 $250\sim300℃$，Ⅵ脉中为 $220\sim270℃$。

对矿脉中流体包裹体的成分分析显示，斑岩矿化期后流体高度富集 As ($530\times10^{-6}\sim2260\times10^{-6}$)、Sb ($22\times10^{-6}\sim190\times10^{-6}$)、Au ($0.9\times10^{-6}\sim2.3\times10^{-6}$)、B($1100\times10^{-6}\sim5400\times10^{-6}$)和 Pd($0.4\times10^{-6}\sim0.8\times10^{-6}$)，相对贫 Cu($V_b$ 脉中$<740\times10^{-6}$；Ⅳ和 V_a 脉中$<10\times10^{-6}$)。从无矿化的Ⅳ脉过渡到 $V_a\sim V_b$ 脉，随着电气石、硫化物、贵金属矿物沉淀，B、As、Sb 浓度的下降伴随着流体中 Sr 含量和 Sr/Rb 比值升高，盐度上升，K、Na、Ba、Rb、Cs、Fe 和 Cu 含量升高。V_b 脉流体的 Fe 和 Cu 含量非常低。$V_b\sim$Ⅶ脉盐度下降，As、Na、K、Rb、Sr、Cs、Ba、Fe 和 Cu 含量降低(Lefort et al，2011)。V_a 脉中绿泥石、石英、方解石和电气石的氧-氢同位素以及平衡流体的同位素组成见图 5-15。硅酸盐矿物和碳酸盐矿物以及与 V_a 类脉相关的流体强烈富集^{18}O、亏损 D。这与岩浆流体存在亲缘关系。与典型低硫型和高硫型岩浆热液相比，绿泥石和与它平衡的流体显著地亏损 D 并富集^{18}O。

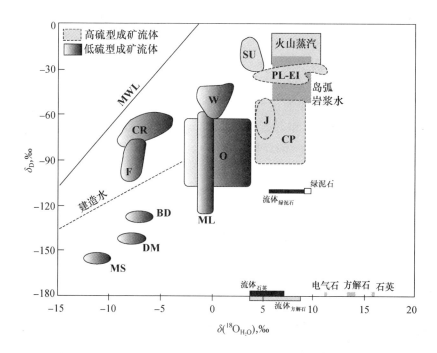

图 5-15　Ⅴₐ脉中石英、绿泥石和方解石及其平衡流体的 O-D 同位素组成（沿 δ¹⁸O 轴分布）．Ⅴₐ脉的矿物及其相应流体的组成（富¹⁸O）与现代大气水的不一致，而与高硫型浅成低温热液的相似．BD 等均为矿床名称缩写（Lefort et al, 2011）

与典型低硫型热液系统相比，Mount Milligan 的流体包裹体具更高的温度和更宽的变化范围。斑岩矿化期后流体中的一些元素（As，Sb，B，Au）浓度非常高，说明这些元素选择性地进入蒸汽相。斑岩矿化期后的热液脉实质上来自岩浆蒸汽。然而，在晚期脉中形成的含贵金属矿物和一些脉石矿物（如重晶石），可能并不代表低温热液成矿阶段。比如，这些脉的形成深度与典型低温热液矿床的形成深度（<1500 m）不一致，这些脉中也缺少典型低硫型低温热液矿物和结构（如叶片状方解石、壳层条带、玉髓等）。另外，流体还存在沸腾现象。因此，用"亚浅成低温热液脉"来描述这种热液脉。

依据 Ⅴₐ 和 Ⅵ 脉中流体包裹体的等容线与绿泥石结晶温度的交点，获得流体包裹体捕获时的压力。Ⅴₐ脉中流体包裹体的捕获压力 600～1500bar、温度 260～280℃；Ⅵ脉中的压力 200～1400bar、温度 240～260℃。Ⅴₐ脉包裹体中的流体代表沸腾产生的蒸汽相，假定岩石密度 2700 kg/m³（压力＝静水压力），沸腾发生的深度>1.6 km。Ⅴₐ脉的样品采自地下约 200 m 深处，说明该地区发生了相当大程度的抬升和剥蚀（>1.4 km）。

在 $NaCl$-H_2O 系统中，流体沸腾后，蒸汽沿临界曲线之上的任意一条 p-T 轨迹冷却，会形成低盐度液相。亚浅成低温热液脉形成的温度在沸腾曲线之下。流体包裹体贫 Cu（<740×10⁻⁶，90% 包裹体<10×10⁻⁶；作为对比，阿根廷 Nevados 斑岩矿床高温流体包裹体含 Cu 400×10⁻⁶～5000×10⁻⁶，Pudack et al，2009）。如果 Cu 含量在低硫型和高硫型成矿系统的岩浆气相中相似，说明 Mount Milligan 地区在形成亚浅成低温热液脉之前，大量 Cu 已经沉淀。300～725℃ 条件下 Cl 的络合物可能是 Cu 最主要的运移形式（Hack & Mavrogenes，2006）。降温导致 Cu 溶

解度显著降低,而 PGE、Au、As、Sb、B、Bi、Te 和 Hg 的浓度不会受到明显影响(Landtwing et al,2010)。

亚浅成低温热液脉中的金属沉淀开始于Ⅳ脉形成之后,在此期间形成了一些黄铁矿。从Ⅳ到 V$_a$ 脉,B、As、Sb 浓度下降,V$_a$ 脉标志着亚浅成低温热液矿化的开始。V$_b$ 脉和Ⅵ脉形成过程中沉淀了大量贵金属矿物。最早期的这些矿物组合以富 As 为特征。之后,富 Te 矿物组合充填在早期矿物的裂隙中,以及黄铁矿和石英的粒间。依据富 As 到富 Te 矿物的转变、特征矿石矿物(黝铜矿,方铅矿,黄铜矿,黄铁矿,闪锌矿和毒砂)、脉石矿物(重晶石,石英,方解石,绿泥石和绢云母)组合,以及缺少相关高硫型热液矿床特定矿物相(铜蓝,硫砷铜矿,辉铜矿,斑铜矿,明矾石)等特征,Mount Milligan 地区的亚浅成低温热液脉应该属于低-中等硫化型。

无矿化和矿化脉中原生流体包裹体捕获的 p-T 条件基本一致。在Ⅳ~Ⅵ脉的形成过程中没有观察到流体冷却的趋势,也没有观察到流体沸腾的证据。金属的沉淀很可能与流体混合有关。在低硫型亚浅成低温热液中,Au 的可能存在形式是 Au(HS)$^-$ 或 AuHS(Heinrich et al,1999)。通过降低流体中氢硫化合物的活度,使络合物分解,金属沉淀成矿:

$$AuHS + 0.5H_2 = Au + H_2S$$
$$Au(HS)_2^- + H^+ + 0.5H_2 = Au + 2H_2S$$

地下水与亚浅成低温热液的混合会导致黄铁矿结晶,此过程必然降低流体中氢硫化物或二硫化物的活度,促进 Au、As、Sb、Hg 和 PGE 沉淀。Ⅳ脉中无矿化的黄铁矿在贵金属矿物沉淀之前就开始生长。在 V$_b$ 和Ⅵ脉中,黄铁矿与贵金属矿物一起沉淀。

从Ⅳ到 V$_a$ 阶段,亚浅成低温热液流体中金属浓度下降伴随着 Sr 浓度升高(图 5-16)。这种趋势至少延续到 V$_b$ 阶段,同时流体中的盐度和 Ca^{2+} 含量升高。流体包裹体的捕获深度(>1.6 km)、温度随时间的连续变化,以及稳定同位素数据(见图 5-15)说明,流体组分随时间的异常变化,不

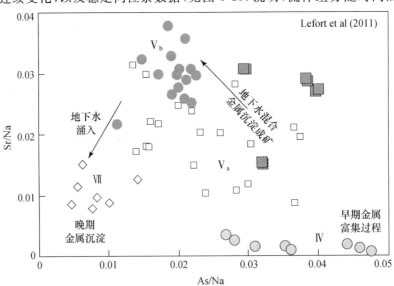

图 5-16 亚浅成低温热液中 As 含量逐渐降低,Sr 含量逐渐升高(岩浆蒸汽与富 Sr 地下水混合).Ⅳ代表最早的亚浅成低温热液脉.与地下水混合导致 As/Na 下降和 Sr/Na 升高

是岩浆蒸汽与高盐度海水(或卤水)混合的结果。研究区未见蒸发岩。流体包裹体研究也排除了流体沸腾作为金属沉淀和盐度随时间升高的可能性。此外,观察到的流体盐度从Ⅳ到Ⅵ阶段的升高,不可能是水-岩反应的结果。盐度、Sr 和 Ca 含量随时间升高,是由于初始低盐度岩浆蒸汽与深部贫氘地下卤水的混合。地下水赋存在几公里深的构造裂隙中,通过长期淋滤中基性岩石中的 Ca、Na、Sr、Fe 等元素,使流体中的这些元素的浓度异常高,并形成 Ca-Na-Fe 蚀变。

第六章　剪切带中的矿床

6.1　剪切带演化与金矿化过程

　　许多大型金矿受剪切带控制。剪切带是重要的流体通道，它提供了广泛的水岩反应场所。多阶段构造-流体活动的叠加过程是形成大型金矿的重要条件(Bonnemaison & Marcoux，1990；Baker et al，2010；Kitney et al，2011；朱永峰，2004)。矿床往往产出在次级的脆-韧性剪切带，一级或二级构造之间的流体压力和/或温度差是流体运移和 Au 沉淀的主要原因。剪切带中的岩石发生糜棱岩化或片理化，局部形成构造角砾岩或热液角砾岩。剪切带型金矿的成矿过程可以总结为如下三个阶段：矿化胚胎阶段、自然金形成阶段和张性裂隙发育阶段。

　　通过剪切变形，岩石逐渐转变为糜棱岩，这种构造岩具有良好的渗透性，成为流体通道。不同成因流体的混合，可以解释含金剪切带中很多已知矿床的共生矿物组合。变形和流体循环的联合作用，引起母岩部分溶解和重结晶。流体可以带入与母岩组成无关的其他组分，并使之向剪切带中心集聚。这种转变在镁铁质或超镁铁质岩石中尤其显著。在富含 CO_2 流体的作用下，橄榄岩或蛇纹岩逐渐发生碳酸盐化，Fe-Mg 主要进入菱镁矿(部分 Fe 形成硫化物)，形成石英菱镁岩，同时发生硅化(图 6-1)：

$$(Fe,Mg)_2SiO_{4橄榄石} + CO_2 \longrightarrow (Fe,Mg)_2CO_{3菱镁矿} + SiO_{2石英}$$

$$(Fe,Mg)_6Si_4O_{10}(OH)_{8蛇纹石} + CO_2 \longrightarrow (Fe,Mg)_2CO_{3菱镁矿} + SiO_{2石英} + H_2O$$

　　含 Fe-Mg 岩石的硅化往往伴随强烈绿泥石化。绿泥石化导致原生含钛矿物释放出 TiO_2，并形成热液金红石。因此，在剪切带流体中，Ti 是活动性元素。例如，斜长石假象(石英＋钠长石＋金红石)中的金红石针状晶体，是斜长石在热液作用下，通过变质反应形成钠长石＋石英集合体时，释放出的微量 TiO_2 在流体中结晶的产物(Zhu et al，2007)。

　　伴随着热液蚀变，在糜棱岩化片理面上，结晶出呈浸染状分布的含金磁黄铁矿。磁黄铁矿对 Au 的初始富集起重要作用，是形成金矿的胚胎。由于磁黄铁矿向白铁矿-黄铁矿转化，成矿元素被释放出来，并向剪切带中心富集。黄铁矿和白铁矿交代磁黄铁矿的过程，往往伴随着毒砂的结晶，这个过程释放出的 Au，以固溶体形式赋存在含金毒砂晶体边缘。当原生含金的辉铁锑矿转变成次生辉锑矿时，Au 释放出来发生再次富集。剪切带中的滑石菱镁片岩往往含辉锑镍矿、辉砷镍矿、硫锑镍矿、针镍矿等。

　　剪切带演化早期，形成的裂隙往往被乳白色石英脉充填(一般不含 Au，硫化物含量低)。随着剪切作用的继续进行，这种容矿构造再次变形、强烈碎裂，形成糖粒状石英，其中富集成矿元素，并形成高品位矿石。含矿热液将成矿元素(Au、As、Bi、Fe、Zn、Pb、Cu 等)携带到容矿构造中，交代早期的含金硫化物(磁黄铁矿、毒砂)，并形成自然金。此阶段的成矿作用可以彻底改变早期的含 Au 构造，一些矿床中保留的叶片状白铁矿-黄铁矿构造，是早期磁黄铁矿分解的产

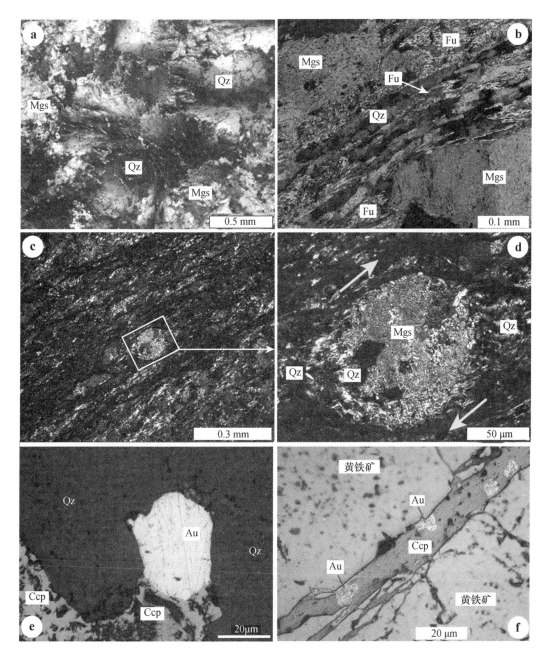

图 6-1　新疆萨尔托海金矿含矿围岩和矿石矿物(邱添 & 朱永峰, 2012)：(a) 菱镁矿与石英共生,石英显示波状消光；(b) 定向拉长的石英和铬云母构成剪切面理；(c～d) 眼球状糜棱岩,菱镁矿眼球旋转,且其周边存在由石英组成的压力影；(e) 石英脉中的黄铜矿与自然金共生；(f) 含金黄铜矿细脉穿切黄铁矿. a～d 为正交偏光,e～f 为反射光；Au—自然金, Ccp—黄铜矿, Mgs—菱镁矿, Fu—铬云母, Qz—石英

物。此阶段流体(250～350℃, 0.5～2 kbar)往往发育沸腾,并引起 Au-S 络合物分解,自然金沉淀成矿。晚期剪切带中发育张性裂隙,其中充填石英、方解石、黄铁矿、毒砂、方铅矿、深红银矿、

银黝铜矿、脆硫锑银铅矿、重晶石和银金矿等。

　　绿岩带中的金矿一般受区域线性构造控制。矿床赋存在次级脆性-韧性和脆性断裂中。母岩岩性同时控制了岩石的变形行为和化学成分。主要存在四种矿化类型：与近直立脆-韧性剪切带相关的蚀变晕、纹层状石英脉、脆性石英脉和角砾状矿石。在主剪切带内，晚期大型正断层往往控制金矿的就位。绿岩带中一级构造基本无矿化。主要金矿床一般赋存在相关的次级构造中。存在两种可能性：(1) 在一级构造与次级构造之间存在物理化学梯度，导致流体中 Au 选择性扩散迁移进入次级构造中；(2) 绿岩带是 Au 的主要来源。剪切带中流体的运动不均匀，局部岩石变形过程中，在剪切带中形成的流体通道分布也不均匀。脆性和脆-韧性变形是不连续的，且具有周期性。应力的恢复和松弛伴随流体压力和岩石孔隙度的波动性变化。破裂一旦产生，岩石就弱化，重复产生脆性裂隙并被充填。因此，流体的运移和金的沉淀过程受一级构造和次级构造中流体压力和/或温度差控制。

　　在活动断裂系统中，从摩擦脆性变形向半塑性变形转换的 p-T 条件，一般对应着绿片岩相变质条件(对长英质岩石而言，~15 km)。在一定 p-T 条件下，富含石英的岩石比贫石英的岩石更易发生塑性变形。>300℃，石英就发生塑性变形，而长石直到 450℃ 才可能发生塑性变形。脆性变形伴随流体压力周期性地变化。在岩石脆性破裂之前，流体压力增大，然后降至破裂后的最小值。这就在一级构造(具有相对恒定的流体压力)和次级构造(具有周期性变化的流体压力)之间建立起连续的压力梯度，使流体进入网脉状次级构造中。

　　次级剪切带是脆-韧性或者脆性构造，其规模小，易受绿岩带中岩性不均匀的影响，因此其几何形态较复杂。在地壳较浅部位，流体从一级韧性剪切带运移进入脆-韧性到脆性次级构造中，有利于金矿就位。在一些火山岩或侵入岩中，因持续的热液活动，形成了高品位、富碲化物的角砾状金矿体。在另外一些情况下，与富铁围岩反应，导致流体还原性增强、pH 降低，Au 沉淀成矿。沉积岩层和其他相对韧性的岩石可能在不同程度上对热液系统起着隔水层的作用，控制着流体对流环的分布和式样。

　　大型剪切带是地幔去气作用的主要通道，所释放出来的气体主要包括 CO_2 和 CH_4。CH_4 在地壳浅部被氧化，形成 CO_2 和 H_2O，在地壳较深部位则结晶出石墨(Craw et al, 2002)。在这种环境中，低盐度 H_2O-CO_2 流体较常见。高绿片岩相和角闪岩相条件下，岩石发生脱水形成类似低盐度流体。低压变质作用一般发生在较高的地温梯度环境中，有利于形成金矿床。

　　加拿大 Abitibi 绿岩带是重要的产金地区(著名矿床包括 Hollinger、McIntyre、Kirkland、Sigma、Lamaque、Pamour 等)。Sigma 金矿露天矿井中的含金脉赋存在凝灰岩和火山角砾岩中，贫金的矿脉主要发育在枕状玄武安山岩和角砾凝灰岩中。矿脉主要由石英、电气石、方解石、黄铁矿、黄铜矿和白钨矿组成。矿脉具有相似的特征，主要含乳白色石英、电气石(达 20%)、少量方解石、黄铁矿、黄铜矿和自然金。石英变形强烈(破碎、亚颗粒化)。电气石位于矿脉边缘，以块状集合体或厘米大小的柱状晶体产出，既垂直于矿脉边缘，又在放射状集合体中出现。金银矿产在晚期裂隙以及石英和电气石蚀变带中，在近矿脉边缘发育黄铁矿边。贫 Au 脉主要由石英(70%~80%)和电气石(20%~30%)组成，含少量硫化物(<1%黄铁矿和黄铜矿)和金红石。流体包裹体富集在石英和白钨矿中，主要沿愈合裂隙产出。存在三种流体包裹体(H_2O-CO_2、富 CO_2、富 H_2O)。大部分包裹体的均一温度 228~270℃(盐度<10% NaCl)。H_2O-CO_2 包裹体一般与富 CO_2 包裹体共生。富水包裹体主要沿愈合裂隙分布。

矿脉中石英的 $\delta^{18}O$ 在 10.6‰~11.7‰范围内变化。所有类型矿脉具有相似的同位素特征。含金和贫金体系石英的 $\delta^{18}O$ 基本一致,并且与矿床中石英-电气石脉的测量值相同(~11.5‰,Beaudoin & Pitre,2005)。这些值比绿岩带中其他金矿的 $\delta^{18}O$ 值低 1‰~4‰。石英-电气石的氧同位素平衡温度为 323~371℃,远高于流体包裹体的均一温度。这可能意味着,成矿期间的流体温度较低,对早期石英-电气石氧同位素平衡产生的影响微乎其微。贫金的和含金的矿脉具有相似的构造产状、内部几何特征及 $\delta^{18}O$ 值(尽管它们存在于不同岩石单元中,具有明显的围岩蚀变,包含不同成分的流体包裹体)。虽然矿脉类型都由石英和电气石组成,但贫金脉缺少方解石,且硫化物含量低。矿脉中大部分 Au 与晚期方解石脉共生,晚于石英-电气石脉。在愈合裂隙中含金脉比贫金脉具有更丰富的富 CO_2 和 $H_2O\text{-}CO_2$ 包裹体。因此,晚期低温富 CO_2 流体对金矿成矿作用有重要意义,早期的石英-电气石阶段并没有形成工业矿体。

如果 Au 在成矿流体中以 $Au(HS)_2^-$ 形式搬运,黄铁矿结晶使流体中 H_2S 浓度降低,应该引起 Au 沉淀成矿。然而,在贫 Au 脉及其围岩中,硫化物含量低(<1%),说明这一机制并不重要。Au 沉淀过程中,CO_2 扮演了重要角色,H_2O 的加入稀释了富 CO_2 含 Au 流体,并引起方解石结晶,降低了流体的 CO_2 浓度,导致 Au 沉淀成矿。

塔吉克斯坦 Jilau 含金石英脉矿床受西南天山巨型剪切带控制。高品位矿体由近直立的石英脉和透镜状矿体组成。矿体沿着走滑剪切带向远离核部的方向尖灭。在大的脉或透镜体中,最早形成的石英被强烈扭碎,且相对富含硫化物和白钨矿。自然金出现在石英脉中,也以包裹体形式出现在毒砂中,往往与自然铋或辉铋矿共生。在石英脉中识别出七类流体包裹体(Cole et al,2000)。类型Ⅰ包裹体中含大量 CH_4,均一温度~352℃,流体曾经发生了相分离。类型Ⅱ包裹体通常很小(~1 μm)。类型Ⅲ包裹体为 $H_2O\text{-}CO_2\text{-}CH_4\text{-}NaCl$,均一温度 250~400℃,盐度较低。类型Ⅳ包裹体中 CH_4 浓度相对较高,均一温度 370~380℃。Au 或含金毒砂主要与类型Ⅳ包裹体伴生。类型Ⅴ包裹体(195~304℃,6.3% NaCl)通常出现在晚期石英中。类型Ⅵ包裹体存在于晚期石英-碳酸盐岩脉中。类型Ⅶ包裹体以次生包裹体形式存在。正是这种多阶段流体的活动,在剪切带中形成了金矿。

6.2　铀-铜-铁矿床

大型剪切带除了控制众多金矿的产出位置(文献中提及的造山型金矿均受剪切带控制),还控制着众多稀有和多金属矿床。例如印度东部的 Singhbhum 剪切带,该剪切带位于太古宙克拉通与中元古代造山带之间,北部造山带中岩石单元向南逆冲到太古宙克拉通之上,挤压和剪切形成了 NE 向陡倾的糜棱面理和矿物线理。韧性变形之后,岩石经历了脆性变形。与剪切带平行或一致的伸展脆性断裂被石英脉充填。剪切带的岩石经历了两个不同的变质过程:进变质峰期为绿帘-角闪岩相,形成泥质片岩中的石榴石和硬绿泥石变斑晶,变质作用同时或晚于韧性剪切变形;退变质阶段形成含水矿物组合,反映流体注入过程。Turamdih 铀-铜-铁矿床位于剪切带中段。赋矿围岩是石英-绿泥石片岩(含大量磷灰石和磁铁矿,局部含量>15 vol%)及石英岩。片理由绿泥石和绢云母构成。岩石韧性变形表现为糜棱面理和线理、部分重结晶、片状和拉张石英、磁铁矿细脉及压力影、拉长的黄铁矿和磷灰石。矿物线理与磁铁矿、钛铁矿及磷灰石中石英、绿泥石纤维构成压力影的线理平行(Pal et al,2009)。含硫化物、富磁铁矿的席状矿体产在石英-

绿泥石片岩中,与糜棱面理一致。铀矿化(晶质铀矿、沥青铀矿、铀钛磁铁矿)分布在大约 3.5 km² 范围内,产在不同岩石中的细小矿脉中,这些矿脉平行于区域面理,并构成 1.5～40 m 厚、50～600 m 长的透镜体。硫化物和氧化物主要形成于变形前,并在变形过程中发生了动态重结晶。铜的硫化物矿体主要分布在含铀矿体的下盘,极少部分硫化物出现在石英-绿泥石片岩的上盘。含硫化物的糜棱岩化石英-绿泥石片岩主要由绿泥石(～50%)、石英(～20%)和绢云母(～12%)构成,其他矿物包括磁铁矿、磷灰石、铬铁矿、钛铁矿、金红石、晶质铀矿、独居石、黄铜矿、黄铁矿、磁黄铁矿、镍黄铁矿、绿帘石、电气石和褐帘石。具环带结构的磁铁矿核部常见叶片状钛铁矿和尖晶石。磁铁矿颗粒往往含黄铜矿、黄铁矿、磁黄铁矿、绿泥石和石英包裹体。晶质铀矿主要以浸染状颗粒产出,存在明显放射性晕。他形晶质铀矿常常被磁黄铁矿替代或环绕生长。细小的晶质铀矿和钛铁矿沿绿泥石片理分布。黄铜矿以包裹体形式出现在磁黄铁矿中,绝大多数呈浸染状和/或呈平行面理的细脉。少量黄铜矿出现在磁黄铁矿的压力影及磁黄铁矿与磷灰石的微裂隙中。压力影中的黄铜矿与绿泥石共生。石英-黄铜矿细脉局部穿切糜棱面理。

黄铁矿在成矿作用各阶段广泛存在。黄铁矿的显微结构与变质演化之间存在一定关系。依据成分特征,黄铁矿可以分为三类(图 6-2):A 类(高 Ni、低 Co,Co/Ni<1)、B 类(低 Ni、高 Co,Co/Ni>10,最大>100)和 C 类(低 Ni、低 Co,大多数 Co/Ni 介于 1～10 之间)。依据结构将黄铁矿分成五种类型(表 6-1):Ⅰ型黄铁矿以包裹体形式出现在磁铁矿中,黄铁矿与黄铜矿、磁黄铁矿共生。高 Ni($700×10^{-6}$)、低 Co($240×10^{-6}$)黄铁矿归为 A 类。Ⅱ型黄铁矿颗粒平行糜棱线理分布,被拉长,其拉长度与黄铁矿颗粒大小和基质没有关系。黄铁矿的最大拉伸方向平行于糜棱线理(糜棱线理由拉长的石英颗粒、磁铁矿和磷灰石的压力影显示)。富 Co($6040×10^{-6}～23630×10^{-6}$)、贫 Ni($90×10^{-6}～810×10^{-6}$),在 Co-Ni 图上归 B 类。Ⅲ型黄铁矿浸染状分布在基质中,以高 Co 核(B 类)和低 Ni-Co 边(C 类)为特征。Ⅳ型黄铁矿集合体沿平行于面理的不连续层分

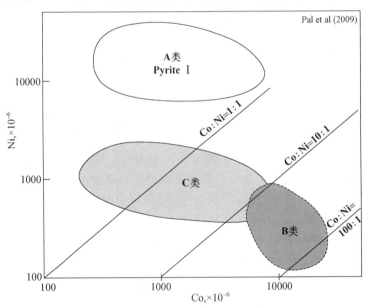

图 6-2 黄铁矿的三种成分类型:成分多样的Ⅲ型黄铁矿、黄铁矿骸晶(Ⅴ型)和大多数
Ⅱ型黄铁矿投影在 B 类范围内,黄铁矿(Ⅳ型)投影到 B 和 C 类两个区域

布,具有 B 类和 C 类的成分特征。V 型黄铁矿出现在 Ⅲ 型黄铁矿集合体中,Co 含量很高(B 类),包裹它的黄铁矿属于 C 类。

表 6-1　不同结构和成分的黄铁矿(Pal et al, 2009)

结构类型	结构描述		A 类 (高 Ni)	B 类 (高 Co)	C 类 (低 Ni、Co)
Ⅰ 型黄铁矿	以包裹体形式产出于磁铁矿生长边(核-幔结构)或新鲜无核-幔结构的磁铁矿中	a) 与黄铜矿共生	√		
		b) 独立产出		√(少量)	√(少量)
Ⅱ 型黄铁矿	平行于糜棱面理的拉长黄铁矿,常具有横向裂隙	a) 小颗粒均一		√	
		b) 大颗粒具有核-幔结构		√(核部)	√(幔部)
Ⅲ 型黄铁矿	黄铁矿往往含包裹体并具有核-幔结构	a) 均一颗粒		√(少量)	√
		b) 核-幔结构,核部出现定向硅酸盐矿物包裹体		√(核部)	√(幔部)
		c) 大颗粒变斑晶		√	√
Ⅳ 型黄铁矿	平行面理分布			√	√
V 型黄铁矿	在 Ⅲ 型中出现,少见			√	

复杂的结构和成分说明,变质作用并没有使黄铁矿完全均一化,变质前的结构和成分特征得到保留。因此,黄铁矿的结构、成分及其产出状态,记录了矿床的形成和演化历史(图 6-3)。黄铁矿结构的多样性反映了变形叠加的强度和矿物形成的相对顺序:Ⅰ 型、Ⅱ 型和 V 型黄铁矿形成于变形前,多数 Ⅲ 型和 Ⅳ 型黄铁矿反映了重结晶过程。

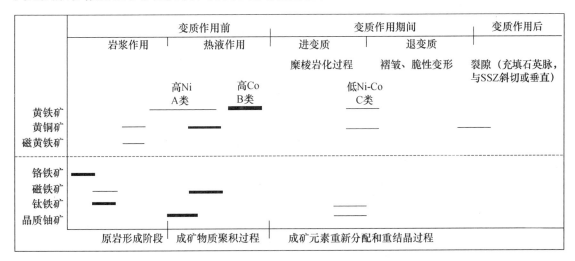

图 6-3　主要矿石矿物在变质变形过程中的生成序列,粗线表示含量较高(Pal et al, 2009)

含铬铁矿的磁铁矿核部最早形成,接下来形成含钛铁矿-金红石和硫化物的磁铁矿,最后形成贫 Ti 磁铁矿,其中含黄铜矿、Ⅰ 型黄铁矿(A 类)、石英、绿泥石和磁黄铁矿包裹体。贫 Ti 磁铁矿往往分布在早期磁铁矿的环边中,少数构成独立颗粒。晶质铀矿和磁铁矿形成都比较早,磁铁矿中的晶质铀矿包裹体暗示铀矿物形成很早,沿面理分布的细小晶质铀矿可能形成于变质过程中。两种磁铁矿都可以形成压力影(由纤维状石英和/或绿泥石±黄铜矿构成),因此,磁铁矿形成于韧性变形前。Ⅰ型A类黄铁矿包裹体也形成于韧性变形前。高Co黄铁矿(B类)形成于动力变形前,但晚于A类黄铁矿。B类黄铁矿仅出现在基质中。完好的Co-Ni元素分带表明,变质过程中黄铁矿重结晶仅在局部起作用。B类黄铁矿核部或骸晶外往往生长着C类黄铁矿的加大边。然而,Ⅲ型C类黄铁矿随机分布,且不出现在压力影中,说明这种低Ni、低Co的黄铁矿形成于韧性剪切变形之后。在一些拉长的黄铁矿中,在垂直于拉伸黄铁矿的方向发育微裂隙,表明形成了韧性组构的挤压环境向脆性构造域转换。

Co、Ni含量和Co/Ni值可以作为黄铁矿形成环境的判别标志。同生沉积黄铁矿的Co/Ni<1.0(且变化很大,Co、Ni值从<100×10^{-6}到数百个10^{-6})。岩浆熔离成因黄铁矿的Co/Ni<1.0,Co、Ni含量达数千个10^{-6}(Campbell & Ethier,1984)。A类黄铁矿(高Ni,仅以包裹体形式出现在磁铁矿中)的两种可能成因:与低Ti热液磁铁矿同时沉淀;或者由早期岩浆硫化物转变而来,并保存在磁铁矿中(与黄铜矿和磁黄铁矿共生)。磁铁矿中的这些硫化物组合可能代表不混溶硫化物熔滴。B类黄铁矿形成于主要变形与变质作用之前,不可能由变质流体结晶而成。因此,Ⅱ型黄铁矿和其他高Co(B类)黄铁矿成分来源于外部流体(发育Co韵律环带)。

黄铁矿的结构与剪切带的地质演化一致。造山运动前的组合以岩浆-热液氧化物和硫化物为代表。最早形成岩浆铁-钛(铬)氧化物和铜(-铁-镍)硫化物(铬铁矿、磁铁矿、钛铁矿、黄铜矿和富Ni的A类黄铁矿,图6-4阶段1)。进变质事件形成贫钛含铀和铜的氧化物(图6-4阶段2),以及以B类黄铁矿为代表的热液黄铁矿铁-钴矿化(图6-4阶段3)。与剪切变形相伴随的进变质

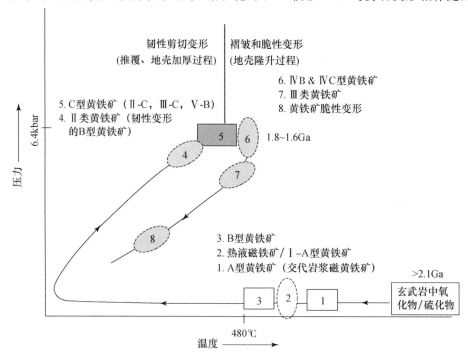

图6-4 Turamdih矿床黄铁矿结构-成分演化示意图. 矩形框代表三种成分类型,注意到A类黄铁矿与黄铜矿一起,可能与热液磁铁矿同成因(阶段2).新结构类型的形成或早期结构的改造由椭圆表示(**Pal et al,2009**)

作用,形成了 B 类黄铁矿,以及磁铁矿的压力影(图 6-4 阶段 4)。峰期变质晚于韧性剪切,拉伸黄铁矿早于峰期变质阶段。黄铁矿的拉伸可以由塑性变形或者压溶作用形成。450~550℃、300MPa 条件下,韧性变形可能拉伸黄铁矿。更低温度条件下,压溶作用可以形成拉伸构造。与黄铁矿脱位滑移变形和蠕变相对应的脆-韧性转换可能发生在<450℃条件下(Freitag et al,2004)。峰期变质作用(6.4kb,480℃)之后,在退变质过程中形成了干净的粗粒黄铁矿变斑晶和细小的他形 III 类黄铁矿(图 6-4 阶段 7)。同时,局部再活化作用形成了未变形的石英-黄铜矿细脉。黄铁矿的脆性变形可能与地壳隆起有关(图 6-4 阶段 8)。

　　Turamdih 矿床中黄铁矿和其他矿石矿物的结构成分关系表明,该矿床经历了复杂的演化过程(包括变质前的外生成矿作用)。矿床的整体特征与 IOCG 型矿床有很多相似性。黄铁矿的高微量元素含量和高 Co/Ni 比值与 VHMS 矿床和 IOCG 型矿床类似。VHMS 黄铁矿的 Co 含量<0.5%,IOCG 黄铁矿的 Co 含量可高达 4%。Turamdih 铀-铜-铁矿床中热液黄铁矿的 Co 平均含量达 1.3%。

6.3　穆龙套金矿

　　西南天山素有"亚洲金腰带"之称,产出多个大型、超大型金矿,如吉尔吉斯斯坦的 Kumtor,塔吉克斯坦的 Jilau,我国新疆的萨瓦亚而顿、大山口和望峰-天格尔-萨日达拉金矿。西天山地质构造复杂,广泛发育剪切带、褶皱和断裂构造。在乌兹别克斯坦的穆龙套金矿产在 NE 方向构造带中,该构造带宽 5~6 m,延伸超过 1000 km,代表 Karakum-塔里木板块与中哈萨克斯坦板块的缝合带。在穆龙套金矿附近存在两条重要剪切带(图 6-5):Sangruntau-Tamdytau 和穆龙套-Daugyztau。它们相互作用,在 Tamdytau 东南端形成了 Z 形褶皱,其核部就是穆龙套。Sangruntau-Tamdytau 为一组 NWW 走向的宽缓断裂带,穆龙套-Daugyztau 断裂组合走向 NEE,穿切 Sangruntau-Tamdytau 断裂带以及穆龙套矿区。

　　穆龙套地区出露中元古代-早奥陶世的海相硅质碎屑岩、镁-铁质火山岩、碳质页岩和白云质硅酸盐。泥盆-石炭纪火山-沉积地层出露在穆龙套北部山区。上石炭统-下三叠统主要包括氧化红层、浅海和陆源碎屑沉积岩和蒸发岩(硬石膏)以及长英质熔岩和火山碎屑岩,金矿赋矿地层 Besopan 组(厚约 5 km)主要由一套变质粉砂岩、砂岩和碳质泥岩(黑色页岩系)组成。根据其年龄、颜色、碎屑的粒度将其分成四个段,从老到新为 bs_1、bs_2、bs_3 和 bs_4(表 6-2)。穆龙套金矿的赋矿围岩是奥陶系黑色碳质岩系,矿床产在剪切带和断层的交汇处,金主要赋存在各种石英脉中(与毒砂、黄铁矿、白钨矿等伴生)。矿脉形状复杂,石英大脉型矿石产在近直立裂隙中(宽 0.5~20 m,长 100~700 m),平均金品位>10 g/t。网脉型矿石由含金石英细脉、石英-硫化物细脉、石英-方解石细脉、石英-微斜长石细脉、石英-电气石脉交错发育构成,规模大但品位低。结合流体包裹体特征,石英脉可以分为四类(Wilde et al,2001):早期水平石英脉(Q1)、网状脉(Q2)、中部矿脉(Q3)和晚期富银矿脉(Q4,表 6-3)。阴极发光和透射电镜研究表明存在两类石英(Graupner et al,2000):(1)产在变质岩中的石英细脉和发生了多期形变的平板状石英(类似网脉型);(2)陡倾的热液矿脉和细脉。这两类石英的阴极发光、内部结构和蚀变程度都存在差异。阴极发光图像显示,含金石英具生长环带。中部矿脉中发现了环带状石英晶体的碎片,说明这些石英发生过角砾化过程。

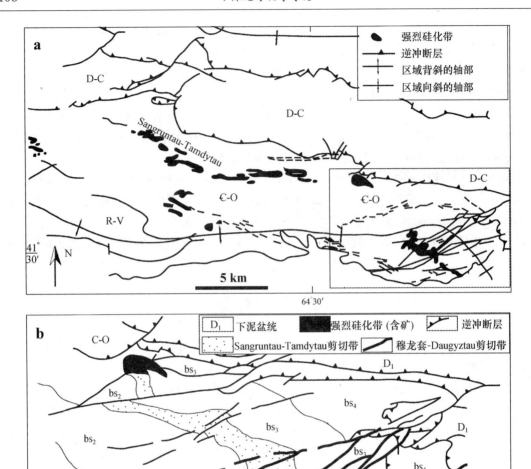

图 6-5　穆龙套金矿区剪切带分布以及矿区地质图

表 6-2　穆龙套金矿南部山区出露的主要地层单元

地层单元	厚度，m	主要特征
泥盆-石炭系	1400	灰岩和白云岩
寒武-奥陶系	3900	未分化的 Besopan 组
下志留统 bs_4	1000	绿泥石片岩，绢云母片岩，不含碳质
上奥陶-下志留统 bs_3	2000	赤铁矿千枚岩，碳质粉砂岩，绢云母绿泥石片岩，燧石和凝灰岩
中、上奥陶统 bs_2	700	绢云母-绿泥石片岩，无碳质
中、上奥陶统 bs_1	1200	绢云母-绿泥石片岩，含碳质
里菲-文德期 R-V	2800	石英，白云石，绿泥石，绿泥石-角闪石-钠长石片岩

表 6-3　穆龙套金矿石英脉的特征

	Q1	Q2	Q3	Q4
石英脉 厚度	早期水平石英脉 很少超过几厘米	网状脉 数毫米到数厘米	中部矿脉 可达数米	晚期富银矿脉 含银和铅的硫化物
结构-构造	与千枚岩围岩的解理和残余层理平行或近平行,见香肠状、等斜褶皱、缝合线构造	矿化网脉与主要层理平行或斜交,见缝合线构造	与 NEE 走向断裂和相关褶皱轴面平行,矿脉主要由近垂直的石英、钾长石、富铁碳酸盐、电气石和硫化物脉组成,穿越主要面理和残余层理	
流体包裹体	410～500℃,与区域变质温度一致;次生包裹体与金成矿阶段有关,富水包裹体与富 CO_2 气相包裹体共生	～430℃,捕获了两相流体,观察到低密度水溶液和富 CO_2 流体均一的现象	有原生和假次生富 CO_2 包裹体,均一温度 150～350℃。包裹体成分主要为 CO_2,含少量 CH_4 和 N_2	包裹体很小,爆裂温度 150～200℃。随着 CO_2/CH_4 比值升高,Ag 品位增高

　　早期高温阶段的热液蚀变包括含角闪石-辉石、黑云母和微斜长石的矿物组合。早期热液石英、钠长石和金云母等形成一个透镜状矿体,包围金矿化带。这个蚀变组合沿着 Sangruntau-Tamdytau 剪切带的北部分叉发育,在小尺度上受早期层理控制。中温阶段的蚀变矿物组合为钠长石-碳酸盐-磷灰石-绿泥石-绢云母-钾长石-金云母,这个蚀变组合与主要矿石沉淀过程有关,叠加在前期蚀变矿物组合上。穆龙套金矿核部是一个由绿泥石、绢云母和残余钠长石形成的区域,在 NE 方向延伸～2 km(宽～1 km)。在穆龙套金矿中识别出八个阶段的矿脉和蚀变组合(表 6-4)。

表 6-4　与穆龙套金矿热液系统相关的热液蚀变和脉体

阶　段	规　模	描　述
1	局部	斑点片岩:浅部为黑云母-绿泥石-斜长石斑点,更深部为堇青石和矽线石斑点
2	区域性	石英-钠长石-黑云母-绿泥石-奥长石蚀变,近平行的石英脉和细脉带以及 Sangrutau-Tamdytau 剪切带北分支中的脉
3	区域性	金云母-黄铁矿-毒砂细脉,含白云母、镁绿泥石、石英、钾长石和 $FeMnCO_3$ 镶边
4	局部	石英-钾长石-$FeMnCO_3$-硫化物细脉,含磷灰石、独居石和板钛矿
5	局部	含 $FeMnCO_3$ 石英细脉,石英-钾长石-$FeMnCO_3$ 蚀变
6	区域性	硅化岩墙的侵入
7	局部	含钾长石、$FeMnCO_3$、白云母、电气石和黄铁矿的石英细脉
8	局部	方解石细脉和广泛的基质蚀变,形成一些黄铁矿、板钛矿和稀土矿物

　　高品位中部矿脉中存在两类主要矿物组合:早期的石英-白钨矿-褐帘石-独居石-金红石-毒砂-铋化物-碲化物-自然金,这些矿物经历了角砾岩化过程,常呈棱角状碎片,变形的石英被未变形的热液矿物胶结。晚期矿物组合包括石英-自然金-镁绿泥石-绢云母-方解石-白云石-黄铁矿-磷灰石-辉锑银矿-黝铜矿-砷黝铜矿-浓红银矿-硫锑铜银矿-自然银。

　　煌斑岩围绕矿床从北向南弯曲,与断层走向一致,为成矿流体提供了通道。矿石及其围岩蚀变组合的地球化学特征指示了地幔物质的加入。穆龙套金矿高品位矿石中 Pt 和 Pd 含量分别达

100×10^{-9} 和 132×10^{-9}（Wilde et al，2001）。对穆龙套金矿中毒砂、石英和白钨矿开展的惰性气体、碳同位素和卤素化学性质研究表明，流体中绝大多数 He 来自地壳，惰性气体主要来自大气。氩同位素和卤素特征说明，主要成矿阶段有岩浆流体加入（图 6-6）。白钨矿和毒砂中流体的 ^{3}He/^{36}Ar 值表明 ^{3}He 非大气来源，而高温热液中惰性气体主要来源于大气。石英和毒砂中 ^{3}He/^{4}He 明显比地壳值高，但比大气和岩石圈地幔的低（计算表明，地幔流体对 He 成分的贡献低于 5%，壳源 He 超过 95%），与白钨矿 Sr-Nd 同位素结果一致（^{87}Sr/^{86}Sr 初始值>0.714 和 ε_{Nd}<−8，Kempe et al，2001）。

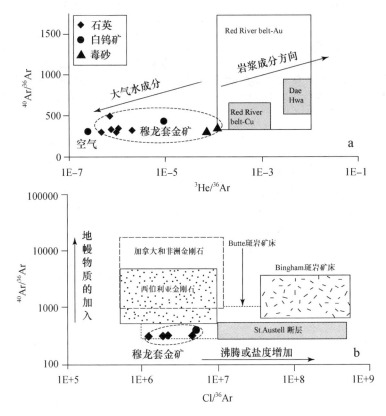

图 6-6　（a）穆龙套金矿中含金石英、毒砂和白钨矿流体包裹体的 ^{40}Ar/^{36}Ar-^{3}He/^{36}Ar 变异图；（b）含金石英和白钨矿中流体包裹体的 ^{40}Ar/^{36}Ar-Cl/^{36}Ar 变异图（Graupner et al，2006）

　　对毒砂的 Os 初始比值和流体包裹体的 He 同位素分析表明（Morelli et al，2007），非放射成因 Os 和 ^{3}He/^{4}He 比值都比地壳储库的 Os、He 数值高，说明幔源成分通过岩浆活动进入成矿流体。

　　高温热液矿物的 Rb-Sr 同位素和白钨矿 Sm-Nd 同位素等时线年龄~275Ma 可能代表成矿时代（Kempe et al，2001），含金矿脉中绢云母的 ^{40}Ar/^{39}Ar 坪年龄为 226~254Ma，且矿化蚀变组合中冰长石的 ^{40}Ar/^{39}Ar 坪年龄为 221.8Ma（Wilde et al，2001）。Morelli et al（2007）分析了露天矿井的三个粗粒毒砂样品（毒砂中存在自然金的包裹体），获得 Re-Os 年龄~290Ma，这个年龄与该地区的岩浆活动时间重合。然而，西天山其他类似金矿的成矿年龄均比 290Ma 年轻，例如

Kumtor 金矿形成于 288～284Ma(Mao et al，2004)，新疆该类金矿主要形成于印支期(Liu et al，2007；Zhu et al，2007；朱永峰，2007)。这种自西向东逐渐年轻化的趋势，类似西天山晚古生代的火山岛弧，从西部的泥盆纪逐渐变化到东部的晚石炭世(Zhu et al，2009)。

　　超过 6000 吨的 Au 在不大区域迅速汇集形成巨型金矿，需要特殊的机制，这包括不同成因和不同来源的 Os、He、Au 等在复杂的壳-幔相互作用过程中进入成矿流体，并且通过韧性剪切带和岩浆活动汇聚到穆龙套地区。韧性剪切带最终控制着穆龙套金矿的就位，这也是天山地区金矿的主要特征及重要找矿标志。

6.4　天格尔金矿

　　在伊犁-中天山微陆块的南北缘均发育巨型韧性剪切带。天格尔剪切带呈 NWW 向展布(延伸～100 km，宽 200 m～(＞2000 m))。剪切带中心局部出现含金透镜体，并构成工业矿体，包括望峰、天格尔和萨日达拉金矿(王居里等，1994；陈衍景等，1998；陈华勇等，2000；Zhu et al，2007)。剪切带中心部位的岩石具眼球状构造，糜棱岩化程度明显比两侧强，向南逐渐转变成弱变形花岗岩，向北进入晚石炭世砂岩、粉砂岩地层(图 6-7)。天格尔韧性剪切带的中心部分主要由糜棱岩和糜棱岩化花岗岩组成。未变形的中基性岩墙穿切糜棱岩和糜棱岩化花岗岩。

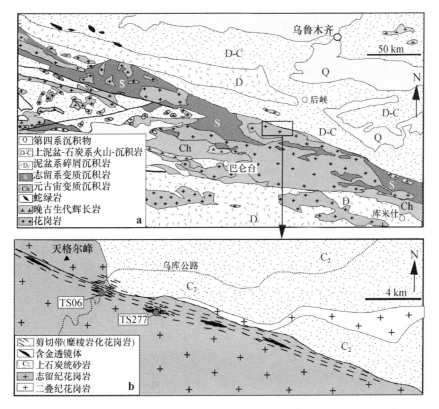

图 6-7　(a) 中国北天山地质简图；(b) 天格尔地区的地质图，显示了剪切带、金矿透镜体以及样品 TS06 和 TS277 的采集位置

在所有糜棱岩化花岗岩样品中,石英的亚颗粒结构及波状消光发育,定向拉长,新生白云母沿糜棱面理分布。在糜棱岩化强烈的部分,糜棱岩化花岗岩中石英和富钠斜长石构成残斑"眼球",其两端形成黄铁矿压力影(图6-8a)。长石残斑含量变化较大,钾长石往往强烈破碎,其中充填碳酸盐以及新生石英和云母,斜长石转变为钠长石-石英(金红石组合,Ca从富钙斜长石中释放出来形成方解石。方解石往往出现在斜长石残斑的压力影中(图6-8b),或者充填在钾长石细脉中(图6-8c)。黄铁矿的压力影主要由石英和云母组成(图6-8d)。黑云母边部被绿泥石和白云母交代,在弱糜棱岩化花岗岩中,斜长石发育钠长石亮边。强糜棱岩化花岗岩中的斜长石已经转变为钠长石-石英-金红石集合体(Zhu et al,2007)。超糜棱岩中的碳酸盐含量高达20%,方解石与云母、新生石英、钠长石、绿泥石共生。超糜棱岩中没有斜长石残斑,在斜长石残斑含量很高的岩石中无方解石。轻微变形的硫化物-石英脉明显穿切糜棱岩化石英脉,说明流体引起硅化并伴随黄铁矿沉淀,黄铁矿-云母细脉代表更晚期的热液活动。

天格尔金矿主要由两种矿石组成:糜棱岩化花岗岩(其中发育含金硫化物-石英脉)和含金糜棱岩化石英脉。通过矿脉穿切关系和矿物共生组合分析,划分出三个成矿阶段:剪切变形之前、韧性变性阶段和脆性变形阶段(图6-9)。韧性剪切变形阶段形成的硫化物-石英脉含金少。穿切糜棱岩化石英脉的黄铁矿-石英脉构成主要成矿阶段,其中的石英显示波状消光,黄铁矿没有显著变形,属于脆性变形阶段。Au在韧性变形和脆性变形的转换阶段沉淀。硫化物主要为黄铁矿,含少量黄铜矿、磁黄铁矿、辉钼矿、方铅矿和闪锌矿。与粗大石英颗粒共生的黄铁矿一般不含金。黄铁矿呈浸染状分布在糜棱岩化花岗岩和石英脉中,与细小石英和白云母共生的黄铁矿往往富含金。自然金多出现在黄铁矿的裂隙或者颗粒边界(图6-10a~b)。自然金颗粒中常见显微包裹体,电子探针能谱分析显示其为铁的硫化物(图6-10c~d)。这种显微包裹体的存在表明,Au在流体中主要以$AuHS(H_2S)_3$形式存在,该络合物的溶解度对温度和压力非常敏感,温度从400℃降到340℃,90%的Au会沉淀(Loucks & Mavrogenes,1999)。因此,温度降低可能是控制成矿作用的重要因素。

含金糜棱岩化花岗岩和含金糜棱岩化石英脉的微量元素组成差异较大(表6-5)。例如,含金糜棱岩化石英脉的Zr含量低($Zr<86\times10^{-6}$),而含金糜棱岩化花岗岩中Zr的含量明显高($Zr>154\times10^{-6}$)。含金糜棱岩化花岗岩与围岩的Cs、Ba、U等微量元素的含量基本一致。含金糜棱岩化石英脉的REE总量明显低于含金糜棱岩化花岗岩。含金糜棱岩化花岗岩中富集Rb、Cs、U、Th,因为与石英相比,这些元素更易于富集在云母中。糜棱岩化花岗岩中等富集轻稀土元素($(La/Yb)_N=8.1~12.9$),显示弱负Eu异常。含金糜棱岩化花岗岩样品的REE配分模式相似,中等富集轻稀土元素($(La/Yb)_N=4.2~12.4$),负Eu异常明显。超糜棱岩样品呈现平坦的REE配分模式($(La/Yb)_N=4.1$),负Eu异常弱($\delta_{Eu}=0.73$)。

天格尔金矿矿体和围岩中黄铁矿的微量元素含量列在表6-6中。矿石中黄铁矿的球粒陨石标准化REE配分模式相似,明显富集轻稀土元素($(La/Yb)_N=22.7~26.1$),具有显著负Eu异常;围岩中黄铁矿具有相对平缓的REE配分模式($(La/Yb)_N=3.9~4.3$)和负Eu异常(图6-11a)。矿石中的黄铁矿强烈亏损重稀土,且REE总量相对较低。在原始地幔标准化图中,矿体和围岩的黄铁矿均富集Th、U和Pb,强烈亏损Ti。这些地球化学特征表明,围岩提供了成矿物质,黄铁

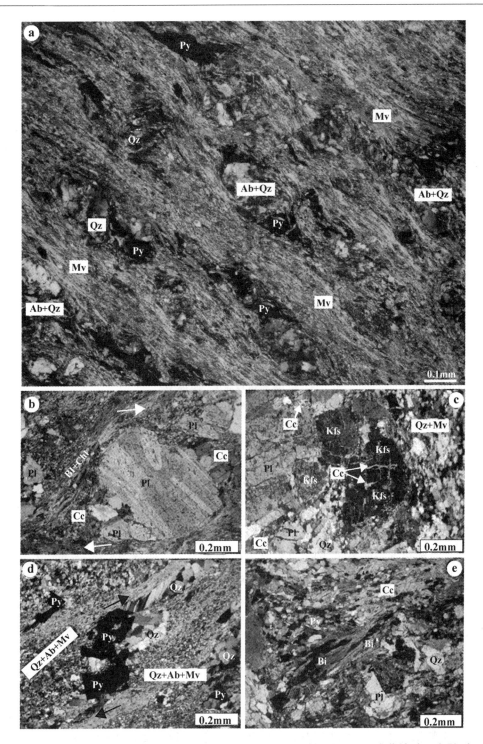

图 6-8　（a）糜棱岩化花岗岩中石英和富钠斜长石构成残斑"眼球"，其两端形成黄铁矿压力影，白云母和石英沿糜棱面理分布；（b）斜长石的压力影由方解石组成；（c）与斜长石共生的钾长石被方解石细脉穿切；（d）黄铁矿的压力影由石英构成；（e）由黄铁矿、方解石、石英和绿泥石化的黑云母构成的云母鱼．（b～e）均为正交偏光．Ab—钠长石，Bi—黑云母，Cc—方解石，Chl—绿泥石，Kfs—钾长石，Mv—白云母，Pl—富钠斜长石，Py—黄铁矿，Qz—石英

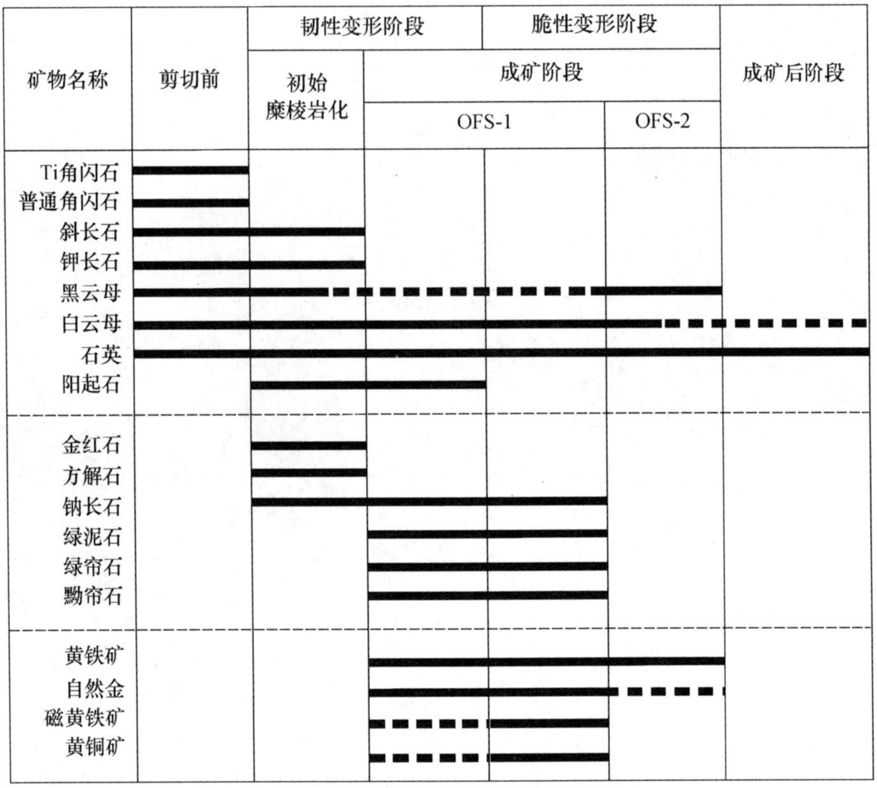

矿物名称	剪切前	韧性变形阶段			脆性变形阶段		成矿后阶段
		初始糜棱岩化	成矿阶段				
				OFS-1	OFS-2		

Ti角闪石
普通角闪石
斜长石
钾长石
黑云母
白云母
石英
阳起石

金红石
方解石
钠长石
绿泥石
绿帘石
黝帘石

黄铁矿
自然金
磁黄铁矿
黄铜矿

OFS-1 = 早期成矿阶段, OFS-2 = 晚期成矿阶段。

图 6-9 天格尔金矿剪切变形与成矿序列图

矿的形成过程继承了围岩的微量元素组成。随着 Au 含量的变化,矿体中黄铁矿的 Th/U 比值、$(La/Yb)_N$ 值变化微弱,但明显比围岩的高(图 6-11b～c),说明矿体中黄铁矿在继承围岩微量元素组成的同时,在韧性剪切变形过程中,多阶段、多期次的流体活动导致元素分馏。

微量元素地球化学特征表明,围岩可能是成矿物质的主要来源。云母、石英,以及含金样品具有很高的初始 $^{87}Sr/^{86}Sr$ 比值(～0.7294),硫化物的 $\delta(^{34}S_{VCDT})$ 值较大且变化范围大(11.2‰～16.5‰)。这些特征表明,成矿流体在地壳深部淋滤和萃取金属,沿着韧性剪切带向上运移,在韧-脆性变形转换阶段,由于 p-T 降低,成矿流体中 Au 溶解度降低,Au 沉淀成矿。

含矿糜棱岩化花岗岩的锆石 U-Pb 年龄为 443Ma (Zhu, 2011)。韧性剪切变形使早志留世花岗岩中的金活化迁移,在三叠纪富集成矿。大型剪切带演化过程中,往往发育多期次变形并伴随多阶段流体活动,持续时间可能比较长。天格尔剪切带中白云母的 Ar-Ar 年龄为 248.6±0.4Ma、243.9±0.4Ma、238.1±0.3Ma、242.8±0.6Ma (Zhu, 2011)。糜棱岩化花岗岩中黑云母的 Ar-Ar 年龄相对比较老(282.5Ma,样品 TS263,图 6-12)。黑云母是天格尔花岗岩的造岩矿物,其边部被白云母交代。因此,这种黑云母的 Ar-Ar 年龄仅反映与剪切变形有关的流体交代过程,很可能代表剪切带发育的初期阶段。上述云母的年龄均不反映金矿成矿时间,因为这些云母均形成于剪切变形的韧性变形阶段(韧性剪切变形期间,自然金没有沉淀成矿)。自然金及相关

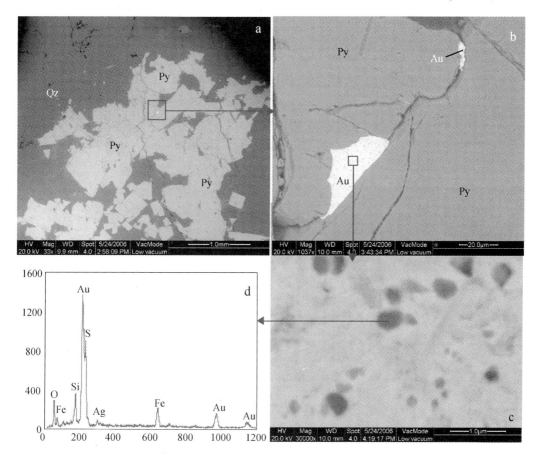

图 6-10　（a～b）黄铁矿和自然金的背散射电子图像；（c）自然金中的显微包裹体；（d）显微包裹体的能谱. Py—黄铁矿，Qz—石英；Au—自然金

石英-硫化物主要产在脆性裂隙中，因此，金矿成矿时间应该晚于 238Ma。含金糜棱岩化花岗岩、含金糜棱岩化石英脉，以及矿石中的石英和白云母构成了一条 Rb-Sr 等时线（等时线年龄 224Ma），此年龄与矿石中白云母的 Ar-Ar 年龄（224～220Ma，Zhu et al，2007，也见图 4-37）一致，代表成矿年龄。

　　天格尔早志留世花岗岩在二叠纪晚期发生韧性变形，并伴随着多期次热液活动，持续时间约 45Ma。天格尔金矿主要形成于韧性剪切带发育晚期的脆性或者韧-脆性转换期间（224～220Ma）。韧-脆性转换过程可能持续 14～18Ma。如果韧性剪切变形发育的深度为～15km，脆性变形在＜3km 的地壳浅部发生，14～24Ma 暗示大陆地壳上升速率为 0.5～0.9mm/a，远远低于榴辉岩地体的折返速率。这种缓慢的地壳隆升过程是控制剪切带中金矿化的重要因素。

表 6-5 天格尔金矿中不同矿石的微量元素含量($\times 10^{-6}$)

元 素	TS271	TS271a	TS275	TS278	TS281A	TS281	TS268	TS268-1	TS280	TS280-1	TS283	TS286
	*GMQV	GMQV	GMQV	GMQV	GMQV	GMQV	GMG	GMG	GMG	GMG	GMG	GMG
Cu	2.26	2.44	3.37	1.73	13.29	16.75	3.58	3.72	5.44	5.55	3.71	69.28
Mo	3.14	3.28	3.91	1.81	6.14	4.73	2.33	3.40	3.23	3.32	2.77	3.38
Ga	8.08	7.29	8.32	4.04	3.80	5.80	9.83	11.12	10.53	10.8	22.29	14.67
Rb	122.7	124.6	116.5	28.26	17.63	18.23	114.4	122.3	83.06	85.42	119.5	329.7
Sr	7.94	7.57	11.79	5.41	17.36	14.65	19.53	25.72	17.52	18.26	74.18	60.54
Y	9.41	10.18	17.59	4.61	5.53	6.06	19.05	17.48	27.8	28.57	29.92	25.47
Zr	42.86	85.99	77.39	12.82	28.89	31.6	282.5	288.3	154.7	158.3	184.2	165.6
Nb	7.74	10.04	4.14	3.63	2.37	2.39	13.87	13.17	7.10	7.49	9.91	22.32
Cs	1.69	1.41	2.21	0.52	0.26	0.91	8.74	3.81	1.87	1.87	6.33	12.37
Ba	95.09	76.93	104.9	55.62	37.86	71.7	127.8	122.5	89.58	91.73	403.0	133.4
La	17.5	23.49	13.26	3.75	5.62	7.38	25.24	29.13	33.87	34.24	14.93	36.37
Ce	35.49	48.92	27.9	7.34	11.99	13.62	54.99	66.18	72.35	74.18	31.06	73.85
Pr	4.72	6.47	3.84	1.51	1.49	1.64	7.17	8.02	9.20	9.53	5.34	9.42
Nd	17.07	23.72	14.27	5.14	5.87	6.13	27.74	32.12	35.14	36.41	18.03	34.31
Sm	3.29	4.55	3.26	0.78	1.23	1.29	6.17	6.95	7.62	7.61	4.66	6.37
Eu	0.45	0.63	0.43	0.08	0.19	0.19	0.62	0.75	0.90	0.91	0.70	1.13
Gd	2.63	3.26	3.29	0.81	1.20	1.29	4.62	5.91	5.83	4.67	4.49	6.25
Tb	0.42	0.52	0.57	0.14	0.19	0.19	0.69	0.91	1.06	1.04	0.83	0.97
Dy	1.96	2.30	3.51	0.74	1.03	1.03	3.69	4.68	6.23	6.48	5.18	5.27
Ho	0.34	0.37	0.63	0.13	0.17	0.18	0.56	0.70	1.01	1.06	0.98	1.06
Er	0.93	1.04	1.79	0.36	0.47	0.49	1.59	1.89	2.74	2.82	2.71	3.16
Tm	0.13	0.14	0.27	0.05	0.06	0.07	0.22	0.26	0.41	0.43	0.43	0.47
Yb	0.83	0.90	1.51	0.29	0.43	0.47	1.37	1.66	2.44	2.48	2.41	3.20
Lu	0.13	0.13	0.23	0.04	0.07	0.08	0.22	0.26	0.37	0.37	0.45	0.47
Hf	1.31	2.66	2.56	0.34	0.98	0.97	7.97	7.72	4.89	4.71	5.67	5.33
Ta	1.09	1.01	0.68	1.06	0.25	0.22	1.81	1.92	1.08	1.11	1.21	2.62
Pb	9.22	10.04	11.31	12.42	16.22	19.01	6.71	5.17	12.1	12.52	14.57	23.85
Th	7.10	7.84	6.27	1.85	1.92	2.59	11.07	12.51	13.13	14.05	16.14	15.52
U	1.55	1.20	4.61	0.34	2.99	3.11	3.41	3.91	5.40	5.91	8.05	2.81
REE	85.89	116.4	74.76	21.16	30.01	34.05	134.9	159.4	179.2	182.2	92.2	182.3
$(La/Yb)_N$	14.22	17.60	5.92	8.72	8.81	10.59	12.42	11.83	9.36	9.31	4.18	7.66

* GMQV=含金糜棱岩化石英脉，GMG=含金糜棱岩化花岗岩。

表 6-6　天格尔金矿中黄铁矿的微量元素含量($\times 10^{-6}$)

元　素	TS267	TS267a	TS279	TS291	TS291a	TS264
Li	0.694	1.76	0.765	1.18	0.436	0.713
Be	0.011	5.61	0.060	0.161	0.152	2.70
Ti	11.68	19.45	21.64	8.09	18.63	13.19
Cu	83.10	5.56	16.26	7.72	21.69	12.58
As	45.90	109.9	354.0	86.8	135.2	109.7
Rb	0.903	0.96	1.32	2.16	2.11	2.51
Sr	36.05	43.34	19.07	33.31	30.20	18.31
Y	0.480	0.550	1.17	2.05	2.13	5.54
Zr	0.529	0.921	3.82	2.00	1.58	5.24
Nb	0.084	0.329	0.393	0.166	0.337	0.359
Mo	0.209	0.278	1.80	1.67	1.65	4.51
Cs	0.006	0.011	0.014	0.012	0.017	0.025
Ba	1.23	2.34	0.543	1.66	1.96	4.02
La	0.978	0.985	3.60	1.17	1.29	2.84
Ce	1.95	1.97	6.60	1.86	2.04	5.31
Pr	0.242	0.240	0.849	0.262	0.309	0.883
Nd	1.14	1.20	4.08	1.26	1.42	4.25
Sm	0.206	0.206	0.678	0.324	0.330	1.06
Eu	0.029	0.031	0.096	0.067	0.065	0.166
Gd	0.216	0.225	0.719	0.453	0.484	1.51
Tb	0.024	0.026	0.068	0.073	0.071	0.215
Dy	0.119	0.125	0.295	0.423	0.419	1.334
Ho	0.016	0.018	0.036	0.066	0.062	0.212
Er	0.045	0.048	0.122	0.181	0.183	0.622
Tm	0.006	0.005	0.015	0.024	0.023	0.068
Yb	0.029	0.028	0.093	0.203	0.202	0.453
Lu	0.005	0.004	0.015	0.031	0.030	0.062
Hf	0.018	0.039	0.124	0.061	0.051	0.181
Ta	0.005	0.007	0.007	0.014	0.009	0.016
W	0.371	0.452	0.698	0.181	0.172	6.04
Au	16.34	51.23	15.45	0	11.64	12.83
Pb	10.38	10.17	23.89	46.88	68.61	24.37
Bi	6.10	4.59	9.16	8.46	9.64	7.47
Th	1.44	1.34	4.45	0.676	12.77	13.46
U	0.198	0.209	0.976	15.19	7.77	6.61
REE	5.005	5.111	17.266	6.397	6.928	18.985
$(La/Nb)_N$	22.74	23.72	26.07	3.88	4.29	4.22

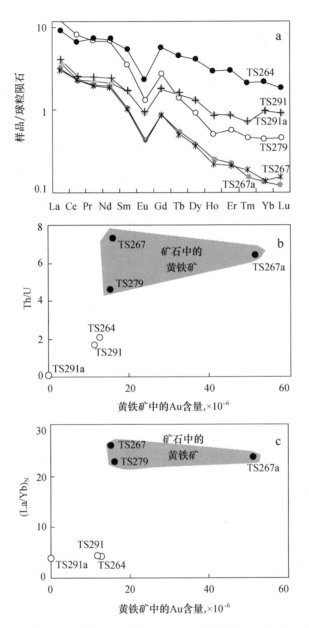

图 6-11　黄铁矿的球粒陨石标准化 REE 配分模式(a)以及其中微量元素比值与黄铁矿中 Au 含量的变异关系(b～c)

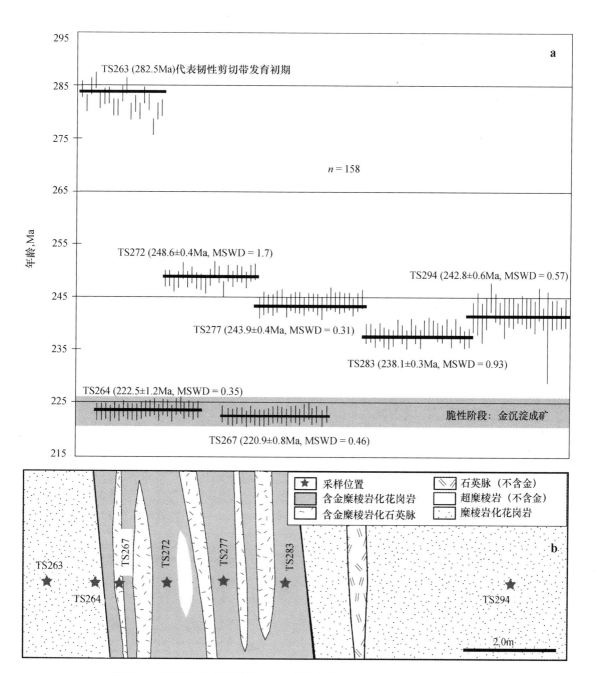

图 6-12　天格尔金矿云母的 Ar-Ar 激光全熔年龄(a)和样品采集位置(b)

第七章　其他典型矿床

地壳浅部形成了多种类型和规模的矿床,包括岩浆型、矽卡岩型、斑岩型、变质地体中的绿岩带型、碳酸盐台地中的卡林型、火山-沉积岩中的石英脉型、与侵入体相关的石英脉型、与地热活动有关的沉积喷流型、与盆地热卤水演化有关的远成低温热液矿床等。热液成矿作用主要受多来源流体系统控制,热液蚀变发育,通常形成有特色的蚀变分带和相应的矿化分带。从早期高温到晚期低温成矿阶段,发育有规律的地球化学晕($Fe \rightarrow Mo \rightarrow Cu \rightarrow Au\text{-}Sb\text{-}As \rightarrow Pb\text{-}Zn\text{-}Ag \rightarrow Bi\text{-}Hg$)。对各类热液矿床的系统论述,请读者参考经典矿床学著作(斯米尔诺夫,1981;袁见齐等,1985;Robb,2005)。本章通过展示几类重要类型矿床实例,阐述研究矿床地球化学关键科学问题的现代理论和方法。

7.1　岩浆矿床

岩浆作用过程中形成的矿床统称为岩浆矿床,如产在金伯利岩筒和钾镁煌斑岩中的金刚石矿床、产在超镁铁岩中的铬铁矿矿床、岩浆熔离过程形成的铜镍硫化物矿床、基性岩浆结晶分异形成的钒钛磁铁矿矿床等。尽管岩浆作用是形成岩浆矿床的主要控制因素,但在这类矿床中,流体活动的意义不可忽视,甚至在有些情况下,流体对一些重要成矿元素的迁移和富集有重要贡献。

南非布什维尔德杂岩体中赋存着世界上最富的铬铁矿、PGE、铜镍硫化物和钒钛磁铁矿矿床(图 7-1)。南非已知的 PGE 储量占全球总资源量的 87.7%,其中 99.6% 来源于布什维尔德。PGE 及其副产品金、银、镍、铜、钴等主要产出在与 Rustenburg 层状岩套(RLS)超镁铁岩有关的三个层位:Merensky Reef 矿层(MR 矿层)、UG2 铬铁岩岩层和 Platreef 接触带(PR 接触带)。RLS 岩套从下到上分为五个带:边缘带、下部带、关键带(critical zone)、主带和上部带,岩石从下部的纯橄榄岩逐渐过渡到上部的闪长岩。PGE 矿化主要有两种类型(Ashwal et al,2005;Barnes et al,2010):一类在较薄的(平均厚约 1 m)矿层中(MR 矿层),高品位 PGE(5~8 g/t)连续延伸超过数百米;另一类是侵入体底部的 PGE 矿化(PR 接触带),主要出现在杂岩体北段,矿化厚度可达数百米,侧向连续性差,PGE 品位多变。MR 矿层主要为含硫化物和 PGE 的辉石岩-暗色苏长岩,UG2 为含 PGE 的铬铁矿层,二者都在杂岩体西部最发育。北段 PR 接触带各个矿床的 PGE 赋存状态和产出形式复杂,其 PGE 矿物组合、与硫化物的关系以及 Pt/Pd 和 Pd/Ir 值都与 MR 矿层明显不同(表 7-1)。

东部和西部的关键带具明显分层性。以堆晶斜长石的首次出现为标志,把关键带分为上下两部分。下关键带为超镁铁岩,以斜方辉石堆晶层为特征,含若干铬铁矿岩层。上关键带从下到上为超镁铁岩堆晶、铬铁矿层、方辉橄榄岩、苏长岩、斜长岩,包括 MR 和 UG2 铬铁岩层

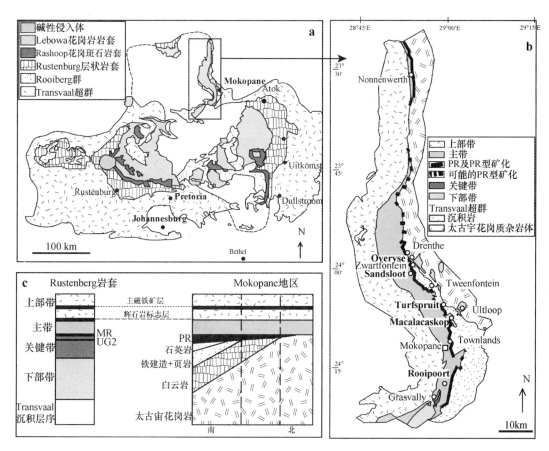

图 7-1　（a）Bushveld 杂岩体地质简图；（b）杂岩体北段 PR 接触带的地质图；（c）RLS 岩套和北段 Mokopane 地区的岩层简图（Ashwal et al，2005；Naldrett et al，2012）

在内的主要 PGE 资源都赋存在上关键带。主带的厚度局部大于 3000 m，几乎全部由辉长岩和苏长岩组成。东部和西部的主带没有橄榄石和铬铁矿，斜长岩罕见，北段主带含橄榄岩和斜长岩的互层。上部带厚约 2～3 km，北段略薄，都由辉长岩、苏长岩、斜长岩和闪长岩组成，其中发育四组磁铁矿层。

MR 矿层延伸超过 280 km（厚 4 cm～4 m，PGE 品位 5～8 g/t）。赋矿岩石为粗粒-伟晶含长辉石岩，由堆晶斜方辉石（70%～90%）和堆晶间隙斜长石构成，其中含少量云母。铬铁矿层常出现在辉石伟晶岩顶部和底部，PGE 最富集的区域仅限于两个铬铁矿层附近。底盘由斜长岩、含长辉石岩或方辉橄榄岩组成。上盘围岩通常为苏长岩，逐渐向上过渡成斜长岩，PGE 品位较低。MR 矿层的 PGE 品位与其硫化物浓度高（2%～3%）有关，以磁黄铁矿、黄铜矿和镍黄铁矿为主，伴有黄铁矿、方黄铜矿、四方硫铁矿，以及少量硫砷化物、闪锌矿和方铅矿。硫化物主要呈不规则包裹体和分布在堆晶矿物间隙。与整个旋回单元的其他层位相比，MR 矿层的硫化物富 Ni 和 Pt（Pt/Cu 比整个岩层平均值高 10～40 倍），上盘岩石中硫化物含量常高于下盘。

PR 辉石岩的硫化物有时可达 30%，比 MR 矿层和杂岩体中其他层状 PGE-硫化物矿床含量更高。Overysel 矿床的硫化物主要是磁黄铁矿，边缘被镍黄铁矿或黄铜矿围绕，呈小颗粒分布在辉石、长石等硅酸盐矿物的边界,含量高时形成海绵陨铁结构。硫化物常在 Sandsloot 矿床的辉石岩中与长石、次生角闪石和云母等硅酸盐矿物共生(McDonald et al,2005;Holwell & McDonald,2006;Naldrett et al,2012)。辉石岩的 PGE 品位达>6.0 g/t,底盘的品位整体上比辉石岩低(2~6 g/t),但蛇纹石化时品位很高。MR 与 PR 的对比见表 7-1。MR 矿层含大量 Pt-Pd 碲化物,Impala 矿床中碲化物与硫化物伴生,均匀分布在黄铜矿、磁黄铁矿和镍黄铁矿之间。Sandsloot 矿床以 Pt-Pd 碲化物和砷化物为主,PR 辉石岩和交代矿层中都含大量 Pd 碲化物和少量 PGE 铋化物和锑化物,交代矿层中含量更高。砷铂矿在 Sandsloot 矿床中常见。Turfspruit 矿床也以 Pt-Pd 碲化物和铋化物为主,含少量砷化物和锑化物(Hutchinson & McDonald,2008)。Turfspruit 矿床仅仅在接触带顶部见 Pt-Pd 碲化物被黄铜矿包裹,多数 PGE 矿物以砷铂矿、碲铂矿和六方碲钯矿等形式产出在长英质脉中。

表 7-1   MR 与 PR 矿层的对比

	MR 矿层	PR 矿层
出露位置	杂岩体西部、东部	杂岩体北段
走向长度	>280 km	PR 接触带~30 km,PR 型>110 km
矿化形态	层状矿化面,侧向连续性好	接触带型矿化,随底盘地形起伏变化
矿层厚度	4 cm~4 m	厚度多变,可>200 m,不连续
含矿岩性	粗粒-伟晶含长辉石岩	粗粒辉石岩、含长辉石岩、苏长岩、蛇纹石化橄榄岩
PGE 品位	平均总 PGE 品位为 5~8 g/t,较薄矿层的品位较高,整体连续性好	平均总 PGE 品位约为 1~6 g/t,PGE 含量不随矿化辉石岩厚度变化
PGE 赋存方式	硫化物、铂族矿物、铬铁矿 PGE 与硫化物含量正相关	硫化物、铂族矿物、铬铁矿 PGE 可与硫化物分离
铂族矿物	Pt-Pd 碲化物为主,较少 PGE 砷化物、碲化物	Pt-Pd 碲化物较少,在某些矿区缺失。碲化物最常见,还有少量砷化物、锑化物
硫化物	磁黄铁矿、黄铜矿、镍黄铁矿为主,伴有黄铁矿、方黄铜矿、四方硫铁矿,以及少量硫砷化物、闪锌矿和方铅矿等	磁黄铁矿、镍黄铁矿、黄铜矿为主,偶见少量黄铁矿、方铅矿、斑铜矿、闪锌矿、针镍矿、四方硫铁矿、方黄铜矿、辉砷镍矿、辉锑矿和辉钼矿
Pt/Pd 比值	西翼~3,东翼~1,平均~2.7	~0.3
Pt/Ir 比值	10~30	10~1000
铬铁矿体出露形态	层状铬铁矿体	在中部呈棱角状捕房体或透镜体零星出露,南部偶尔有薄层

原始地幔标准化 PGE 变异图显示,Pt、Pd 和 Au 比 Os、Ir、Ru 更富集(图 7-2a)。MR 矿层的地幔标准化 PGE 曲线顶峰一般为 Pt,PR 矿层中不富集 Cu 和 Ni,一般从 Ir 到 Pd 含量逐渐升高(Pd/Ir=10~1000),再从 Pd 到 Cu 降低,直至 Cu/Pd<1。PR 矿石的 Pd/Ir 比值变化很大(50~>100)。PGE 是亲铜元素,在硫化物和硅酸盐熔体之间的分配系数很高,即使从硅酸盐岩浆中分离出很少量硫化物,也可以高效地富集 PGE。在含 PGE 的岩浆结晶过程中,先形成的 mss(如磁黄铁矿、镍黄铁矿)中常含 Os、Ir、Ru、Rh,而 Pt 和 Pd 倾向于残留在熔体中。同时,As、Bi 和 Te 在岩浆温度条件下高度亲铜,可与 Pt 和 Pd 形成 PGE 矿物,淬火时 Bi、Te 和 As 作为晚期残余流体分离出来萃取 PGE。硫化物-碲化物体系的实验研究(Helmy,2007)显示,碲化物(以及

铋化物和锑化物)熔体在1000℃以下与硫化物熔体不混溶,而且碲化物熔体在硫化物固相线之下依然保持液态。硫化物结晶后,残余熔体中的 Pt 和 Pd 将强烈分异进入碲化物熔体。相对于硫,Pt 和 Pd 更容易与半金属(Te、Bi 等)化合,Pd 过量时,会进入 mss(镍黄铁矿)中,进一步促进了 PGE 分异。作为比较,图 7-2b 显示与玄武质熔体平衡的粒间硫化物以及橄榄石中残留 mss 的 PGE 配分模式,mss 强烈亏损 Pd 和 Pt,富集其他 PGE。

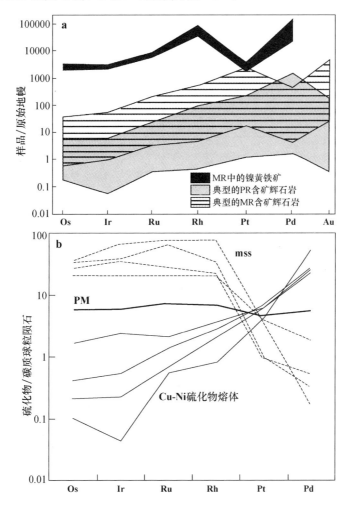

图 7-2　(a)原始地幔(PM)标准化的 PGE 蛛网图;(b)与玄武质熔体平衡的粒间硫化物以及橄榄石中残留硫化物固溶体 mss 的 PGE 配分模式(Lorand et al,2008)

西部 MR 矿层的 Pt/Pd 比值平均高达 3,东部平均为～1。PR 接触带的 Pt/Pd 比值一般<1,而且富硫化物的岩石比贫硫化物岩石低。这可能由两个过程造成:(1)Pd 和 S 在晚期岩浆渗透或热液和熔体加入时发生迁移,PR 矿床中贫硫的岩石具较低 Pd/Ir 比值和较高 Pt/Pd 比值,说明 Pd 的迁移与硫和流体有关;(2)PR 接触带的 Pt 和 Ir 被氧化,分配进入硫化物熔体的量减少。混染可能使岩浆氧逸度升高,杂岩体其他地区底部接触带硫化物矿石中也具有较低的 Pt/Pd 比值,指示氧逸度升高的过程。

MR 富 Pt-Pd 硫化物层集中在单元底部、分布相对均一、侧向连续性好、与 Ni-Cu 硫化物伴生,说明 PGE 源于岩浆,被硫化物熔体萃取,并赋存于硫化物固溶体中,或冷却出溶形成独立 PGE 矿物。杂岩体主要岩浆期次和演化过程如图 7-3 所示,早期苏长质岩浆、苦橄质岩浆侵入,

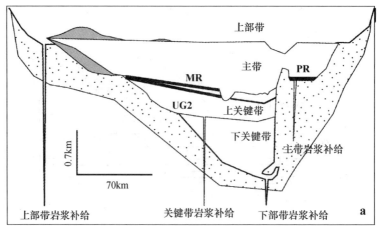

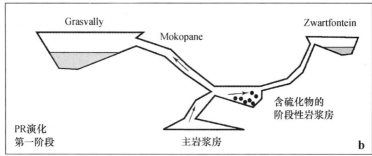

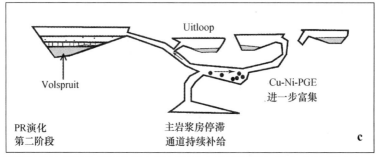

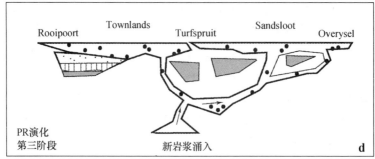

图 7-3 布什维尔德杂岩体演化示意图(依据 Kruger, 2005; McDonald & Holwell, 2007)

岩浆中的斜长石在下关键带顶部饱和。这些层位贫 PGE 富 Cr,且(Pt+Pd)/(Ru+Ir+Os)比值低。随后侵入的两期岩浆依次形成了上关键带苏长岩和主带辉长苏长岩,关键带的残留岩浆接近硫饱和且富 PGE,最后侵入的岩浆形成了上部带富铁辉长苏长岩。如果岩浆混合或混染导致了早期硫饱和,当从深部进入主岩浆房时,这些富 PGE 相已经存在于岩浆中,随着硫化物的饱和析出,PGE 也一并从岩浆中分离。在运移到主岩浆房的过程中,硫化物小珠滴与岩浆充分混合,进一步富集 PGE 后,与斜方辉石一起堆积在主岩浆房底部,形成 MR 矿层。

压力变化导致基性岩浆中硫达到饱和状态(Cawthorn,2005)。在低压条件下,基性岩浆中硫的饱和度随压力增加而降低,当新岩浆进入主带时,关键带岩浆的压力暂时升高,形成了不混溶硫化物熔体和铬铁矿,它们下沉时从岩浆中萃取 PGE 并堆积在底部。岩浆去气作用或顶部裂解使压力下降,岩浆中的硫又处于不饱和状态,如此反复可以形成大量 PGE 硫化物。下部带岩浆导管储存并供给了 PGE。如果硫化物存在于通道系统中,则每一批次岩浆都与硫化物反应,并持续运移 Ni、Cu 和 PGE,形成 PR 矿化。给 PR 提供了 PGE 的岩浆应该亏损 Ni。Volspruit硫化物层是北段的主要 Ni-PGE 富矿层之一,紧邻该层上方和下方的堆晶中都发现了高度贫 Ni的橄榄石,说明进入岩浆房的岩浆在 Volspruit 硫化物层形成后,长期与硫化物反应。把这个模式应用于 PR 矿化,各期次岩浆房发育时都向通道中补给硫化物,早期岩浆房停止活动后,通道中的岩浆依然持续把金属运移到晚期岩浆房中。因此,金属的富集贯穿了整个下部带的侵位过程,直到一个新岩浆足够快地涌入,几乎搬运了通道中的所有硫化物,侵入 PR 接触带形成大规模 PGE 矿化。

7.2 矽卡岩矿床

矽卡岩矿床是岩浆热液与围岩发生接触交代反应的产物,又称接触交代矿床。矿床主要产生于酸性侵入体(花岗岩、花岗闪长岩等)与石灰岩或白云岩的接触地带。围岩产生显著的矽卡岩化现象,矽卡岩是寻找这类矿床的重要标志。相关矿产包括铁、铜、锡、锌、钨、钼、铍、水晶、硼等。我国著名的大冶铁矿、个旧铜锡矿属此类矿床。按形成矽卡岩的原岩成分可分为两类:钙矽卡岩型矿床系交代石灰岩而形成,形成铁、铜、铅、锌、钨、锡、钼矿床;镁矽卡岩型系交代白云岩或白云质灰岩而形成,主要形成硼、金云母、石棉和少量铁、铜矿床(袁见齐等,1985;Meinert,2005)。我国长江中下游地区是著名的矽卡岩-斑岩型成矿带。与高钾钙碱性花岗岩有关的斑岩-矽卡岩型 Cu-Au-Mo-Fe 矿床通常出现在构造隆起区,矿床产于 EW、NE 和 NW 向构造交汇部位。铜绿山矿床是一个含硫化物的镁质矽卡岩 Cu-Fe 矿床。伊东矿群中的吉隆山矿床、安庆-贵池矿群中的岳山矿床和铜陵矿群中的凤凰山矿床是钙质矽卡岩型矿床,以发育石榴石、辉石和硅灰石为特征。铜陵矿群的铜官山石英闪长岩体侵位于上石炭统白云岩、上二叠统灰岩和上泥盆-三叠系碎屑岩中。镁质矽卡岩的退化蚀变和黄铜矿、黄铁矿以及磁铁矿赋存在石英闪长岩与上石炭统灰岩的接触带。钙质矽卡岩以及 Cu-Au-Mo 矿石发育在侵入体与石炭-上二叠统灰岩中。

磁铁矿-磷灰石矿床产于富 Na 的钙碱性花岗闪长岩与白垩系火山岩的接触带上。磁铁矿-磷灰石体系中的矿石矿物主要包括磁铁矿、赤铁矿、黄铁矿和少量黄铜矿,脉石矿物为钠长石、透辉石、阳起石、磷灰石、绿帘石、石膏、绿泥石和绢云母。一些角砾岩筒连接辉石闪长岩顶部与围岩中的矿化。矿体中比较常见辉石、磷灰石、阳起石、钠长石和粒间磁铁矿集合体。这些矿床通常具有大范围的蚀变带,以及类似的矿物共生关系。可以识别出两个阶段的矿化和蚀变过程:早期深色蚀变以磁铁矿、辉石、阳起石和钠长石为主,晚期浅色蚀变以黄铁矿、石英、黏土矿物、碳酸盐和硬石膏为主,伴随钠长石、绿帘石和绿泥石。

在长江中下游成矿带中厘定出两期岩浆-矿化事件(Mao et al,2011):(1)高钾钙碱性花岗岩(156~137Ma)伴随斑岩-矽卡岩 Cu-Au-Mo-Fe 矿化(148~135Ma);(2)橄榄玄粗岩(135~123Ma)伴随磁铁矿-磷灰石型矿床(135~123Ma)。A型花岗岩和响岩在时间上和空间上都与第二次成矿事件有关。这些作者基于前人大量地质、地球化学和矿床学的研究成果,认为随着伊耶那岐板块向欧亚大陆俯冲,形成了活动大陆边缘,板片熔融形成的高钾钙碱性岩浆侵位于 NE 和 EW 向断裂交汇处,伴随斑岩-矽卡岩型矿化。之后,俯冲方向改变(斜俯冲),导致长江中下游地区转变为弧后盆地环境,诱发富碱性岩浆活动及其伴生的第二次热液成矿事件。

位于吉尔吉斯天山的 Kensu 矿床,距伊塞克湖东岸东南方向 140km。矿床与呈细长透镜状多相岩体相关,岩体侵入到下石炭统碳酸盐-燧石页岩-钙质石英-长石砂岩-白云岩和灰岩地层中。早期(阶段Ⅰ)形成二长辉长岩-二长闪长岩-二长岩组合(与煌斑岩伴生);之后形成正长岩和石英正长岩(阶段Ⅱ)。在由正长岩胶结的火山角砾岩中,观察到矿化角砾。这种含矿角砾岩被石英二长岩-二长花岗岩-淡色花岗岩穿切(阶段Ⅲ)。石英二长岩被二长花岗岩穿切,两者中都发育石英-长石伟晶岩囊体。细粒淡色花岗岩穿切石英二长岩和二长花岗岩。晚期二长闪长斑岩脉切割上述所有岩相。

Kensu 矿床包含两个独立区域,分别与南部 Nadezhny 岩体和北部岩体的接触带对应。晚期石英-绢云母-碳酸盐-硫化物组合以及高品位 W-Mo 矿化叠加在矽卡岩上,并延伸到矿化矽卡岩和矿化斑岩的外部。Nadezhny 地区的矿化与斑岩中心有关,此中心分布着大量二长辉长岩脉,并被二长闪长岩-正长岩和石英二长岩岩脉穿切。矽卡岩通常呈近似垂直的透镜体,向下延伸超过 700 m。矽卡岩矿体被分割成多个小透镜体,沿大理岩的接触带分布。矽卡岩被后期白钨矿和辉钼矿-黄铜矿组合叠加。石英-绢云母-碳酸盐-硫化物组合形成很多较窄的线状网脉,沿二长闪长岩-斑岩岩脉分布,一些含白钨矿和硫化物(黄铜矿为主)的网脉穿切矽卡岩。

早期钙矽卡岩有两种类型(Soloviev,2011):钙矽卡岩交代镁矽卡岩和相邻的正长岩(透辉石-次透辉石,钙铝榴石-钙铁榴石,方柱石,方解石,金云母,蛇纹石,榍石,硅镁石,斜硅镁石);沿接触带分布细粒矽卡岩(钙铁榴石,辉石,钙长石,钙硅石,方柱石)。矽卡岩最内部的石榴石带被石榴石-辉石(方柱石)-斜长石带围绕。方柱石在矿体上部富集。退化矽卡岩中存在三种矿物组合:早期深棕色钙铁榴石-钙铝榴石,中期红棕色钙铁榴石-钙铝榴石-锰铝榴石-硅白钨矿,晚期红色锰铝榴石和铁铝榴石-白钨矿-辉钼矿。在退化矽卡岩中发育斜长石、钾长石、方柱石和石英。蚀变带远离侵入接触带,延伸数百米,外部为绢云母-石英带,内部为石英-绢云母-碳酸盐-硫化物蚀变带,含角砾岩。金属矿物包括黄铁矿、磁铁矿、赤铁矿、辉钼矿、黄铜矿、磁黄铁矿、斑铜矿、方黄铜矿、毒砂、黝铜矿、砷黝铜矿、斜方辉铅铋矿、辉铋矿、自然铋、硫铜铋矿、闪锌矿、方铅矿、白钨矿和自然金。

矽卡岩矿物中流体包裹体分为两类:类型Ⅰ为多固相包裹体(子晶包括岩盐,钾盐,赤铁矿,碳酸盐矿物);类型Ⅱ为气相包裹体,红棕色石榴石中富气包裹体达到气相的均一温度为 470~640℃。石英和铁白云石中气-液包裹体的均一温度为 340~420℃。石英和白钨矿中含碳流体包裹体中 CO_2 的含量变化很大(10%~90%),与之共生的卤水-气相包裹体均一温度 200~250℃。

白钨矿中多固相和富气包裹体共存,说明在较高温条件下(500～625℃,300～510bar),流体发生了不混溶。

矽卡岩型金矿近年来不断受到重视(Meinert,2005;Chen et al,2007;Kim et al,2012),因为这类矿床不仅经济价值巨大,而且发育各种复杂的成矿元素组合,成矿作用的物理化学条件变化很大,可以为探讨成矿流体的化学动力学过程提供重要依据。

7.3　铁氧化物矿床

以铁氧化物为主的金属矿床包括富磷铁氧化物或者磁铁矿-磷灰石矿床(IOA,典型代表如Kiruna,Bafq和我国河北矾山磷-铁矿)、碳酸盐岩或与碱性侵入体相关的富氟和REE的氧化物矿床(如Palabora,Vergenoeg)、磁铁矿交代热液Au-Cu矿床(如Tennant Creek)和IOCG(iron oxide copper-gold)矿床(典型代表Olympic Dam——奥林匹克坝)。

7.3.1　IOA矿床

IOA矿床主要由块状到角砾状高温磁铁矿-富氟磷灰石-方解石组成,发育钠长石-阳起石±钾长石±叶蜡石蚀变组合。REE富集多与含磷矿物相关,磷灰石中REE含量一般为2000×10^{-6}～6000×10^{-6},强烈富集轻稀土,具明显负Eu异常。与碱性岩相关的磷灰石-磁铁矿中,磷灰石具平坦REE配分模式。矿石中磷灰石往往遭受了沉积后的REE淋滤。在淋滤带或者靠近受淋滤磷灰石边界,存在独居石或者磷钇矿包裹体。贫Na-Ca的流体可以使磷灰石的REE重新分配,形成独居石和磷钇矿。对磷灰石中独居石包裹体的U-Pb定年(Stosch et al,2010)表明,IOA形成后数千万年(甚至数亿年)的热液活动,可以诱导磷灰石的REE再分配。

伊朗中部Se-Chahun矿床的赋矿围岩为蚀变酸性凝灰质砂岩、白云质灰岩和页岩,大多数矿化发生在铁碧玉岩下部的沉积岩中,局部出现角砾岩化带。含矿岩石和矿体都被正断层截切。新鲜辉长岩和岩脉穿切了矿体。热液蚀变和矿化形成了早期钠质和晚期钠-钙质蚀变(角闪石-钠长石-磁铁矿-方解石-绿帘石-石英-榍石-褐帘石)。磁铁矿-磷灰石矿化发生在更晚阶段,矿化伴随不同程度的角砾岩化。角砾岩基质和晚期热液脉中的主要矿物包括钾长石、黑云母、阳起石、榍石、磷灰石、钛铁矿、硫化物和金红石。含黄铜矿的方解石-石英-绿泥石-磷灰石-赤铁矿组合形成最晚。原生磁铁矿核部富含平行于解理面分布的钛铁矿片晶,磁铁矿边部发育钛铁矿出溶结构。沿着裂隙、解理面以及晶体边界发育赤铁矿化现象。存在两种磷灰石:磁铁矿中的细小包裹体和自形粗粒(长达4 cm)磷灰石,其中有些颗粒呈现出"蜂巢"状结构。这些晶体的边界呈明显的港湾状和锯齿状。早期独居石作为磷灰石中的显微包裹体,通常呈自形,在背散射(BSE)电子图像上显深色。晚期独居石出现在角砾岩化基质中。磁铁矿具有显著的Eu负异常(Eu/Eu* = 0.40～0.53),Ce轻微亏损(Ce/Ce* = 0.55～0.95),$(La/Yb)_N$ = 3.94～9.48。磷灰石的Cl和F分别为0.25%～1.25%和2.64%～3.29%。BSE电子图像中分辨出两种磷灰石(浅色和深色)。浅色磷灰石(相对富含Na_2O、SiO_2、FeO和SO_3)比深色磷灰石更富Cl,并富含V、Mn、Ge、Zr和U,REE总量在6296×10^{-6}～8931×10^{-6}范围内变化($(La/Yb)_N$ = 16.5～26.0),显著高于深色区(3920×10^{-6}～4530×10^{-6},$(La/Yb)_N$ = 9.1～14.8)。经淋滤的磷灰石具有更显著的Ce异常,而Eu负异常变化不大(Bonyadi et al,2011)。

在以 HCl、KCl 或 H_2SO_4 为主且贫 Na-Ca 流体中,浅色磷灰石先溶解,再沉淀,深色磷灰石形成多孔结构,边缘变成港湾状。被淋滤的 REE 在深色磷灰石中形成了独居石。REE＋Y 淋滤伴随 Na、Si 和 Cl 大幅度降低:

$$Na^+ + (Y+REE)^{3+} \longrightarrow Ca^{2+}$$

$$Si^{4+} + (Y+REE)^{3+} \longrightarrow P^{5+} + Ca^{2+}$$

浅色磷灰石中可能发生的反应,有助于 REE 富集:

$$(Mg,Mn,Fe)^{2+} + (Y+REE)^{3+} \longrightarrow P^{5+} + Ca^{2+}$$

以 Na、Ca 为主的循环卤水阻止了磷灰石中 REE 的淋滤,形成了 Ca-K-Mg-Ti-H_2O 蚀变组合。在 NaCl-H_2O 流体向 KCl-H_2O-CO_2 流体转变过程中,发育的磷灰石 REE 交代作用,是 IOA 矿床演化的重要地球化学过程。

7.3.2　IOCG 矿床

IOCG 成矿省一般与区域性的复杂热液蚀变有关,显示多期流体(包括幔源流体)长期的活动历史。这种类型的矿床往往富集 Fe、Cu、Au 和轻稀土元素,有些矿床还富集 U、Ag、Zn、Ni、Co(Williams et al,2005)。全球的 IOCG 矿床具有一些普遍的特征,如富含铁氧化物(磁铁矿或赤铁矿)以及广泛发育钠化、钙化、钾化或水解蚀变。IOCG 的主要识别特征包括:具热液矿床特点的铜金矿床、构造控制矿床就位、富含磁铁矿-赤铁矿组合、铁氧化物的 Fe/Ti 比值比火成岩和地壳的比值高、与侵入岩没有明显空间关系。铁氧化物可能与 Cu-Au 矿化同时或更早形成。幔源岩浆流体对成矿作用有重要贡献,富轻稀土元素和挥发分的幔源岩浆流体演化形成隐爆角砾岩,淋滤围岩中的 SiO_2,形成蚀变晕圈和矿化。依据电气石的 B 同位素研究,富含电气石的巴西 Carajas 矿床形成过程中,成矿热液与围岩中的蒸发岩发生了强烈反应(Xavier et al,2008)。Groves et al(2010)强调古老大陆岩石圈对 IOCG 矿床的控制意义,矿床主要分布在克拉通边缘的非造山或者板内环境。大规模成矿作用往往对应着全球大陆裂解事件。前寒武纪 IOCG 矿床一般出现在岩石圈板块的边缘,表明大陆岩石圈通过俯冲过程的地幔交代事件富集了挥发性组分、不相容元素和成矿元素。前寒武纪的 IOCG 矿床一般形成于超大陆裂解之后的 100～200Ma,往往与地幔柱相关的底垫作用有关。

奥林匹克坝 Cu-U-Au-Ag-REE 矿床是全球范围内最大的矿床之一。矿区最重要的热液蚀变矿物组合为磁铁矿-碱性长石-钙质硅酸盐±Fe-Cu 硫化物(磁铁矿化)、赤铁矿-绢云母-绿泥石-碳酸盐±Fe-Cu 硫化物±U 和 REE 矿物(赤铁矿化)。钙质硅酸盐通常为阳起石和透辉石(包括少量石英、磷灰石、榍石、黄铜矿、方柱石、褐帘石)。两种蚀变组合都存在,赤铁矿蚀变在不同程度上交代早期的磁铁矿蚀变组合。奥林匹克坝矿床 NNE 向约 25 km 的 Tian 地区发育一个以磁铁矿-钾长石-钙硅酸盐蚀变为特征的 IOCG 系统,含少量赤铁矿蚀变。热液蚀变和硫化物沉淀主要发生在变质长石砂岩中。镁铁质岩墙与晚期角砾岩化以及赤铁矿蚀变紧密共生。热液蚀变叠加在薄层变质沉积岩的剪切面理上,形成脉状和浸染网脉状磁铁矿、石英、阳起石或透闪石、黄铜矿、钾长石和黄铜矿。少数样品可见粗叶片状磁铁矿-赤铁矿交生,说明磁铁矿-钾长石-钙硅酸盐蚀变时期或之前的环境近于磁铁矿-赤铁矿的平衡条件。Emmie Bluff 地区广泛发育赤铁矿-绢云母-绿泥石-碳酸盐蚀变组合,矿脉含类似矽卡岩的高温矿物组合(单斜辉石,阳起石,磁铁矿,石英,方解石,钾长石,黄铁矿和褐帘石)。硫化物含量很低(仅含少量黄铁矿和黄铜矿)。北部层状蚀变带厚达 150 m、直径达 3 km，寄主在碧玉岩、页岩和含碳酸盐的变质沉积岩以及花岗岩中。从上到下，从强烈角砾岩化的赤铁矿-绿泥石-石英带过渡到角砾岩化较弱的磁铁矿-绿泥石-黄铁矿蚀变带。磁铁矿是早期蚀变的残余。最高品位的矿化含 Cu 2.8% 和 Au 0.6 g/t。大多数黄铜矿与黄铁矿和赤铁矿共生。Torrens 地区发育强烈的磁铁矿和赤铁矿蚀变。赤铁矿蚀变叠加在磁铁矿蚀变组合上，局部伴随角砾岩化。磁铁矿被赤铁矿、镜赤铁矿、绿泥石和白云母交代。晚期浸染状碳酸盐也与绿泥石和赤铁矿共生。黄铜矿与黄铁矿共生，一些情况下，黄铜矿交代黄铁矿。Bastrakov et al (2007) 认为这种黄铜矿最可能形成于赤铁矿蚀变阶段。

奥林匹克坝地区硫化物的 $\delta^{34}S$ 值显示两类热液系统，分别为 $\delta^{34}S = -14‰ \sim 4‰$ 和 $\delta^{34}S = 6‰ \sim 13‰$。单个矿区内硫化物 $\delta^{34}S$ 最大变化范围出现在 Emmie Bluff ($\delta^{34}S = 2.6‰ \sim 12.5‰$)。最低 $\delta^{34}S$ 值 (2.6‰) 对应着与磁铁矿共生的黄铁矿，沿寄主变沉积岩的成分层分布。该黄铁矿和磁铁矿早于赤铁矿蚀变组合，它们被黄铜矿-赤铁矿脉穿切，且磁铁矿被赤铁矿交代。黄铜矿的 $\delta^{34}S$ (5.2‰ $\sim$ 10.5‰) 高于黄铁矿的 $\delta^{34}S$ (3.1‰ $\sim$ 10.3‰)，它们之间没有达到同位素平衡。结构上大多数黄铜矿都晚于黄铁矿，表明流体向富 ^{34}S 方向演化。矿区 Peculiar Knob 辉长岩中岩浆型磁黄铁矿的 $\delta^{34}S = 4.3‰$ (岩浆可能受到了地壳混染)，Bill's Lookout 辉长岩中黄铁矿的 $\delta^{34}S = 1.3‰ \sim 2.8‰$。对含磁铁矿蚀变的 Br/Cl 地球化学研究表明，成矿流体很可能来自沉积盆地或结晶基底的卤水 (Bastrakov et al, 2007)。与长英质火成岩的同位素交换可能导致流体的 $\delta^{18}O$ 值明显降低，δ_D 值升高。与富 ^{18}O 的变质岩反应，会使流体的 $\delta^{18}O$ 值升高。依据黑云母的氧同位素组成 (5.3‰) 以及斜长石-黑云母的分馏系数，花岗岩的 $\delta^{18}O = 9‰$，通过 $\delta(^{18}O_{fluid}) = \delta(^{18}O_{rock}) - \Delta_{rock\text{-}fluid}$ 计算平衡流体的 $\delta(^{18}O_{H_2O})$。一些含磁铁矿组合的 $\delta^{18}O$ 值接近岩浆流体。然而，许多样品更富 ^{18}O。大气水加入，导致温度和 $\delta(^{18}O_{fluid})$ 都向低值漂移，可以解释赤铁矿具低 $\delta(^{18}O_{fluid})$ 的地球化学特征。

赤铁矿蚀变和矿化组合中的硫具多来源，可能包括强烈富 ^{34}S 的变质沉积岩和/或元古代水圈。与磁铁矿-黄铁矿-黄铜矿蚀变组合有关流体中的硫，主要来自岩浆或淋滤自矿区火山岩。与磁铁矿和赤铁矿共生的 Fe-Cu 硫化物的 $\delta^{34}S$ 变化范围较宽 ($\delta^{34}S = -14‰ \sim 12.5‰$)，较大的负值与赤铁矿蚀变有关。磁铁矿蚀变组合中的磁黄铁矿、黄铁矿和黄铜矿的 $\delta^{34}S = -6.5‰ \sim 1.5‰$，表明变质沉积岩为硫的主要来源。

磁铁矿-黄铁矿-黄铜矿组合的形成温度 $\sim 400℃$，中等还原环境 (相对较低的 $[HSO_4^- + SO_4^{2-}]/[H_2S + HS^-]$)，这些硫化物对应的 $\Sigma\delta(^{34}S_{fluid})$ 为 $\sim 2‰$ (图 7-4a)，其可能源区包括岩浆热液和淋滤自岩浆岩。Emmie Bluff 地区磁铁矿蚀变组合中，硫化物具有明显不同的硫同位素组成。与磁铁矿共生的早期黄铁矿的 $\delta^{34}S = 2.6‰ \sim 10.3‰$。黄铜矿通常交代黄铁矿，主要形成在赤铁矿蚀变和 Cu-Au 矿化期，具有与黄铁矿相似或更高的 $\delta^{34}S$ 值。这种现象在图 7-4b 中给出了一种解释。早期黄铁矿与磁铁矿共生，对应流体与其他 IOCG 系统中形成磁铁矿蚀变的流体类似 ($\sim 2‰$)，但在赤铁矿蚀变过程中被改造，演化成了更富重同位素的流体。赤铁矿蚀变的环境更为氧化，Emmie Bluff 黄铜矿的 $\delta^{34}S$ 值可达 12.5‰，所对应流体的 $\Sigma\delta(^{34}S_{fluid})$ 为 $\sim 20‰$。这就要求硫来自更氧化的变质沉积岩、海水或蒸发岩。奥林匹克坝的硫化物始终为负值 ($\delta(^{34}S_{黄铁矿}) = -5.2‰$，$\delta(^{34}S_{黄铜矿}) = -10‰$)，重晶石的平均值为 11‰，如果流体的 $[HSO_4^- + SO_4^{2-}]$ 和 $[H_2S + HS^-]$ 近似相等的话，流体的 $\Sigma\delta^{34}S$ 值约为 2‰ (图 7-4c)，重晶石、辉铜矿和一些斑铜矿则沉淀自一个以 SO_4^{2-} 为主的流体，其 $\Sigma\delta^{34}S = 13‰$。

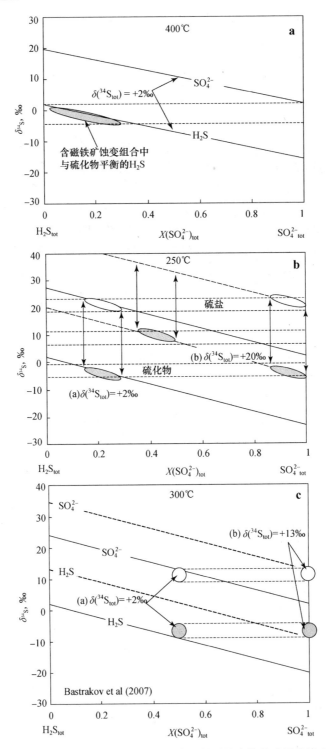

图 7-4　矿物硫同位素组成、流体中硫化物和硫酸盐的比例以及流体总硫同位素之间的关系.充填椭圆代表依据硫化物硫同位素计算出平衡流体的 $\delta(^{34}S_{H_2S})$,空心椭圆代表依据重晶石同位素计算出平衡流体的同位素值.(a) 磁铁矿-钾长石-钙硅酸盐蚀变;(b) Emmie Bluff 赤铁矿蚀变和 Cu-Au 矿化;(c) 奥林匹克坝赤铁矿蚀变和 Cu-Au-U 矿化

　　磁铁矿蚀变型弱 Cu-Au 矿化早于奥林匹克坝 Cu-Au 矿体中的磁铁矿阶段(图 7-5)。与磁铁矿蚀变有关的流体(相对还原、450℃、富 Cu、高盐度卤水)没有形成大规模高品位 Cu 矿化。流体

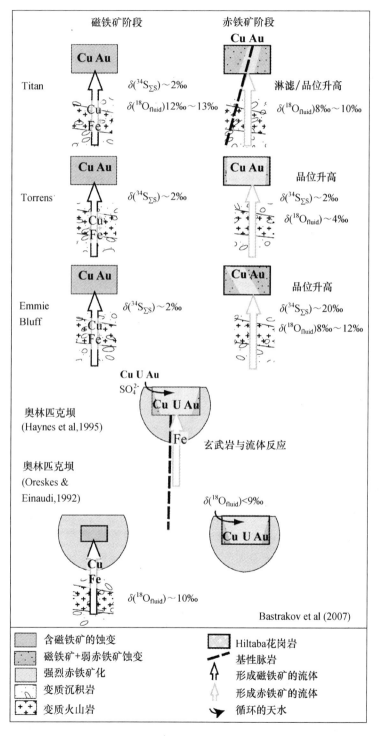

图 7-5　奥林匹克坝地区 IOCG 系统两阶段演化模式

中的硫来自岩浆或淋滤自火成岩。形成赤铁矿的流体与围岩发生了不同程度的化学反应(赤铁矿阶段)。与赤铁矿化有关的氧化性流体,通过与火山岩的广泛再平衡,产生相对低温的富Cu-Au-U成矿流体。奥林匹克坝矿床中铜和其他金属至少一部分来自于幔源岩石或岩浆,而次经济矿化流体中金属和硫发生了再循环,幔源的贡献有限。

7.4　石英脉型金矿

Au在地球中的分布很不均匀,现代地壳的平均Au浓度为1.5 μg/kg,比原始地幔浓集了1.57倍(Rudnick & Gao, 2004)。然而,多数Au在早期行星分异时进入地核(Wood et al, 2006),地球98%的Au应该依然保存在地核中。页岩中的Au浓度与各种火山岩中的类似。假设陆壳平均含Au 1.5 μg/kg,大陆地壳中应该含450亿吨Au,这与已经开采的大约183000吨Au形成鲜明对比。如果只考虑地壳顶部4 km为可开采范围,目前所有已知矿床中的Au含量仅占地壳中Au含量理论值的极小比例。石英脉型金矿可以产出在多种地质环境和围岩中,是最重要金矿类型。这类矿床的组成特征和形成条件千变万化,矿床产出形式也丰富多样。这里以新疆包古图金矿为例,论述研究石英脉型金矿地质和地球化学的基本方法。

包古图金矿位于新疆西准噶尔包古图地区南部,距离包古图斑岩铜金矿床西南约15 km,赋矿地层为下石炭统凝灰岩和凝灰质砂岩。矿体主要为含金硫化物-石英脉或者石英网脉,呈透镜状和带状成群产出(矿脉宽0.5~3 m,平面延伸10~150 m,沿倾向延伸至地下约1000 m)。主要矿物组合为黄铁矿-毒砂-自然金-辉锑矿-自然锑-黝铜矿(图7-6),自然金与黄铁矿和毒砂共生。方解石脉中的自然锑与辉锑矿伴生。发育三阶段热液演化过程:乳白色粗粒石英脉、烟灰色含金石英-硫化物脉和方解石脉。粗粒石英脉(阶段Ⅰ)含少量钠长石、绢云母、自形黄铁矿和毒砂。黄铁矿As含量较低(<1 wt%),并含少量Co和Ni (表7-2),常被毒砂或含砷黄铁矿交代(图7-6a~b)。阶段Ⅱ形成的脉石矿物主要包括石英、绢云母、铁白云石、方解石和少量菱铁矿:早期(阶段Ⅱ$_a$)形成细粒石英、绢云母、毒砂、黄铁矿、含砷黄铁矿和自然金;之后(阶段Ⅱ$_b$)形成铁白云石、菱铁矿、方解石、毒砂、磁黄铁矿、铁黝铜矿、辉锑矿和自然金集合体。自然金主要与毒砂和黄铁矿共生(图7-6c)。他形闪锌矿与自形毒砂共生(图7-6d)。铁黝铜矿常交代黄铁矿,与方解石或石英共生(图7-6d~e)。方解石脉(阶段Ⅲ)主要由方解石和石英组成,含少量菱铁矿、铁白云石、黄铁矿、磁黄铁矿、毒砂、辉锑矿、铁黝铜矿、锑硫镍矿和自然锑。铁黝铜矿交代早期黄铁矿,辉锑矿交代毒砂(图7-6f)。锑硫镍矿呈孤岛状分布在方解石脉中。自然锑含少量As (2.0%~2.5%)以及微量S、Fe、Cu、Pb、Au和Ni。自然锑可能是黝铜矿分解的产物:

$$Cu_{10}Fe_2Sb_4S_{13} + Fe^{2+} + H_2S + H_2O \longrightarrow CuFeS_2 + FeS + Sb + H^+ + O_2$$

在氧逸度降低、pH升高的成矿环境中,上述反应发生,形成稳定的黄铜矿-磁黄铁矿-自然锑组合。

成矿阶段Ⅱ$_b$形成辉锑矿,在辉锑矿稳定区域,>350℃时,Sb的溶解度>1000×10^{-6};<250℃时,Sb的溶解度降低至<10×10^{-6}(图7-7)。温度降低导致辉锑矿结晶。在弱酸性且氧逸度位于黄铁矿-赤铁矿边界的热液体系中,Sb浓度>100×10^{-6},氧逸度降低1个lg单位,将导致99%的Sb结晶形成辉锑矿。当HSb$_2$S$_4^-$为热液中Sb的主要迁移形式时,pH骤降导致辉锑矿结晶:

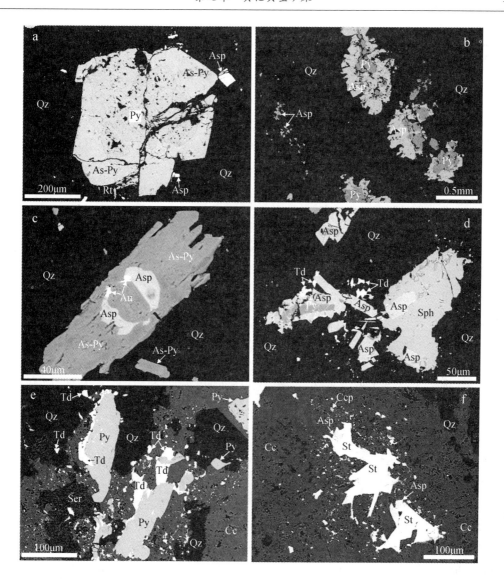

图 7-6 包古图金矿中矿物共生关系：(a) 含砷黄铁矿交代黄铁矿；(b) 毒砂交代黄铁矿；(c) 含砷黄铁矿包裹共生的毒砂和自然金；(d) 闪锌矿与毒砂共生，毒砂交代黄铁矿；(e) 黝铜矿交代黄铁矿；(f) 辉锑矿交代毒砂. Asp—毒砂，As-Py—含砷黄铁矿，Au—自然金，Cc—方解石，Ccp—黄铜矿，Qz—石英，Ser—绢云母，St—辉锑矿，Td—黝铜矿，Sph—闪锌矿

$$HSb_2S_4^- + H^+ \rule[0.5ex]{1em}{0.4pt} Sb_2S_{3\text{辉锑矿}} + H_2S$$

阶段Ⅱ矿石的 Sc、V、Co、Ni、Cu 和 Ga 的含量明显高于阶段Ⅰ（3～5 倍）。阶段Ⅰ矿脉的微量元素含量很低（REE＝0.83×10^{-6}～3.67×10^{-6}，表 7-3）。在原始地幔标准化多元素图解中，阶段Ⅰ矿脉强烈富集 LILE、Ta、Nb 和 Y，亏损 Zr、Hf。球粒陨石标准化 REE 配分模式呈右倾型（La/Yb＝8.53～21.89），正 Eu 异常（δ_{Eu}＝1.09～1.80），无 Ce 异常（δ_{Ce}＝0.96～1.01）。阶段Ⅱ矿脉相对富集 LILE，亏损 Ta-Nb，微弱富集 Zr、Hf 和 Y（REE＝11.01×10^{-6}～30.18×10^{-6}）。

表 7-2 包古图金矿中主要矿石矿物的代表性电子探针分析结果(wt%)

矿物	阶段	S	As	Fe	Pb	Co	Ag	Cu	Sb	Zn	Au	Ni	总计
毒砂	I	21.51	43.02	34.27	0.08	0.08	0.02	0.04	0.00	0.00	0.00	0.00	99.02
毒砂	I	21.36	41.89	35.53	0.00	0.05	0.00	0.00	0.00	0.00	0.17	0.00	99.09
毒砂	II	21.76	42.76	35.68	0.00	0.03	0.06	0.00	0.00	0.00	0.08	0.00	100.37
毒砂	II	21.88	43.08	35.56	0.00	0.07	0.00	0.00	0.00	0.00	0.06	0.00	100.65
黄铁矿	I	53.25	0.02	46.12	0.00	0.11	0.00	0.15	0.00	0.00	0.00	0.02	99.67
黄铁矿	I	53.36	0.03	45.70	0.00	0.16	0.04	0.00	0.00	0.00	0.00	0.05	99.34
黄铁矿	II	53.18	0.69	46.51	0.04	0.07	0.00	0.04	0.00	0.00	0.03	0.03	100.57
黄铁矿	II	53.06	0.49	45.91	0.00	0.07	0.00	0.04	0.00	0.00	0.00	0.04	99.61
含砷黄铁矿	II	51.71	1.74	45.88	0.00	0.07	0.06	0.06	0.00	0.00	0.17	0.00	99.69
含砷黄铁矿	II	52.41	1.38	45.90	0.00	0.08	0.00	0.02	0.00	0.00	0.11	0.00	99.90
含砷黄铁矿	II	50.53	3.55	42.50	0.00	1.86	0.00	0.61	1.14	0.00	0.09	0.12	100.40
磁黄铁矿	III	38.02	0.09	60.47	0.00	0.00	0.00	0.01	0.00	0.00	0.05	0.02	98.72
黝铜矿	III	25.05	0.96	4.14	0.00	0.00	2.03	37.38	27.92	3.27	0.00	0.00	100.75
黝铜矿	III	25.13	1.76	5.23	0.08	0.03	1.77	36.19	27.27	3.16	0.00	0.00	100.62
锑硫镍矿	III	14.75	1.65	0.00	0.00	0.31	0.00	0.00	55.55	0.00	0.00	26.76	99.23
自然锑	III	0.06	2.32	0.11	0.00	0.00	0.00	0.00	97.06	0.04	0.06	0.15	99.87
自然锑	III	0.03	2.08	0.16	0.04	0.00	0.04	0.02	96.72	0.00	0.19	0.00	99.28
自然锑	III	0.09	2.23	0.97	0.00	0.02	0.06	0.06	96.73	0.00	0.05	0.04	100.25

成矿流体演化过程中,REE 含量逐渐升高,轻重稀土分异程度减弱,早期贫 REE 矿物(石英,毒砂,黄铁矿)结晶,使阶段 II 成矿流体中 REE 含量升高。围岩中硫化物的 REE 以及部分微量元素含量远远高于矿脉中的硫化物。围岩和矿脉中的硫化物均富集轻稀土,但它们之间存在显著差异(图 7-8)。矿脉中硫化物 REE 配分模式为强烈右倾型(REE 总量 $18.4 \times 10^{-6} \sim 26.9 \times 10^{-6}$),轻重稀土分异明显,$(La/Yb)_N = 24.0 \sim 36.1$,具明显 Eu 负异常($\delta_{Eu} = 0.50 \sim 0.64$)和弱 Ce 异常($\delta_{Ce} = 0.77 \sim 0.83$)。围岩中硫化物的 REE 总量($42.54 \times 10^{-6} \sim 56.12 \times 10^{-6}$)明显高于矿脉中的硫化物,轻重稀土分异相对较弱,$(La/Yb)_N = 12.50 \sim 17.39$,重稀土较平坦。在相对还原的体系中,Eu 主要呈 Eu^{2+} 价态,容易分馏,表现出明显的负 Eu 异常。在氧化性较强的体系中,Ce 主要呈 Ce^{4+} 价态而易发生分离,呈现负 Ce 异常。包古图金矿硫化物具有明显的 Eu 负异常和弱的 Ce 负异常,说明成矿体系的还原性较强。

与平均上地壳相比,金矿围岩和矿脉中的硫化物强烈富集 Ti、Au、Ag、As、Sb 和 Te。Ti 主要以金红石包裹体形式存在于硫化物中,Au 和 Ag 存在于硫化物中的自然金包裹体中。As、Sb 和 Te 主要以类质同象替代 S,As 和 Sb 是毒砂和黝铜矿的主要组成元素。在温度高于 300℃的热液体系中,毒砂中的 As 原子百分比反映体系温度(Scott,1983)。包古图金矿阶段 I 毒砂(As=29.8%~30.9%)对应的温度为 315~365℃;阶段 II 毒砂(As=29.0%~30.3%)对应 265~345℃。

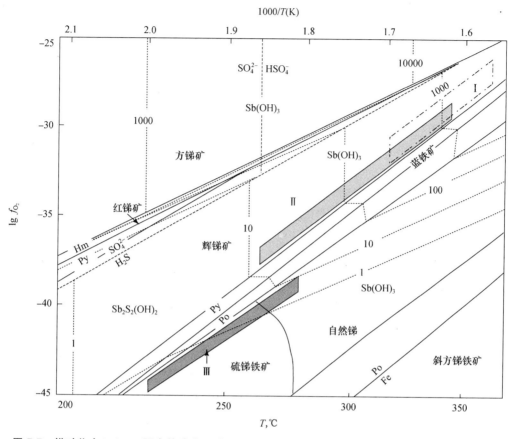

图 7-7　锑矿物在 $\lg f_{O_2}\text{-}T$ 图中的稳定区域,图中展示了 Sb 在不同氧逸度和温度条件下的溶解度和迁移形式,体系为中等 pH 条件,$\sum a_S = 0.01$. Ⅰ、Ⅱ 和 Ⅲ 分别代表包古图金矿的三个成矿阶段 (An & Zhu, 2010)

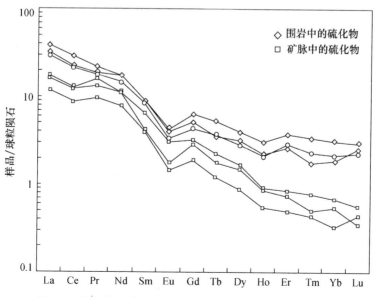

图 7-8　包古图金矿硫化物球粒陨石标准化的稀土配分模式

表 7-3 包古图金矿矿石的微量元素含量($\times 10^{-6}$)

	阶段 I	阶段 I	阶段 I	阶段 I	阶段 II	阶段 II	阶段 II	阶段 II	阶段 II
Sc	0.050	0.144	0.230	0.727	2.96	2.21	3.14	3.16	3.65
V	1.08	1.69	2.85	6.20	20.61	20.91	28.63	26.59	24.98
Co	0.693	0.790	0.838	1.24	2.93	3.73	5.18	4.95	4.51
Ni	2.52	2.49	2.58	4.08	3.55	8.07	10.10	11.19	6.31
Cu	4.82	8.46	6.18	7.00	91.42	12.55	9.32	22.37	41.03
Ga	0.753	0.852	1.03	1.67	3.50	3.35	4.85	4.22	3.94
Rb	0.940	1.53	2.57	4.34	13.57	14.53	21.37	20.83	14.46
Sr	28.99	28.30	41.41	47.44	102.8	48.74	38.36	32.08	218.1
Y	1.16	1.19	1.36	1.89	5.43	3.50	3.95	3.87	9.13
Zr	0.325	0.839	1.60	5.20	19.02	18.70	22.87	28.35	19.83
Nb	1.14	1.15	1.13	1.27	1.90	1.72	1.44	1.57	2.19
Cs	0.123	0.139	0.182	0.286	0.675	0.602	0.814	0.879	0.838
Ba	29.77	29.17	36.88	42.22	68.48	55.31	62.29	64.78	81.31
La	0.152	0.268	0.281	0.599	3.16	1.73	2.34	1.90	5.95
Ce	0.332	0.576	0.614	1.35	6.04	3.60	4.96	4.02	10.64
Pr	0.040	0.072	0.080	0.168	0.807	0.573	0.731	0.619	1.36
Nd	0.169	0.287	0.302	0.743	3.18	2.41	3.14	2.65	5.34
Sm	0.038	0.065	0.082	0.179	0.800	0.602	0.760	0.646	1.28
Eu	0.017	0.022	0.045	0.074	0.369	0.184	0.170	0.170	0.838
Gd	0.036	0.054	0.069	0.179	0.846	0.602	0.716	0.694	1.49
Tb	0.004	0.007	0.010	0.027	0.139	0.095	0.111	0.106	0.227
Dy	0.018	0.037	0.059	0.151	0.826	0.533	0.641	0.607	1.37
Ho	0.003	0.007	0.012	0.030	0.161	0.104	0.121	0.122	0.258
Er	0.008	0.015	0.032	0.078	0.431	0.276	0.331	0.323	0.691
Tm	0.001	0.002	0.005	0.011	0.062	0.039	0.047	0.046	0.094
Yb	0.009	0.012	0.028	0.070	0.392	0.250	0.304	0.288	0.573
Lu	0.001	0.002	0.004	0.011	0.059	0.038	0.046	0.044	0.082
Hf	0.011	0.027	0.049	0.157	0.658	0.650	0.773	0.894	0.734
Ta	0.049	0.064	0.048	0.073	0.212	0.124	0.078	0.154	0.147
Tl	0.050	0.050	0.052	0.062	0.110	0.091	0.106	0.108	0.157
Pb	1.87	2.08	1.52	1.37	5.24	2.27	2.09	4.01	6.49
Bi	0.026	0.031	0.025	0.027	0.118	0.051	0.070	0.087	0.118
Th	0.013	0.020	0.040	0.112	0.813	0.419	0.501	0.471	0.852
U	0.017	0.020	0.023	0.050	0.243	0.134	0.158	0.142	0.306
δ_{Eu}	1.38	1.12	1.85	1.26	1.37	0.93	0.70	0.78	1.85
δ_{Ce}	1.01	0.99	0.98	1.01	0.89	0.87	0.91	0.90	0.87
$(La/Yb)_N$	12.21	14.87	6.79	5.79	5.48	4.69	4.82	4.47	7.06

　　热液体系的硫逸度和温度从早期到晚期逐渐降低。阶段Ⅰ（315～365℃）黄铁矿在 $\lg f_{O_2}=$ $-32\sim-26$ 范围内稳定（图7-9a）。阶段Ⅱ黄铁矿-磁黄铁矿组合（265～345℃）对应的 $\lg f_{O_2}=$ -37（图7-9b）。阶段Ⅲ磁黄铁矿（220～280℃）对应的 $\lg f_{O_2}<-37$。早期绢云母与石英和黄铁矿共生，体系处于弱酸性环境（pH＝5～6）。绢云母化消耗了大量 H^+，导致体系 pH 升高，有利于碳酸盐矿物结晶。晚期形成大量碳酸盐矿物，指示碱性环境（pH＞7）。

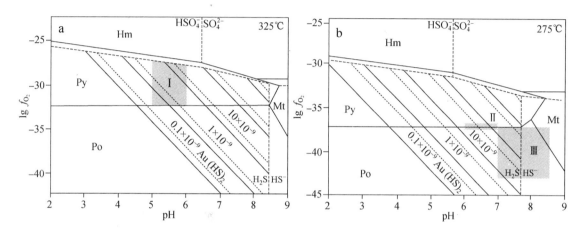

图7-9　包古图金矿不同阶段 pH 和氧逸度确定，325℃（a）和 275℃（b）条件下金溶解度和 Fe-S-O 矿物稳定区域

　　石英脉型金矿中发育自然砷的例子非常罕见。包古图Ⅳ号金矿发育自然砷，并且是主要的载金矿物（An & Zhu，2009）。包古图Ⅳ号金矿矿石中存在三类细脉：含金自然砷-粗粒石英脉、细粒石英-硫化物脉和方解石脉。早期在围岩中形成浸染状石英和绢云母或不含矿的石英脉，伴随大量细粒黄铁矿和毒砂，之后形成较粗大的含矿石英脉。矿石矿物主要为自然砷（图7-10a～c）、辉锑矿、银金矿以及少量毒砂、磁黄铁矿和黄铁矿。石英主要呈梳状构造沿硅化凝灰岩的裂隙生长，或围绕硅化凝灰岩团块生长，呈菊花状。梳状石英常发育生长环带，环带通过包裹大量显微自然砷和阳起石集合体显示出来，从内部向外表现出石英→石英＋自然砷＋阳起石→石英→石英＋自然砷＋阳起石的韵律（图7-10b，d）。

　　梳状石英外围常见方解石与毒砂、磁黄铁矿和黄铁矿共生。矿脉中出现少量银黝铜矿和辉锑银矿，与自然砷共生。该阶段形成银金矿（Au 70%～75%，Ag 25%～30%，As 0.5%～1.3%）。银金矿呈显微粒状包裹在自然砷中（图7-10e），或呈细粒他形与自然砷、辉锑矿、梳状石英共生。长柱状辉锑矿一般与自然砷或银金矿共生，产在粗粒石英脉中。晚期方解石脉中含大量辉锑矿、少量毒砂和磁黄铁矿。

　　包古图金矿矿石中自然砷含量与金含量呈正相关性。自然砷中 As 含量98%～98.7%，并含少量 Sb（1.4%～2.0%）和微量 S、Fe、Ag、Co、Ni、Te 和 Au。主成矿阶段矿化温度170～230℃，对应 $\lg f_{O_2}=-56.5\sim-42$（图7-11a）。自然砷-辉锑矿-毒砂-磁黄铁矿-黄铁矿组合在 $\lg f_{O_2}$-$\lg f_{S_2}$ 图中的稳定区域所对应成矿流体的 $\lg f_{S_2}$ 值为 $-16.6\sim-13.3$（图7-11b）。

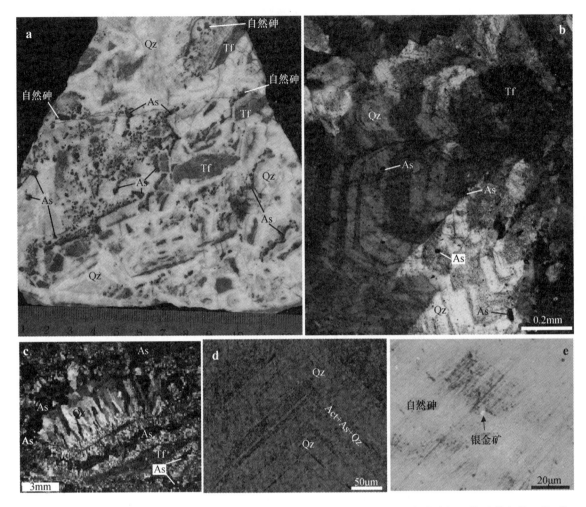

图7-10 包古图金矿中的主要矿物：(a) 石英和自然砷胶结凝灰岩角砾；(b) 自然砷与石英形成生长环带，其中见较大颗粒的自然砷包裹体，正交偏光；(c) 梳状构造石英集合体中充填自然砷，正交偏光；(d) 石英中由自然砷-阳起石-石英构成生长环带(局部)，单偏光；(e) 自然砷中的银金矿包裹体，反射光. As—自然砷，Act—阳起石，Qz—石英，Tf—凝灰岩

随着成矿流体物理化学条件的变化(如温度降低，pH变化)，As溶解度降低结晶出自然砷，引起Au溶解度降低，并使流体中的Au过饱和而结晶形成银金矿。在200℃条件下，辉锑矿和自然砷沉淀所需的硫逸度明显低于雌黄和雄黄，由于主成矿阶段流体的硫逸度较低($\lg f_{S_2} = -16.6 \sim -13.3$)，不能形成硫砷化合物(如雌黄和雄黄)，仅结晶出大量自然砷和辉锑矿。之后热液中残存的砷和硫形成毒砂、磁黄铁矿和黄铁矿。

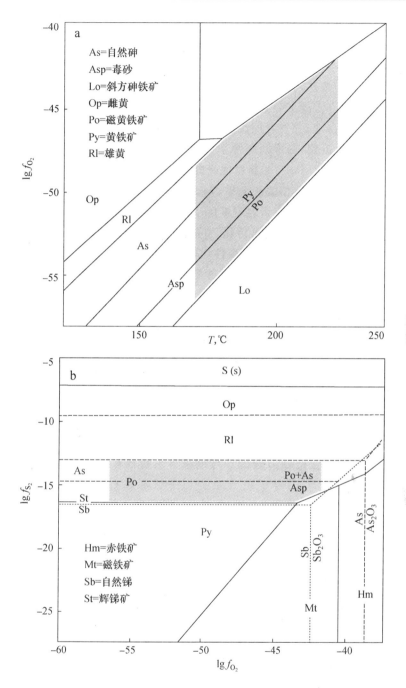

图 7-11 包古图金矿主成矿阶段矿物组合在 $\lg f_{O_2} - T$(a) 和 $\lg f_{O_2} - \lg f_{S_2}$ (200℃, b)图中的稳定区域

7.5 卡林型金矿

美国内华达州卡林型金矿形成于中-始新世,其历史产量和储量大于 6000 吨(Cline et al, 2005)。金矿分布受大陆边缘新元古代-寒武纪裂谷控制。沿着此大陆边缘沉积了中寒武-上泥盆统约 5 km 厚的碳酸盐台地,并发育同沉积伸展断层。碳酸盐台地伸展垮塌,形成小型断陷盆地。该地区普遍发育白云石化、局部断裂带中硅化强烈,并伴随沉淀了贱金属、重晶石和金。卡林型矿床的形成时间(42~37Ma)与始新世地壳伸展伴随的岩浆活动基本同时。在此期间,钙碱性花岗岩外围也形成了与侵入体相关的金矿,如 Battle 山的一些 Cu-Mo-Au 斑岩和矽卡岩型矿床,Bullion 岩体形成了 W-Cu-Au 矽卡岩型矿床、富 Ag-Pb-Cu 矿脉等。侏罗纪-白垩纪岩株或岩墙导致不同区域地质单元在晚始新世再活化,并聚集了含 Au 流体。古生代同生金矿提供了富集的 Au 源。与区域构造事件相关的热液事件均能够形成成矿流体,并诱发各种热液蚀变。

Goldstrike 金矿位于内华达西北,矿区受侏罗纪和始新世岩浆活动影响。晚始新世斑状英安岩、玄武安山岩和流纹岩主要沿断裂带分布,与卡林型金矿化基本同时。与卡林热液事件有关的早期蚀变以碳酸盐矿物、生物碎屑和细粒微晶基质的溶解为特征,局部伴随硅化而形成浸染状黄铁矿。黄铁矿含 As、Ni 和 Se(分别为 7.17%,1.42% 和 520×10^{-6})。与黄铁矿共生的富 Fe 闪锌矿(含 Fe 6.48%)富含微量元素(1.34% Hg,1.76% Cd,0.17% Mn,210×10^{-6} Se,670×10^{-6} Ga)。毒砂通常交代早期黄铁矿和白铁矿。

主要金成矿阶段以碳酸盐被石英强烈交代、碎屑长石和云母局部泥化以及含砷黄铁矿沉淀为特征。含金黄铁矿有两类:细粒浸染状含金黄铁矿(Ⅰ类)通常含 As、Sb、Ni、Cu、Tl、Hg 和 Se,空间上与早期黄铁矿、毒砂和闪锌矿共生。Ⅱ类含金黄铁矿主要沿层理面分布,以黄铁矿增生边的形式出现,微量元素含量相对较低。与细粒含金黄铁矿共生的闪锌矿富含 Fe、Cu、Cd、Mn、Se 等。黝铜矿-砷黝铜矿-闪锌矿组合通常与层状重晶石共生,被解释为沉积喷流成因(Emsbo et al, 2003)。然而,de Almeida et al(2010)的研究表明,这些矿物晚于成岩作用而早于热液矿物组合,不与重晶石共生。成矿晚期阶段形成细脉和晶洞,其中充填方解石、石英、重晶石、黏土矿物、黄铁矿、辉锑矿、闪锌矿和少量雌黄、雄黄和辰砂。

矿石的硅化程度(SiO_{2ex})与 CaO+MgO+LOI 协变图(图 7-12)显示,类型Ⅱ比类型Ⅰ矿石具有更高的 CaO+MgO+LOI 值和较低的硅化程度。将岩石中所有 Fe 都转换为黄铁矿所需硫的量称为硫化程度(DOS=S/(1.15×Fe)),如果所有 Fe 都在黄铁矿中,DOS=1,意味着样品完全发生了硫化。金品位与 DOS 之间没有明显关系。如果所有 Fe 和 S 都唯独进入黄铁矿的结构,它们的含量将会在 Fe(X)-S(Y)散点图中构成一条过原点的直线(Fe/S=1.15)。然而,大多数矿化样品都落在这条线之下。平均 Fe/S=0.92(0.14~1.43,类型Ⅰ)和 1.01(0.62~1.23,类型Ⅱ)。含 Fe 不纯碳酸盐岩的硫化作用,可能是 Au 与黄铁矿耦合沉淀的主要机制。As 与黄铁矿的量有较好相关性($r=0.7$)。含金黄铁矿和晚期黄铁矿含铊,Tl 与 Au 的相关性较好($r=0.69$),但与黄铁矿量的关系一般。因此,Tl 是高品位卡林型金矿化最好的指标性元素。含 >1% 黄铁矿样品的 As、Hg 和 Tl 含量均比较高(de Almeida et al, 2010)。

两类矿石的主要区别表现在蚀变程度、微量元素含量、黄铁矿含量及其化学成分以及黄铁矿的空间分布等方面,它们是成矿热液成分、水/岩比显著改变的体现,或者它们分别代表了成矿流体的远端和近端。成矿流体具低温（180～240℃）、低盐度（<3% NaCl）、低 Cl^- 和低 f_{O_2} 特征,含 CO_2、CH_4 和 H_2S。由 H_2S 活度下降引起 Au 与其他络合物同沉淀和吸附过程。雄黄、雌黄、辰砂和辉锑矿可以溶解于高温（>200℃）、碱性-近中性的溶液中,其溶解度随温度、pH 或 H_2S 活度降低而下降。因此,这些矿物一般出现在晚期热液脉中。流体与碳酸盐中的 Fe 反应,形成含 Au-As 黄铁矿（浸染状,类型Ⅰ）。在成矿区域边缘或末端,含 Fe 岩石通过硅化作用形成类型Ⅱ黄铁矿。在主成矿阶段,流体中 Au、As、Hg、Sb 和 Tl 不饱和。类型Ⅰ矿化遍及整个矿区,主要通过中温成矿流体与不纯碳酸盐之间反应形成于主要流体通道中。随着成矿流体向外运移,酸性减弱,在矿区边部形成类型Ⅱ矿化。

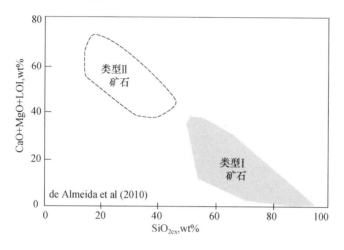

图 7-12　两类卡林型金矿矿石的 SiO_{2ex} 与 CaO＋MgO＋LOI 变异图. $SiO_{2ex} = SiO_2 - (2\,SiO_2 \times Al_2O_3)/Al_2O_3$

内华达州金 Bar 矿集区由 1 个大型金矿和另外 5 个小型金矿组成,这些矿床均分布在穿切泥盆纪灰岩地层的高角度正断裂带中。矿集区中没有出露侵入岩,但沿断裂带发育四期碧玉岩块体（J_0,J_1,J_2,J_3）。J_0 期碧玉岩块形成于成矿前期,石英的 $\delta^{18}O$ 值高（图 7-13）。主成矿阶段形成的碧玉岩以及晚期开放空间充填石英的 $\delta^{18}O$ 值变化巨大（3.7‰～24.5‰）。最大矿体附近灰岩中的碧玉岩具 Au-Ag-Hg-As-Sb-Tl 异常,且其 $\delta^{18}O$ 值很高（达到 28‰）。金矿规模与 $\delta^{18}O$ 值正相关,表明富 ^{18}O 流体带入了 Au。晚期成矿阶段的流体（200℃,含雄黄和雌黄的石英脉,$\delta^{18}O=-15‰$,$\delta_D=-116‰$）亏损 ^{18}O（雨水为主）。成矿晚期雄黄和辉锑矿（$\delta^{34}S=5.7‰～15.5‰$）以及重晶石（$\delta^{34}S=31.5‰～40.9‰$）的硫同位素特征说明,H_2S 和硫酸盐来自沉积岩地层。晚期方解石的 $\delta^{13}C$ 和 $\delta^{18}O$ 分别为 $-4.8‰～1.5‰$ 和 11.5‰～17.4‰（图 7-13）,说明 CO_2 来自海相灰岩。基于上述流体地球化学特征,以及矿集区缺乏侵入岩的地质特点,Yigit et al（2006）认为该矿床是地热流体在断裂带中演化的产物。

我国滇黔桂和秦岭地区广泛发育卡林型金矿化（如:胡瑞忠等,1995,2007;张复新等,1998;张静等,2002;Hu et al,2002）。对滇黔桂金三角的卡林型金矿的研究表明（陈懋弘等,2009）,含砷黄铁矿和毒砂是主要的载金矿物。载金黄铁矿主要以环带状含砷黄铁矿和细粒自形含砷黄铁矿为主,黄铁矿核部贫 As 和 Au,富 S 和 Fe,Au 与 As 的含量正相关。核部贫 As 的黄铁矿成因复杂,既有成矿早阶段的热液成因,又有受热液蚀变交代的沉积成因。核部和环带是不同成矿阶段的产物。元素的相关关系表明环带中 As 主要取代 S 的位置。黄铁矿边缘的环带是主要的载金部位。细粒含砷黄铁矿结构均匀,类似环带状黄铁矿的边缘部分。载金矿物的结晶顺序为:贫砷的沉积成因或早阶段热液成因黄铁矿→富砷的细粒黄铁矿颗粒和富砷黄铁矿环带→毒砂。滇黔桂金三角卡林型金矿不同矿床的载金矿物特征和金赋存状态基本一致,显示其成矿作用的一致性。

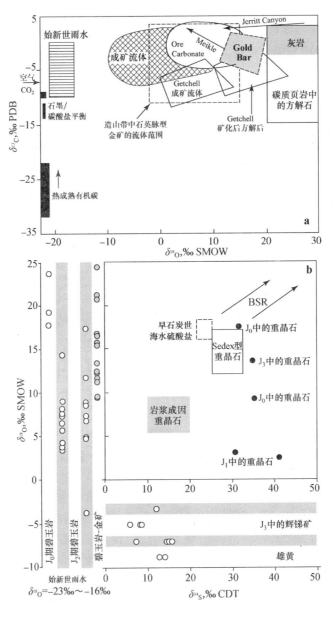

图 7-13　金 Bar 矿集区 $\delta^{13}C$-$\delta^{18}O$(a)和 $\delta^{34}S$-$\delta^{18}O$(b)同位素变异图.箭头显示细菌硫化物还原区域(BSR, Yigit et al, 2006)

7.6　块状硫化物矿床

　　以火山熔岩和火山碎屑岩为容矿围岩的块状硫化物矿床(常简写为 VHMS 或 VMS),代表地质历史时期,通过海底热液活动,形成黑烟囱倒塌、堆积而成的一类矿床。这种矿床是重要的铜、铅、锌、银和金的来源,可以形成于多种大地构造环境中(Piercey,2011)。VHMS 分成三类:塞浦路斯型、黑矿型(包括 Noranda、Kuroko)和别子型(Besshi 型)。塞浦路斯型矿床含有小的、层状的、赋存于玄武岩的中等品位矿石,矿石中以铜和锌为主。与塞浦路斯型 VHMS 矿有关的铁镁质和超铁镁质岩石都形成于洋中脊或者弧后扩张中心。矿石矿物组合为黄铁矿-黄铜矿-磁铁矿-闪锌矿,并含少量方铅矿和磁黄铁矿。矿体受正断层控制,这些正断层是流体向海底释放的通道。扩张洋脊中活动的黑烟囱是现代塞浦路斯型 VHMS 矿的雏形。Noranda 型矿常出现在太古宙-元古宙的绿岩带中。黑矿型 VHMS 一般形成于水下火山喷发的铁质火山碎屑岩穹隆中。与铁质火山岩有关的 Kuroko 矿床一般呈层状,围岩可以是流纹岩、英安岩以及玄武岩。矿体一般由上部的"黑色矿石"(主要为黄铁矿-闪锌矿-黄铜矿±磁黄铁矿±重晶石±方铅矿)和下部的"黄色矿石"(黄铁矿-黄铜矿±闪锌矿±磁黄铁矿±磁铁矿)构成。重晶石和燧石是常见的脉石矿物。别子型矿体往往呈薄席状,主要由分层很好的磁黄铁矿-黄铜矿-闪锌矿-黄铁矿以及少量方铅矿组成,矿体与陆源碎屑沉积岩和钙碱性玄武岩-安山质火山岩互层。

　　对西南太平洋冲绳海槽现代海底烟囱硫化物矿床、日本小坂矿山上向黑矿和中国西南呷村黑矿型矿床矿石地球化学的对比研究表明(侯增谦 & 浦边郎,1996):与洋脊环境 VHMS 矿床相比,岛弧裂谷环境产出的黑矿型矿床相对富 Pb、As、Sb、Ag、Au 等,相对贫 Cu、Fe、Se 等。不同时代的黑矿型矿床的矿石化学存在一定差异。矿床硫化物成分受岛弧张裂程度制约,与岛弧壳层物质及海相火山岩系密切相关,成矿物质来源于壳层火山岩系。古代与现代黑矿型矿床块状矿体内元素化学分带类型一致。

　　对 VHMS 矿床地质特征的描述和系统研究,提出了多种成因模型,一些模型已经被现代黑烟囱体系的观测结果所证实。然而,对于成矿金属元素的来源,存在不同认识,一些学者认为金属主要萃取自矿体下部岩石,另外一些学者认为金属直接来源于岩浆热液。在 VHMS 热液条件下,Zn 比 Cu 的溶解度高。当流体与岩石反应时,Zn 比 Cu 更容易进入流体。相反,除了温度特别高的情况,相同溶解条件下的淋滤作用很难更富集 Cu,而需要额外来源的 Cu。热卤水可以从围岩中通过淋滤萃取大量 Zn,而岩浆流体更容易富集 Cu,因为在岩浆结晶分异作用中,Zn 优先分配进入黑云母和角闪石以及氧化物中,残余熔体相对富集 Cu,并最终进入超临界岩浆流体。

　　大多数 VHMS 矿床具有类似的蚀变矿物组合,形成石英、绿泥石、白云母/绢云母、绿帘石、钠长石和黄铁矿。现代 VHMS 矿床可分为高硫型和低硫型两类。低硫型体系(石英-绿泥石-绢云母)常见,实例包括 North Fiji 以及沿洋中脊分布的矿床。高硫型矿化体系包括 Okinawa Trough、Palinuro Seamount、Conical Seamount、Lau Basin 和 Desmos 等。巴布亚新几内亚的 Conical Seamount 多金属块状硫化物矿床产在海底碱性玄武岩中,矿石的 Au 平均浓度为 25×10^{-6}。存在三类矿化(Gemmell et al,2004):(1) 网脉状、细脉浸染状矿化主要由黄铁矿、白铁矿、伊利石(蒙脱石)、玉髓、绿泥石、高岭石、明矾石、磷酸盐矿物组成,黄铁矿 $\delta^{34}s = -17.5‰ \sim 6.1‰$;(2) 脉状和浸染状矿化主要包括黄铜矿、方铅矿、黄铁矿、Cu-Pb-As-Sb 硫盐类、自然金、玉髓、伊利石、冰长石、次生长石、绿泥石、重晶石和磷灰石，贱金属硫化物的 $\delta^{34}S=-9.5‰\sim$ 3.9‰；(3)断裂充填和气孔充填型矿化主要形成雄黄、阿硫砷矿、雌黄、辉锑矿、黄铁矿等。巴布亚新几内亚东部 Mannus 盆地中存在 3 个活动热液区(Pacmanus，SuSu 和 Desmos)。Desmos 火山口熔岩为玄武质安山岩，其白烟囱流体的酸性极强(pH＝2,88～120℃)，热液柱富集 CH_4、SO_4^{2-}、Mn 和 Al(Gamo et al，1997)。流体具有较低的 δD 和 $\delta^{34}S$ 值，泥化蚀变组合包括石英、明矾石、高岭石-地开石、水铝石、自然硫、黄铁矿和叶蜡石(类似高硫环境中高级泥化组合)。气孔和断层带中分布着自然硫，其 $\delta^{34}S$ 在 $-6.8‰\sim-5.9‰$ 之间变化。

　　现代洋底热液遗址的硫化物和自然硫同位素组成变化很大(图 7-14)，说明现代 VHMS 矿床中硫的来源多样(包括海水硫酸盐、从基底火山岩和沉积岩中淋滤硫化物、岩浆热液)。对于洋中脊热液体系，流体中 H_2S 的 $\delta^{34}S$ 值显示 MORB 来源的特征(少部分来源于海水硫酸盐，Shanks et al，1995)。西太平洋岛弧环境洋底热液体系硫化物的 $\delta^{34}S=-8‰\sim16‰$，其中的轻硫($\delta^{34}S=-7.3‰\sim-2.8‰$)和自然硫($\delta^{34}S=-4.8‰\sim-2.4‰$)来自岩浆系统(Herzig et al，1998)。

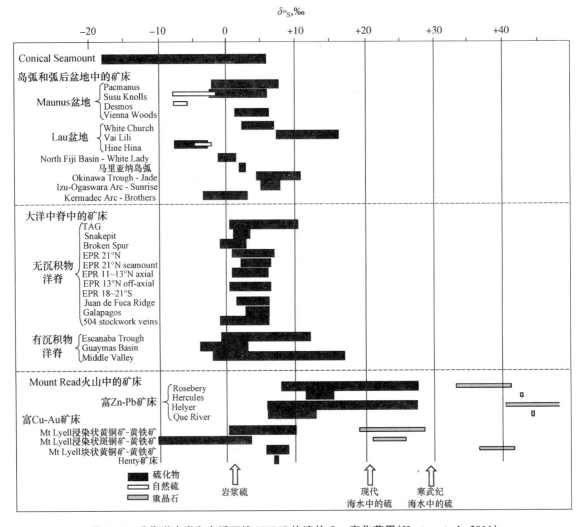

图 7-14　现代洋中脊和岛弧环境 VHMS 热液的 $\delta^{34}S$ 变化范围(Huston et al，2011)

岛弧环境中,俯冲板片之上地幔楔部分熔融,可以产生富挥发分、氧化性强的岩浆,形成高硫型热液系统。与花岗岩相关的 VHMS 矿床,主要与来源于弧后扩张减压熔融产生的岩浆有关,其中的挥发分相对较少。岩浆热液型锡矿床往往与富挥发分壳源岩浆在大陆碰撞或伸展过程中的侵位有关。虽然大多数 VHMS 矿床的 Sn 来自流体对下伏火山堆的淋滤,但欧洲 Iberian 黄铁矿带中的 Neves Corvo 锡矿,岩浆热液对成矿作用有重要贡献。矿区酸性火山岩分异强烈,可能是深部富 Sn 花岗岩体在地表的显示,成矿流体富 $\delta^{18}O$(8.3‰)和 δ_D(−37‰~−11‰,Relvas et al,2006)。

澳大利亚 Panorama 矿床是已知最老的 VHMS 矿床(~3240Ma)。火山堆(玄武岩-安山岩-英安岩)底部淋滤所形成的金属硫化物的分带,在空间上与石英-绿泥石蚀变组合相连。火山锥被燧石和其上的浊积岩层覆盖。火山锥下部依次出现花岗斑岩、花岗岩外部相带和花岗岩内部相带。石英-黄玉、石英-萤石和石英-白云母蚀变组合在花岗岩内部相发育,并延伸到外部相。石英-黄铜矿-闪锌矿-锡石脉在花岗岩外部相带底部发育,并延伸到与火山堆的接触边界区域。上覆火山堆中缺乏石英-黄铜矿等热液脉。以花岗岩为中心的垂直蚀变分带体系,未进入上覆火山堆。

加拿大 Finlayson 湖地区分布着一些大型 VHMS 矿床。Wolverine 矿床赋存在弱变形早石炭世酸性火山岩、酸性侵入岩以及沉积岩中(弧后盆地环境),矿床由两个透镜体组成(Lynx 和 Wolverine),矿物组合为黄铁矿、闪锌矿、少量黄铜矿和方铅矿、微量黝铜矿、毒砂、辉锑铅矿、硫锑铅矿、辉锑银矿和银金矿。在矿体中心厚层矿化带中,与块状硫化物矿体接触的下盘为酸性火山碎屑岩,遭受强烈蚀变,并形成浸染状黄铁矿、闪锌矿、黄铜矿和方铅矿细脉。Lynx 和 Wolverine 边缘薄层矿带的上、下盘均为碳质泥岩。同一地区的 Kudz Ze Kayah(KZK)和 GP4F 矿床赋存在酸性弧后盆地火山-沉积岩中。KZK 硫化物透镜体最大矿化厚度为 34 m。下盘火山碎屑岩遭受强烈蚀变,上盘流纹岩的蚀变不明显。一些厚数米的花岗质伟晶岩墙切穿下盘次火山岩和硫化物矿带。GP4F 矿体产在倒转的单斜地层中,矿体由黄铁矿、闪锌矿、方铅矿、磁黄铁矿和微量黄铜矿组成。识别出六类矿石(自下而上):类型Ⅰ(网脉状矿化)产于下盘火山碎屑岩中,热液蚀变包括绢云母化、绿泥石化、钠长石化(仅出现在 KZK 矿床)、铁白云石化和硅化。类型Ⅱ(黄铜矿-黄铁矿-磁黄铁矿,俗称"黄带")为高品位矿带(黄铜矿为主)夹磁黄铁矿-黄铁矿层,厚度一般<2 m。类型Ⅲ(黄铁矿-闪锌矿,俗称"黑带")位于黄带之上,主要由闪锌矿和黄铁矿组成,其中夹带状闪锌矿、黄铁矿、黄铜矿以及少量磁黄铁矿层,见方铅矿-硒铅矿固溶体、毒砂以及黝铜矿。类型Ⅳ为硫化物角砾型矿化。类型Ⅴ矿石富重晶石(俗称"白带"),一般分布在矿体上部,主要由重晶石(40%)、黄铁矿、闪锌矿、方铅矿和黝铜矿组成。类型Ⅵ为再活化矿化,硫化物集合体一般沿伟晶岩墙边界分布。

在网脉状矿化和蚀变岩中,黄铁矿呈细粒浸染状(局部草莓状)。随蚀变程度增强,早期黄铁矿被黄铜矿和磁黄铁矿交代,矿石底部的 Se 含量通常最高(达 3190×10^{-6}),且变化范围很大。黄带矿石中,黄铁矿呈残晶被磁黄铁矿和黄铜矿交代。黑带矿石中,闪锌矿主要填充在黄铁矿间隙。磁黄铁矿局限于矿床底部的网脉状和黄带矿石中,与交代早期闪锌矿和黄铁矿的黄铜矿共生。磁黄铁矿中 Se 含量在网脉状矿石底部最高(达 2850×10^{-6})。方铅矿在所有类型矿石中均出现,其分布明显受地层位置控制。在硫化物透镜体上部,方铅矿呈他形分布在黄铁矿和闪锌矿颗粒之间,通常与黝铜矿和痕量银金矿共生。方铅矿中 Se 含量变化范围很大,从黄带矿石中的 16.8% 到黑带矿石中的 $<130 \times 10^{-6}$。在接近矿床上部和边部的角砾岩状矿石中,方铅矿中 Se 含量在显微尺度上变化明显:角砾中方铅矿的 Se 含量低(0.08%),基质中方铅矿的 Se 含量达

14.2%。黝铜矿成分变化范围很大,从贫 Cu、富 Sb 的辉银矿-黝铜矿到富 Cu、贫 Sb 的黝铜矿。黝铜矿中 Se 含量变化范围很大(($<135\times10^{-6}$)~4830×10^{-6})。重晶石的 Se 含量低于检测限。方铅矿的 Se 含量随地层高度升高(温度降低)逐渐降低。在矿体下部,黄铁矿、磁黄铁矿与黄铜矿共生,高 Fe 闪锌矿(12~16 mol% FeS)显示 $\lg a_{O_2} = -36 \sim -31$,$\lg a_{S_2} = -11 \sim -8$。矿床上部缺失磁黄铁矿和黄铜矿,其中的贫 Fe 闪锌矿(4~7 mol% FeS)指示低温(<250℃)和氧化环境。>200℃时,流体中 Se 和 S 分别主要以 H_2Se 和 H_2S 形式存在。低温(<150℃)条件下单质 Se 不稳定。

KZK 矿床底部 Se 含量高,与现代海底热液富 Cu 黑烟囱相似(13°N 东太平洋洋脊,含量高达 1000×10^{-6})。模拟计算表明,需要比现代海底黑烟囱更高的 Se,才能满足形成 Wolverine 黄铁矿所需要 Se 的量。黄铜矿和硒铅矿在网脉状和黄带矿石中同时沉淀,表明成矿流体中 H_2Se 活度高。结果表明,硒铅矿和黄铜矿的稳定域在 S/Se 比值较低(H_2Se 活度较高)时,与 Cu 和 Pb 矿物在成矿流体中的最小溶解度(lgQ/K)区间相交(图 7-15 中虚线框区域),硒铅矿和黄铜矿同时沉淀。在矿体上部和边部,海水与成矿流体混合,产生大量 SO_4^{2-},形成硒化物与硫酸盐共生组合(图 7-16)。

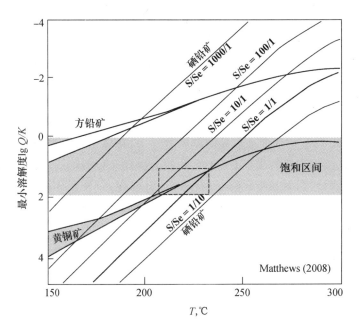

图 7-15　最低饱和度 lgQ/K 对温度的图解,显示 Cu 和 Pb 矿物相与 H_2S/H_2Se 随温度的变化关系

Finlayson 湖地区的 VHMS 矿床富 Cu 层位和下盘矿化含有最高的 Se 含量。>250℃的成矿流体具有较高的 Se/S,按 Se 含量递减顺序,依次形成硒铅矿、方铅矿、黄铜矿、闪锌矿、黄铁矿、磁黄铁矿。低温(<250℃)成矿流体的 Se/S 比值较低,从其中沉积出的黄铜矿、闪锌矿、黄铁矿、黝铜矿和方铅矿,具有相似且较低的 Se 含量。高 Se/S 流体可以交代硫化物,形成包括硒铅矿在内的富 Se 矿物。同时期火山岩和火山碎屑岩(尤其是碳质页岩)是 Se 的重要来源。

硫化物中 Se 含量变化由以下因素控制:(1)硫化物沉淀和分解反应引起流体中 Se/S 比值改变;(2)Se 随温度变化产生分馏;(3)Se 随氧化还原条件、pH 变化产生分馏。Se 的可能源区包括海水循环过程中从沉积岩中萃取 Se,热液活动过程中从酸性火山岩、火山碎屑岩和侵入岩中淋滤 Se,同生岩浆挥发分中的 Se。在海水表层和近表层,生物吸附溶解 Se 形成生物硒化物。这些生物硒化物通过海水循环到深部后,被加热,生物降解,Se 又被释放出来。富 Se 流体上升将 Se 带到地表,生物作用又将 Se 还原为 Se^{2-} 固定下来。通过火山喷发和大陆碎屑补充 Se,将导致海水 Se 含量升高。这可能发生在海水-沉积物接触面,生物成因岩屑堆积以及早期成岩过程生成的 H_2S 和 H_2Se,与在缺氧环境孔隙水中溶解的金属元素反应,生成硫化物,这个过程可以解释全球黑色页岩中极高的 Se 丰度。

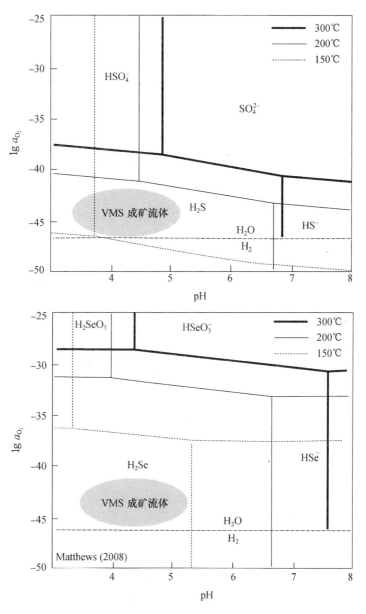

图 7-16　$\lg a_{O_2}$ 对 pH 的图解,显示主要 S 和 Se 的存在形式和相关系

  Wolverine 矿床的 S/Se 比值($\sim$100)与典型岛弧酸性侵入体相似。Se 在岩浆流体中可能以 SeO_4 形式存在,之后快速还原为 H_2Se。同生岩浆 Se 出溶可以提供 Wolverine 和 KZK 矿床中一部分的 Se,还应存在另外的 Se 储库。用酸性火山岩平均 Se 含量(66×10^{-9})和页岩的平均 Se 含量(210×10^{-9}),假定 5%$\sim$8%的 Se 淋滤出来,将需要异常巨大的体积($\sim$1000 km^3)以便积累形成 Wolverine 矿床所需要的 Se。如果用矿区附近黑色页岩的 Se 平均含量(3200×10^{-9})测算,所需储库体积仅为 10 km^3。

  在沉积环境中形成的矿床,含较高的 Se 和较低的硫化物(具较高的 Se/S 比值)。海底蚀变过程中,原始硫化物的氧化导致海水优先带走 S,产生 Se/S 比值高的次生矿物。富有机质的降解,以及沉积物-流体相互作用,也可以产生高 Se/S 流体。Wolverine 矿床形成期间,沉积了 51 m 厚的碳质黏土岩。碳质黏土岩的存在、矿体中硫同位素组成($-5‰\sim27‰$),以及重晶石的缺失,都说明硫化物矿床形成于海底缺氧环境。

主要参考文献

Addy S K, Garlick G D. Oxygen isotope fractionation between rutile and water. Contrib Miner Petrol, 1974, 45: 119—121.

Alexandre P, Kyser K, Jiricka D, et al. Formation and evolution of the centennial unconformity-related uranium deposit in the South-Central Athabasca Basin, Canada. Econ Geol, 2012, 107: 385—400.

An F, Zhu Y F. Native antimony in the Baogutu gold deposit (west Junggar, NW China): its occurrence and origin. Ore Geology Reviews, 2010, 37: 214—223.

An F, Zhu Y F. Native arsenic found in Baogutu gold deposit. Chinese Science Bulletin, 2009, 54: 1744—1749.

Anglin C D, Jonasson J R, Franklin J M. Sm-Nd dating of scheelite and tourmaline: implications for the genesis of Archean gold deposits, Val d'Or, Canada. Econ Geol, 1996, 91: 1372—1382.

Archibald S M, Migdissov A A, Williams-Jones A E. The stability of Au-chloride complexes in water vapor at elevated temperatures and pressures. Geochim Cosmochim Acta, 2001, 65: 4413—4423.

Ashwal L D, Webb S J, Knoper M W. Magmatic stratigraphy in the Bushveld northern lobe: continuous geophysical and mineralogical data from the 2950m Bellevue drill core. South African Journal of Geology, 2005, 108: 199—232.

Bajwah Z U, Secombe P K, Offler R. Trace element distribution, Co : Ni ratios and genesis of the Big Cadia iron-copper deposit, New South Wales, Australia. Miner Deposita, 1987, 22: 292—300.

Baker T, Bertell M, Blenkinsop T, et al. P-T-X conditions of fluids in the Sunrise Dam gold deposit, western Australia, and implications for the interplay between deformation and fluids. Econ Geol, 2010, 105: 873—894.

Ballantyne J M, Mooke J N. Arsenic geochemistry systems. Geochim Cosmichim Acta, 1988, 52: 474—483.

Ballantyne G H, Smith T W, Redmond P B. Society of Economic Geologists Guidebook, 1997, 29: 147—153.

Barnes H L. Geochemistry of Hydrothermal Ore Deposits. Wiley-Interscience, 1970.

Barnes S J, Maier W D, Curl E A. Composition of the marginal rocks and sills of the Rustenburg layered suit, Bushveld complex, South Africa: implications for the formation of the platinum-group element deposits. Econ Geol, 2010, 105: 1491—1511.

Barnicoat A C, Henderson I H C, Knipe R J, et al. Hydrothermal gold mineralization in the Witwatersrand Basin. Nature, 1997, 386: 820—823.

Bastrakov E N, Skirrow R G, Davidson G J. Fluid evolution and origins of iron oxide Cu-Au prospects in the olympic dam district, gawler craton, south Australia. Econ Geol, 2007, 102: 1415—1440.

Bau M, Dulski P. Comparative study of yttrium and rare earth element behaviors in fluorine-rich hydrothermal fluids. Contrib Miner Petrol, 1995, 119: 213—223.

Beaudoin G, Pitre D. Stable isotope geochemistry of the Archean Val-d'Or (Canada) orogenic gold vein field. Miner Deposita, 2005, 40: 59—75.

Bekker A, Barley M E, Fiorentini M L, et al. Atmospheric sulfur in Archean Komatiite-hosted nickel deposits. Science, 2009, 326: 1086—1089.

Bell A S, Simona A, Guillong M. Experimental constraints on Pt, Pd and Au partitioning and fractionation in silicate melt-sulfide-oxide-aqueous fluid systems at 800 °C, 150 MPa and variable sulfur fugacity. Geochim Cosmochim Acta, 2009, 73: 5778—5792.

Bockrath C, Ballhaus C, Holzheid A. Fractionation of the platinum-group elements during mantle melting. Science, 2004, 305: 1951—1953.

Bodnar R J. Revised equation and tables for determing the freezing point depression of H_2O-NaCl solution. Geochim Cosmochim Acta, 1993, 57: 683—684.

Bonnemaison M, Marcoux E. Auriferous mineralization in some shear-zones: a three-stage model of metallogenesis. Miner Deposita, 1990, 25: 96—104.

Bonyadi Z, Davidson G J, Mehrabi B, et al. Significance of apatite REE depletion and monazite inclusions in the brecciated Se-Chahun iron oxide-apatite deposit, Bafq district, Iran: insights from paragenesis and geochemistry. Chem Geol, 2011, 281: 253—269.

Brenan J M. Re-Os fractionation by sulfide melt-silicate melt partitioning: a new spin. Chem Geol, 2008, 248: 140—165.

Campbell F A, Ethier V G. Nickel and cobalt in pyrrhotite and pyrite from the Faro and Sullivan orebodies. Can Mineral, 1984, 22: 503—506.

Cawthorn R G. Pressure fluctuations and the formation of the PGE-rich Merensky and chromitites reefs, bushveld complex. Mineral Deposita, 2005, 40: 231—235.

Chen Y J, Chen H Y, Zaw K, et al. Geodynamic settings and tectonic model of skarn gold deposits in China: an overview. Ore Geology Reviews, 2007, 31: 139—169.

Chesley J T, Halliday A N, Kyser T K, et al. Direct dating of Mississippi Valley-type mineralization: use of Sm-Nd in fluorite. Econ Geol, 1994, 89: 1192—1199.

Chiba H, Chacko T, Clayton R N, et al. Oxygen isotope fractionations involving diopside, forsterite, magnetite, and calcite: application to geothermometry. Geochim Cosmochim Acta, 1989, 53: 2985—2995.

Chopin C. Ultrahigh-pressure metamorphism: tracing continental crust into the mantle. Earth Planet Sci Lett, 2003, 212: 1—14.

Chouinard A, Williams-Jones A E, Leonardson R, et al. Geology and genesis of the multistage high-sulfidation epithermal Pascua Au-Ag-Cu deposit, Chile and Argentina. Econ Geol, 2005, 100: 463—490.

Clark A H. Are outsize porphyry copper deposits either anatomically or environmentally distinctive? Society of Economic Geologist Special Publication, 1993, 2: 213—282.

Clayton R N. Isotopic thermometry. In: Newton R C, Navrotsky A, Wood B J (eds), Thermodynamics of Minerals and Melts. New York: Springer-Verlag, 1981, 85—109.

Claypool G E, Holser W T, Kaplan I R, Sakai H, Zak I. The age curves of sulfur and oxygen isotopes in marine sulfate and their mutual interpretation. Chem Geol, 1980, 28: 199—260.

Clayton R N, O'Neil J R, Mayeda K. Oxygen isotope exchange between quartz and water. Journal of Geophysical Research, 1972, 77: 3057—3067.

Cline J S, Hofstra A H, Muntean J L, et al. Carlin-type gold deposits in Nevada: critical geologic characteristics and viable models. Econ Geol, 2005, 100: 451—484.

Cole A, Wilkinson J J, Halls C, et al. Geological characteristics, tectonic setting and preliminary interpretations of the Jilau gold-quartz vein deposit, Tajikistan. Miner Deposita, 2000, 35: 600—618.

Cole D R, Ripley E M. Oxygen isotope fractionation between chlorite and water from 170 to 350℃: a preliminary assessment based on partial exchange and fluid/rock experiments. Geochim Cosmochim Acta, 1999, 63:

449—457.

Connors K A, Noble D C, Bussey S D, Weiss S I. Initial gold contents of silicic volcanic rocks: bearing on the behavior of gold in magmatic systems. Geology, 1993, 21: 937—940.

Cook N J, Ciobanu C L. Bismuth tellurides and sulphosalts from the Larga hydrothermal system, Metaliferi Mts, Romania: paragenesis and genetic significance. Miner Magazine, 2004, 68: 301—321.

Cook N J, Ciobanu C L, Wagner T, et al. Minerals of the system Bi-Te-Se-S related to the tetradymite archetype: review of classification and compositional variation. Can Miner, 2007, 45: 665—708.

Cooke D R, McPhail D C. Epithermal Au-Ag-Te mineralization, Acupan, Baguio district, Philippines: numerical simulations of mineral deposition. Econ Geol, 2001, 96: 109—131.

Cooke D R, Hollings P, Walshe J L. Giand porphyry deposits: characteristics, distribution, and tectonic controls. Econ Geol, 2005, 100: 801—818.

Cooke D R, et al. Characteristics and genesis of porphyry copper-gold deposits. University of Tasimania, Central for Ore Deposit Research Special Publication 5, 2004, 17—34.

Craw D. Geochemistry of late matemorphic hydrothermal alteration and graphitisation of host rock, Macraes gold mine, Otago schist, New Zealand. Chem Geol, 2002, 191: 257—275.

Criss R E, Taylor H P Jr. An $^{18}O/^{16}O$ and D/H study of Tertiary hydrothermal systems in the southern half of the Idaho batholith. Geological Society of America Bulletin, 1986, 94: 640—663.

Daliran F. The carbonate rock-hosted epithermal gold deposit of Agdarreh, Takab geothermal field, NW Iran: hydrothermal alteration and mineralization. Miner Deposita, 2008, 43: 383—404.

de Almeida C M, Olivo G R, Chouinard A, et al. Mineral paragenesis, alteration, and geochemistry of the two types of gold ore and the host rocks from the Carlin-type deposits in the Southern part of the Goldstrike property, Northern Nevada: implications for sources of ore-forming elements, ore genesis, and mineral exploration. Econ Geol, 2010, 105: 971—1004.

de Hoog J C M, van Bergen M J. Volatile-induced transport of HFSE, REE, Th and U in arc magmas: evidence from zirconolite-bearing vesicles in potassic lavas of Lewotolo volcano (Indonesia). Contrib Miner Petrol, 2000, 139: 485—502.

Defant M J, Drummond M S. Derivation of some modern arc magmas by melting of young subducted lithosphere. Nature, 1990, 347: 662—665.

de Ronde C E J, Massoth G J, Butterfield D A, et al. Submarine hydrothermal activity and gold-rich mineralization at Brothers Volcano, Kermadec Arc, New Zealand. Miner Deposita, 2011, 46: 541—584.

de Ronde C E J, Faure K, Bray C J, et al. Hydrothermal fluids associated with seafloor mineralization at two southern Kermadec arc volcanoes, offshore New Zealand. Miner Deposita, 2003, 38: 217—233.

de Ronde C E J, et al. Evolution of a submarine magmatic-hydrothermal system: Brothers Volcano, southern Kermadec Arc, New Zealand. Econ Geol, 2005, 100: 1097—1133.

Drew L J, Berger B R, Kurbanov N K. Geology and structural evolution of the Muruntau gold deposit, Kyzylkun desert, Uzbekistan. Ore Geology Review, 1996, 11: 175—196.

Eiler J M, Mojzsis S J, Arrhenius G. Carbon isotope evidence for early life. Nature, 1997, 386: 665—665.

Einaudi M T, Hedenquist J W, Inan E E. Sulfidation state of fluids in active and extinct hydrothermal systems: transitions from porphyry to epithermal environments. Society of Economic Geologists Special Publication, 2003, 10: 285—313.

Embley R W, Baker E T, Butterfi D A, et al. Exploring the submarine ring of fire: Mariana Arc-Western Pacific. Oceanography, 2007, 20: 68—79.

Emsbo P, Hofstra A H, Lauha E A, et al. Origin of high-grade gold ore, source of ore fluid components, and genesis of the Meikle and neighboring Carlin type deposits, Northern Carlin Trend, Nevada. Econ Geol, 2003, 98: 1069—1100.

Field C W, Zhang L, Dilles J H, et al. Sulfur and oxygen isotopic record in sulfate and sulfide minerals of early, deep, pre-main stage porphyry Cu-Moand late main stage base-metal mineral deposits, Butte district, Montana. Chem Geol, 2005, 215: 61—93.

Fleet M E, Crocket J H, Stone W E. Partitioning of platinum-group elements (Os, Ir, Ru, Pt, Pd) and gold between sulfide liquid and basalt melt. Geochim Cosmochim Acta, 1996, 60: 2397—2412.

Forster M A, Lister G S. Cretaceous metamorphic core complexes in the Otago Schist, New Zealand. Australian Journal of Earth Sciences, 2003, 50: 181—198.

Foster J G, Lambert D D, Frick L R, et al. Re-Os isotopic evidence for genesis of Archaean nickel ores from uncontaminated komatiites. Nature, 1996, 382: 703—706.

Frank M R, Simon A C, Pettke T, Candelad P A, Philip M. Piccoli P M. Gold and copper partitioning in magmatic-hydrothermal systems at 800°C and 100 MPa. Geochim Cosmochim Acta, 2011, 75: 2470—2482.

Freitag K, Boyle A P, Nelson E, et al. The use of electron backscatter diffraction and orientation contrast imaging as tools for sulphide textural studies: example from the Greens Creek deposit (Alaska). Miner Deposita, 2004, 39: 103—113.

Frimmel H E. Earth's continental crustal gold endowment. Earth Planet Sci Letts, 2008, 267: 45—55.

Frimmel H E, Groves D I, Kirk J, et al. The formation and preservation of the Witwatersrand gold fields, the world's largest gold province. Econ Geol, 2005, 100: 769—797.

Gamo T, Okamura K, Charlou J L, et al. Acidic and sulfate-rich hydrothermal fluids from the Manus back-arc basin, Papua New Guinea. Geology, 1997, 25: 139—142.

Geisler T, Schaltegger U, Tomaschek F. Re-equilibration of zircon in aqueous fluids and melts. Elements, 2007, 3: 43—50.

Gemmel J B, Sharpe R, Jonasson I R, et al. Sulfur isotope evidence for magmatic contributions to submarine and subaerial gold mineralization: conical seamount and the Ladolam gold deposit, Papua New Guinea. Econ Geol, 2004, 99: 1711—1725.

Graupner T, Goetze J, Kempe U, et al. CL for characterizing quartz and trapped fluid inclusions in mesothermal quartz veins: Muruntau Au ore deposit, Uzbekistan. Miner Mag, 2000, 64: 1007—1016.

Graupnera T, Niedermann S, Kempe U, et al. Origin of ore fluids in the Muruntau gold system: constraints from noble gas, carbon isotope and halogen data. Geochim Cosmochim Acta, 2006, 70: 5356—5370.

Gray D R, Foster D A. ^{40}Ar/^{39}Ar thermochronologic constraints on deformation, metamorphism and cooling/exhumation of a Mesozoic accretionary wedge, Otago Schist, New Zealand. Tectonophysics, 2004, 385: 181—210.

Grootenboer J, Schwarcz H P. Experimentally determined sulfur isotope fractionation between sulfide minerals. Earth Planet Sci Letts, 1969, 7: 162—166.

Groves D I, Bierlein F P, Meinert L D, et al. Iron Oxide Copper-Gold (IOCG) deposits through Earth history: implications for origin, lithospheric setting, and distinction from other epigenetic iron oxide deposits. Econ Geol, 2010, 105: 641—654.

Groves D I, Goldfarb R J, Robert F, et al. Gold deposits in metamorphic belts: overview of current understanding, outstanding problems, future research, exploration significance. Econ Geol, 2003, 98: 1—29.

Hack A C, Mavrogenes J A. A cold-sealing capsule design for synthesis of fluid inclusions and other hydrothermal experiments in a piston-cylinder apparatus. Amer Miner, 2006, 91: 203—210.

Han B F, Wang S G, Jahn B M, et al. Depleted-mantle source for the Ulungur River A-type granites from North Xinjiang, China: geochemistry and Nd-Sr isotopic evidence, and implications for Phanerozoic crustal growth. Chem Geol, 1997, 138: 135—159.

Haynes D W, Cross K C, Bills R T, et al. Olympic Dam ore genesis: a fluid-mixing model. Econ Geol, 1995, 90: 281—307.

Hedenquist J W, Lowenstern J B. The role of magmas in the formation of hydrothermal ore deposits. Nature, 1994, 370: 519—527.

Hedenquist J W, Browne P R L. The evolution of the Waiotapu geothermal system, New Zealand, based on the chemical and isotopic composition of its fluids, minerals and rocks. Geochim Cosmochim Acta, 1989, 53: 2235—2257.

Heinhorst J, Lehmann B, Ermolov P, et al. Paleozoic crustal growth and metallogeny of Central Asia: evidence from magmatic-hydrothermal ore systems of Central Kazakhstan. Tectonophysics, 2000, 328: 69—87.

Heinrich C A, Driesner T, Stefansson A, et al. Magmatic vapor contraction and the transport of gold from the porphyry environment to epithermal ore deposits. Geology, 2004, 32: 761—764.

Heinrich C A, Günther D, Audétat A, et al. Metal fractionation between magmatic brine and vapor, determined by microanalysis of fluid inclusions. Geology, 1999, 27: 755—758.

Helmy H M, Ballhaus C, Berndt J, et al. Formation of Pt, Pd and Ni tellurides: experiments in sulfide-telluride systems. Contrib Mineral Petrol, 2007, 153: 577—591.

Herzig P M, Hannington M D, Arribas A, Jr. Sulfur isotopic composition of hydrothermal precipitates from the Lau back-arc: implications for magmatic contributions to seafloor hydrothermal systems. Miner Deposita, 1998, 33: 226—237.

Hitzman M W, Proffett J M, Schmidt J M, et al. Geology and mineralization of the Ambler district, northwestern Alaska. Econ Geol, 1986, 81: 1592—1618.

Hoefs J. Stable Isotope Geochemistry (4th Edition). Berlin: Springer, 1997, 196.

Hoefs J. Stable Isotope Geochemistry (6th Edition). Berlin: Springer, 2009, 285.

Hollings P, Cooke D R. Regional geochemistry of Tertiary igneous rocks in central Chile: implications for the geodynamic environment of giant porphyry copper and epithermal gold mineralization. Econ Geol, 2005, 100: 887—904.

Holwell D A, McDonald I. Petrology, geochemistry and the mechanisms determining the distribution of platinum-group elements and base metal sulfide mineralization in the Platreef at Overysel, northern Bushveld Complex, South Africa. Miner Deposita, 2006, 41: 575—598.

Horan M F, Morgan J W, Walker R J, et al. Re-Os isotopic constraints on magma mixing in the peridotite zone of the Stillwater complex, Montana, USA. Contrib Miner Petrol, 2001, 141: 446—457.

Hoskin P W O, Schaltegger U. In: Hanchar J M, Hoskin P W O (eds), Reviews in Mineralogy & Geochemistry, Mineralogical Society of America & Geochemical Society, 2003, 27—62.

Hoskin P W O. Trace-element composition of hydrothermal zircon and the alteration of Hadean zircon from the Jack Hills. Australia Geochim Cosmoch Acta, 2004, 69: 637—648.

Hou Z, Yang Z, Qu X, et al. The Miocene Gangdese porphyry copper belt generated during post-collisional extension in the Tibetan Orogen. Ore Geology Reviews, 2009, 36: 25—51.

Hu R Z, Su W C, Bi X W, et al. Geology and geochemistry of Carlin-type gold deposits in China. Mineralium

Deposita, 2002, 37: 378—392.

Huston D L, Relvas J, Gemmell J B, et al. The role of granites in volcanic-hosted massive sulphide ore-forming systems: an assessment of magmatic-hydrothermal contributions. Miner Deposita, 2011, 46: 473—507.

Hutchinson D, Kinnaird J A. Complex multistage genesis for the Ni-Cu-PGE mineralisation in the southern region of the Platreef, Bushveld Complex, South Africa. Trans Inst Min Metall B, 2005, 114: 208—224.

Hutchinson D, McDonald I. Laser Ablation ICP-MS study of platinum-group elements in sulphides from the Platreef at Turfspruit, northern limb of the Bushveld Complex, South Africa. Miner Deposita, 2008, 43: 695—711.

Hyland M M, Bancroft G M. An XPS study of gold deposition at low temperature on sulphide minerals: reducing agents. Geochim Cosmochim Acta, 1989, 53: 367—372.

Ingle S, Scoates J S, Weis D, et al. Origin of Cretaceous continental tholeiites in southwestern Australia and eastern India: insights from Hf and Os isotopes. Chem Geol, 2004, 209: 83—106.

Javoy M. The major volatile elements of the Earth: their origin, behavior, and fate. Geophysical Research Letters, 1997, 24: 177—180.

Jiang S Y, Slack J F, Palmer M R. Sm-Nd dating of the giant Sullivan Pb-Zn-Ag deposit. British Columbia Geology, 2000, 28: 751—754.

Jugo P J, Candela P A, Piccoli P M. Magmatic sulfides and Au : Cu ratios in porphyry deposits: an experimental study of copper and gold partitioning at 850℃, 100MPa in a haplogranitic melt-pyrrhotite intermediate solid solution-gold metal assemblage, at gas saturation. Lithos, 1998, 46: 573—589.

Jugo P J. Sulfur content at sulfide saturation in oxidized magmas. Geology, 2009, 37: 415—418.

Jugo P J, Candela P A, Piccoli P M. In: Granites: crustal evolution and associated mineralization. Lithos, 1999, 46: 573—589.

Juliani C, Rye R O, Nunes C M D, et al. Paleoproterozoic high-sulfidation mineralization in the Tapajos gold province, Amazonian Craton, Brazil: geology, mineralogy, alunite argon age, and stable-isotope constraints. Chem Geol, 2005, 215: 95—125.

Kajiwara Y, Krouse H R, Sasaki A. Experimental study of sulfur isotopic fractionation between coexistent sulfide minerals. Earth Planet Sci Letts, 1969, 7: 271—277.

Kempe U, Belyatsky B V, Krymsky R S, et al. Sm-Nd and Sr isotope systematics of scheelite from the giant Au (-W) deposit Muruntau (Uzbekistan): implications for the age and sources of Au mineralization. Miner Deposita, 2001, 36: 379—392.

Khashgerrl B E, Rye R O, Hedenquist J W, et al. Geology and reconnaissance stable isotope study of the Oyu Tolgoi porphyry Cu-Au system, South Gobi, Mongolia. Econ Geol, 2006, 101: 503—522.

Kim J, Lee K Y, Kim J H. Metal-bearing molten sulfur collected from a submarine volcano: implications for vapor transport of metals in seafloor hydrothermal systems. Geology, 2011, 39: 351—354.

Kim Eui-Jun, Park M E, White N C. Skarn gold mineralization at the Geodo mine, South Korea. Econ Geol, 2012, 107: 537—551.

Kirk J, Ruiz J, Chesley J, et al. A detrital model for the origin of gold and sulfides in the Witwatersrand Basin based on Re-Os isotopes. Geochim Cosmochim Acta, 2001, 65: 2149—2159.

Kirk J, Ruiz J, Chesley J, et al. A major archean, gold- and crust-forming event in the Kaapvaal Craton. South Africa Science, 2002, 297: 1856—1858.

Kitney K E, Olivo G R, Davis D W, et al. The Barry gold deposit, Abitibi subprovince, Canada: a greenstone belt-hosted gold deposit coeval with Late Archean deformation and magmatism. Econ Geol, 2011, 106:

1129—1154.

Kontak D J, Horne R J, Kyser K. An oxygen isotope study of two contrasting orogenic vein gold systems in the
    Meguma Terrane, Nova Scotia, Canada, with implications for fluid sources and genetic models. Miner
    Deposita, 2011, 46: 289—304.

Korzhinsky M A, Tkachenko S I, Shmulovich K I. Discovery of a pure rhenium mineral at Kudriavy volcano.
    Nature, 1994, 369: 51—52.

Koschinsky A, Garbe-Schönberg D, Sander S, et al. Hydrothermal venting at pressure-temperature conditions
    above the critical point of seawater, 5°S on the Mid-Atlantic Ridge. Geology, 2010, 36: 615—618.

Kruger F J. Filling the Bushveld Complex magma chamber: lateral expansion, roof and floor interaction,
    magmatic unconformities, and the formation of giant chromitite, PGE and Ti-V magnetite deposits. Miner
    Deposita, 2005, 40: 451—472.

Kyser T K, O'Neil J R. Hydrogen isotope systematics of submarine basalts. Geochim Cosmochim Acta, 1984,
    48: 2123—2133.

Lambert D D, Foster J G, Frick L R, et al. Geodynamics of magmatic Cu-Ni-PGE sulfide deposits: new insights
    from the Re-Os isotope system. Econ Geol, 1998, 93: 121—136.

Lambert D D, Frick L R, Foster J G, et al. Re-Os isotopic systematics of the Voisey's Bay Ni-Cu-Co magmatic
    sulfide system, Labrador, Canada: II. Implications for parental magma chemistry, ore genesis, and metal
    redistribution. Econ Geol, 2000, 95: 867—888.

Lambert D D, Foster J G, Frick L R. Re-Os isotope geochemistry of magmatic sulfide ore systems. Reviews in
    Econ Geol, 1999, 12: 29—57.

Landtwing M R, Furrer C, Redmond P B, et al. The Bingham Canyon porphyry Cu-Mo-Au deposit. III. zoned
    copper-gold ore deposition by magmatic vapor expansion. Econ Geol, 2010, 105: 91—118.

Layton-Matthews D. Distribution, mineralogy, and geochemistry of selenium in felsic volcanic-hosted massive
    sulfide deposits of the Finlayson Lake district, Yukon territory, Canada. Econ Geol, 2008, 103: 61—88.

LeFort D, Hanley J, Guillong M. Subepithermal Au-Pd mineralization associated with an alkalic porphyry Cu-Au
    deposit, Mount Milligan, Quesnel Terrane, British Columbia, Canada. Econ Geol, 2011, 106: 781—808.

Li Q L, Chen F Q, Yang J H, et al. Single grain pyrite Rb-Sr dating of the Linglong gold deposit, eastern
    China. Ore Geology Reviews, 2008, 34: 263—270.

Li X H, Li Z X, Li W X, et al. U-Pb zircon, geochemical and Sr-Nd-Hf isotopic constraints on age and origin of
    Jurassic I- and A-type granites from central Guangdong, SE China: a major igneous event in respond to
    foundering of a subducted flat-slab? Lithos, 2007, 96: 186—204.

Lichtenstein U, Hoernes S. Oxygen isotope fractionation between grossular-spessartine garnet and water: an
    experimental investigation. European Journal of Miner, 1992, 4: 239—249.

Lickfold V, Cooke D R, Smith S G, et al. Endeavour copper-gold porphyry deposits, Northparkes, New South
    Wales: intrusive history and fluid evolution. Econ Geol, 2003, 98: 1607—1636.

Lightfoot P C, et al. S saturatin history of Nain Plutonic Suite mafic intrusions: origin of the Voisey's bay Ni-
    Cu-Co sulfide deposit, Labrado, Canada. Miner Deposita, 2012, 47: 23—50.

Lindgreen W. Mineral Deposits. 4th ed. New York: McGraw-Hill Book Co., Inc, 1933, 930.

Liu J J, Zheng M H, Cook N J, et al. Geological and geochemical characteristics of the Sawaya'erdun gold
    deposit, southwestern Chinese Tianshan. Ore Geology Reviews, 2007, 32: 125—156.

Lorand J P, Luguet A, Alard O. Platinum-group elements: a new set of key tracers for the Earth's interior.
    Elements, 2008, 4: 247—252.

Loucks R R, Mavrogenes J A. Gold solubility in supercritical hydrothermal brines measured in synthetic fluid inclusions. Science, 1999, 284: 2159—2163.

Lowell J D, Guilbert J M. Lateral and vertical alteration-mineralization zoning in porphyry ore deposits. Econ Geol, 1970, 65: 373—408.

Luhr J F. Primary igneous anhydrite: progress since its recognition in the 1982 El Chichón trachyandesite. J Volcan Geoth Res, 2008, 175: 394—407.

Lusk J, Bray D M. Phase relations and the electrochemical determination of sulfur fugacity for selected reactions in the Cu-Fe-S and Fe-S systems at 1 bar and temperatures between 185 and 460°C. Chem Geol, 2002, 192: 227—248.

Lutz T M, Foland K F, Faul H. The strontium and oxygen record of hydrothermal alteration of syenites, Abu Kruq complex, Egipt. Contrib Miner Petrol, 1988, 98: 212—223.

Lynton S J, Candela P A, Piccoli P M. An experimental study of the partitioning of copper between pyrrhotite and a high silica rhyolitic melt. Econ Geol, 1993, 88: 901—915.

Maier W D, de Klerk L, Blaine J, et al. Petrogenesis of contact-style PGE mineralization in the northern lobe of the Bushveld Complex: comparison of data from the farms Rooipoort, Townlands, Drenthe and Nonnenwerth. Miner Deposita, 2008, 43: 255—280.

Maksaev V, Munizaga F, McWilliams M, et al. New chronology for El Teniente, Chilean Andes, from U-Pb, ^{40}Ar/^{39}Ar, Re-Os, and fission-track dating: implications for the evolution of a supergiant porphyry Cu-Mo deposit. Society of Econ Geol Special Publication, 2004, 11: 15—54.

Mao J W, Konopelko D, Seltmann R, et al. Postcollisional age of the Kumtor gold deposit and timing of Hercynian events in the Tien Shan, Kyrgyzstan. Econ Geol, 2004, 99: 1771—1780.

Mao J W, Xie G Q, Bierlein F, et al. Tectonic implications from Re-Os dating of Mesozoic molybdenum deposits in the East Qinling-Dabie orogenic belt. Geochim Cosmochim Acta, 2008, 72: 4607—4626.

Mao J W, Xie G Q, Duan C, et al. A tectono-genetic model for porphyry-skarn-stratabound Cu-Au-Mo-Fe and magnetite-apatite deposits along the middle-lower Yangtze river valley, Eastern China. Ore Geology Reviews, 2011, 43: 294—314.

Marini L, Moretti R, Accornero M. Sulfur isotopes in magmatic-hydrothermal systems, melts, and magmas. Reviews in Mineralogy & Geochemistry, 2011, 73: 423—492.

Marschik R, Spikings R, Kuscu I. Geochronology and stable isotope signature of alteration related to hydrothermal magnetite ores in Central Anatolia, Turkey. Miner Deposita, 2008, 43: 111—124.

Matthews D L. Distribution, mineralogy, and geochemistry of selenium in felsic volcanic-hosted massive sulfide deposits of the Finlayson Lake district, Yukon territory, Canada. Econ Geol, 2008, 103: 61—88.

McDonald I, Holwell D A, Armitage P E B. Geochemistry and mineralogy of the platreef and "critical zone" of the Northern Lobe of the Bushveld Complex, South Africa: implications for bushveld stratigraphy and the development of PGE mineralization. Miner Deposita, 2005, 40: 526—549.

McDonough W F, Sun S S. The composition of the Earth. Chem Geol, 1995, 120: 223—253.

McDonald I, Holwell D A. Did Lower Zone magma conduits store PGE-rich sulfides that were later supplied to the Platreef? S Afr Geol, 2007, 110: 611—616.

Meier D L, Heinrich C A, Watts M A. Mafic dikes displacing Witwatersrand gold reefs: evidence against metamorphic-hydrothermal ore formation. Geology, 2009, 37: 607—610.

Meinert L D, Dipple G M, Nicolescu S. World skarn deposits. Econ Geol, 2005, 299—336.

Métrich N, Mandeville C W. Sulfur in magmas. Elements, 2010, 6: 81—86.

Migdisov A A, Williams-Jones A E, Wagner T E. An experimental study of the solubility and speciation of the Rare Earth Elements (Ⅲ) in fluoride-and chloride-bearing aqueous solutions at temperatures up to 300℃. Geochim Cosmochim Acta, 2009, 73: 7087—7109.

Minter W E L. Irrefutable detrital origin of Witwatersrand gold and evidence of eolian signatures. Econ Geol, 1999, 94: 665—671.

Morelli R M, Creaser R A, Selby D, et al. Rhenium-osmium geochronology of arsenopyrite in Meguma Group gold deposits, Meguma Terrane, Nova Scotia, Canada: evidence for multiple gold-mineralizing events. Econ Geol, 2005, 100: 1229—1242.

Morelli R, Creaser R A, Seltmann R, et al. Age and source constraints for the giant Muruntau gold deposit, Uzbekistan, from coupled Re-O-He isotopes in arsenopyrite. Geology, 2007, 35: 795—798.

Mortensen J K, Craw D, Mackenzie D J, et al. Age and origin of orogenic gold mineralization in the Otago Schist Belt, South Island, New Zealand: constraints from lead isotope and $^{40}Ar/^{39}Ar$ dating studies. Econ Geol, 2010, 105: 777—793.

Mycroft J R, Bancroft G M, McIntyre N S, et al. Spontaneous deposition of gold on pyrite from solutions containing Au (III) and Au (I) chlorides. Part Ⅰ: a surface study. Geochim Cosmochim Acta, 1995, 59: 3351—3365.

Naldrett A J, Wilson A, Kinnaird J, et al. The origin of chromitites and related PGE mineralization in the Bushveld Complex: new mineralogical and petrological constraints. Miner Deposita, 2012, 47: 209—232.

Nielsen S G, Rehkamper M, Norman M D, et al. Thallium isotopic evidence for ferromanganese sediments in the mantle source of Hawaiian basalts. Nature, 2006, 439: 314—317.

Oberthur T, Weiser T W. Gold-bismuth-telluride-sulphide assemblages at the Viceroy Mine, Harare-Bindura-Shamva greenstone belt, Zimbabwe. Miner Mag, 2008, 724: 953—970.

Oberthur T, Melcher F, Henjes-Kunst F, et al. Hercynian age of the cobalt-nickel-arsenide-(gold) ores, Bou Azzer, Anti-Atlas, Morocco: Re-Os, Sm-Nd, and U-Pb age determinations. Econ Geol, 2009, 104: 1065—1079.

Ohmoto H. Systematics of sulfur and carbon isotopes in hydrothermal ore deposits. Econ Geol, 1972, 67: 551—578.

Ohmoto H. Stable isotope geochemistry of ore deposits. Reviews in Mineralogy, 1986, 16: 491—560.

Ohmoto H, Rye R O. In: Barnes H L (ed). Geochemistry of Hydrothermal Ore Deposits, Second Edition. New York: John Wiley and Sons, 1979, 509—567.

Okamoto H, Massalski T B. The Au-Bi (Gold-Bismuth) system. Journal Of Phase Equilibria, 1983, 4: 401—407.

Ohmoto H, Lasaga A C. Kinetics of reactions between aqueous sulfates and sulfides in hydrothermal systems. Geochem Cosmochim Acta, 1982, 46: 1727—1745.

Oliveros V, Féraud G, Aguirre L, et al. Detailed $^{40}Ar/^{39}Ar$ dating of geologic events associated with the Mantos Blancos copper deposit, northern Chile. Miner Deposita, 2007, DOI 10.1007/s00126-007-0146-2.

O'Neil J R. Hydrogen and oxygen isotope fractionation between ice and water. The Journal of Physical Chemistry, 1968, 72: 3683—3684.

O'Neil J R, Taylor H P. The oxygen isotope and cation exchange chemistry of feldspars. Am Mineral, 1967, 52: 1414—1437.

O'Neil J R, Taylor H P Jr. Oxygen isotope equilibrium between muscovite and water. J Geophys Res, 1969, 74: 6012—6022.

Ono S, Beukes N J, Rumble Ⅲ. Origin of two distinct multiple-sulfur isotope compositions of pyrite in the 2.5Ga Klein Naute Formation, Griqualand West Basin, South Africa. Precam Res, 2009, 169: 48—57.

Paar W H, Putz H, Topa D, et al. Jonassonite, Au(Bi, Pb)$_5$S$_4$, a new mineral species from Nagybörzsöny, Hungary. Canadian Miner, 2006, 44: 1127—1136.

Pal D C, Barton M D, Sarangi A K. Deciphering a multistage history affecting U-Cu(-Fe) mineralization in the Singhbhum Shear Zone, eastern India, using pyrite textures and compositions in the Turamdih U-Cu(-Fe) deposit. Miner Deposita, 2009, 44: 61—80.

Park J W, Campbell Ian H, Eggins S M. Enrichment of Rh, Ru, Ir and Os in Cr spinels from oxidized magmas: evidence from the Ambae volcano, Vanuatu. Geochim Cosmochim Acta, 2012, 78: 28—50.

Peregoedovaa A, Barnesb S, Bakera D R. An experimental study of mass transfer of platinum-group elements, gold, nickel and copper in sulfur-dominated vapor at magmatic temperatures. Chem Geol, 2006, 235: 59—75.

Piercey S J. The setting, style, and role of magmatism in the formation of volcanogenic massive sulfide deposits. Miner Deposita, 2011, 46: 449—471.

Pirajino F. Hydrothermal Mineral Deposits. Springer-Verlag, 1992.

Plotinskaya O Y, Kovalenker V A, Novoselov K A, et al. Te and Se mineralogy of the Bereznyakovskoe deposit (South Urals, Russia). Proceedings, field workshop of IGCP Project 486, 24—29th September 2006, Izmor, Turkey, 137—144.

Pokrovski. A new form of sulfur at high temperatures and pressures: implications for metal transport in the lithosphere. SEG Newsletter, 2011, 86: 14—18.

Pokrovski G S, Roux J, Harrichoury J-C. Fluid density control on vapor-liquid partitioning of metals in hydrothermal systems. Geology, 2005, 33: 657—660.

Pope J G, Brows K L, Mcconchie D M. Gold concentrations in springs at Waiotapu, New Zealand: implications for precious metal deposition in geothermal systems. Econ Geol, 2005, 100: 677—687.

Pope J G, McConchie D, Clark M W, et al. Diurnal variations in the chemistry of geothermal fluids after discharge, Champagne Pool, Waiotapu, New Zealand. Chem Geol, 2004, 203: 253—272.

Pudack C, Halter W E, Heinrich C A, et al. Evolution of magmatic vapor to gold-rich epithermal liquid: the porphyry to epithermal transition at Nevados de Famatina, Northwest Argentina. Econ Geol, 2009, 104: 449—477.

Ramírez L, Palacios C, Townley B, et al. The Mantos Blancos copper deposit: an upper Jurassic breccia-style hydrothermal system in the Coastal Range of northern Chile. Miner Deposita, 2006, 41: 246—258.

Rasmussen B, Fletcher I R, Muhling J R, et al. Bushveld-aged fluid flow, peak metamorphism, and gold mobilization in the Witwatersrand Basin, South Africa: constraints from in situ SHRIMP U-Pb dating of monazite and xenotime. Geology, 2007, 35: 931—934.

Rayner N, Stern R A, Carr D. Grainscale variations in trace element composition of fluid-altered zircon, Acasta Gneiss Complex, northwestern Canada. Contrib Miner Petrol, 2005, 148: 721—734.

Relvas J M, Barriga J A, Ferreira A. Hydrothermal alteration and mineralization in the Neves-Corvo volcanic-hosted massive sulfide deposit, Portugal. I. geology, mineralogy, and geochemistry. Econ Geol, 2006, 101: 753—790.

Richards J P. Postsubduction porphyry Cu-Au and epithermal Au deposits: products of remelting of subduction-modified lithosphere. Geology, 2009, 37: 247—250.

Richards J P. High Sr/Y arc magmas and porphyry Cu$\pm$Mo$\pm$Au deposits: just add water. Econ Geol, 2011,

106：1075—1081.

Richards J P, Kerrich R. Adakite like rocks：their diverse origins and questionable role in metallogenesis. Econ Geol, 2007, 102：537—576.

Richards J P, Wilkinson D, Ullrich T. Geology of the sari gunay epithermal gold deposit, northwest Iran. Econ Geol, 2006, 101：1455—1496.

Richards J P, Spell T, Rameh E, et al. High Sr/Y magma reflect arc maturity, high magmatic water content, and porphyry Cu±Mo±Au potential：example from the Tethyan arcs of central and eastern Iran and western Pakistan. Econ Geol, 2012, 107：295—332.

Robb L. Introduction to Ore-forming Processes. Blackwell Publishing, 2005.

Rose A W. The effect of cuprous chloride complexes in the origin of red-bed copper and related deposits. Econ Geol, 1996, 71：1036—1048.

Rosenbaum J M, Mattey D. Equilibrium garnet-calcite oxygen isotope fractionation. Geochim Cosmochim Acta, 1995, 59：2839—2842.

Rowland J V, Simmons S F. Hydrologic, magmatic, and tectonic controls on hydrothermal flow, taupo volcanic zone, New Zealand：implications for the formation of epithermal vein deposits. Econ Geol, 2012, 107：427—457.

Rozanski K, Araguas-Araguas L, Gonfiantini R. Isotopic patterns in modern global precipitation. Climate Change in Continental Isotope Records, 1993, 78：1—36.

Rudnick R L, Gao S. Composition of the continental crust. In：Holland H D, Turekian K K (eds), Treatise on Geochemistry, V. 3. Elsevier, Amsterdam, 2004, 1—64.

Rye R O, Ohmoto H. Sulfur and carbon isotopes and ore genesis：a review. Econ Geol, 1974, 69：826—842.

Sakai H. Isotopic properties of sulfur compounds in hydrothermal processes. Geochem J, 1968, 2：29—49.

Schaefer B F, Pearson D G, Rogers N W, et al. Re-Os isotope and PGE constraints on the timing and origin of gold mineralisation in the Witwatersrand Basin. Chem Geol, 2010, 276：88—94.

Scott S D, Kissin S A. Sphalerite composition in the Zn-Fe-S system below 300℃. Econ Geol, 1973, 68：475—479.

Scott R, Meffre S, Woodhead J, et al. Development of framboidal pyrite during diagenesis, low-grade regional metamorphism, and hydrothermal alteration. Econ Geol, 2009, 104：1143—1168.

Seedorff E, Barton M D, Stavast W J. Root zones of porphyry systems：extending the porphyry model to depth. Econ Geol, 2008, 103：939—956.

Seedorff E, Dilles J H, Proffett J M, et al. Porphyry deposits：characteristics and origin of hypogene features. Econ Geol, 2005, 100：251—298.

Selby D, Kelley K D, Hitzman M W, et al. Re-Os sulfide (Bornite Chalcopyrite Pyrite) systematics of the carbonate hosted copper deposits at Ruby Creek Southern Brooks Range Alaska. Econ Geol, 2009, 104：437—444.

Seward T M. The complexes of gold and the transport of gold in hydrothermal ore solutions. Geochim Cosmochim Acta, 1973, 37：379—399.

Shanks W C Ⅲ, Böhlke J K, Seal R R Ⅱ. Stable isotopes in mid-ocean ridge hydrothermal systems：interactions between fluids, minerals and organisms. Geophysical Monograph, 1995, 91：194—221.

Sillitoe R H. Porphyry copper systerms. Econ Geol, 2010, 105：3—41.

Simon A C, Pettkeb T, Candelac P A, et al. Copper partitioning in a melt-vapor-brine-magnetite-pyrrhotite assemblage. Geochim Cosmochim Acta, 2006, 70：5583—5600.

Simon A C, Pettkeb T, Candelac P A, et al. The partitioning behavior of As and Au in S-free and S-bearing magmatic assemblages. Geochim Cosmochim Acta, 2007, 71: 1764—1782.

Simon A C, Pettkeb T, Candelac P A, et al. The partitioning behavior of silver in a vapor-brine-rhyolite melt assemblage. Geochim Cosmochim Acta, 2008, 72: 1638—1659.

Simon A C, Ripley E M. The role of magmatic sulfur in the formation of ore deposits. Reviews in Mineralogy & Geochemistry, 2011, 73:513—578.

Simpson M P, Mauk J L. Hydrothermal alteration and veins at the epithermal Au-Ag deposits and prospects of the Waitekauri area, Hauraki Goldfield, New Zealand. Econ Geol, 2011, 106: 945—973.

Skirrow R G, Walshe J L. Reduced and oxidized Au-Cu-Bi iron oxide deposits of the Tennant Creek Inlier, Australia: an integrated geologic and chemical model. Econ Geol, 2002, 97: 1167—1202.

Smith D J, Jenkin G R T, Naden J, et al. Anomalous alkaline sulphate fluids produced in a magmatic hydrothermal system-Savo, Solomon Islands. Chem Geol, 2010, 275: 35—49.

Smith J W, Doolan S, McFarlanc E F. A sulfur isotope geothermometer for the trisulfide system galenasphalerite-pyrite. Chem Geol, 1977, 19: 83—90.

Sobolev N V, Schatsky V S. Diamond inclusions in garnet from metamorphic rocks: a new environment for diamond formation. Nature, 1990, 343: 742—745.

Soloviev S. Geology, mineralization, and fluid inclusion characteristics of the Kansu W-Mo skarn and Mo-W-Cu-Au alkine porphyry deposit, Tien Shan, Kyrgyzstan. Econ Geol, 2011, 106: 193—222.

Stosch H G, Romer R L, Daliran F, et al. Uranium-lead ages of apatite from iron oxide ores of the Bafq district, East-Central Iran. Min Deposita, 2010, doi:10.1007/ s00126-010-0309-4.

Sun S S, McDonough W F. In: Saunders A D and Norry M J (eds), Magmatism in the Ocean Basins. London, United Kingdom: Geological Society of London, Special Publication, 1989, 42: 313—345.

Sun W D, Arculus R J, Kamenetsky V S, et al. Release of gold-bearing fluids in convergent margin magmas prompted by magnetite crystallization. Nature, 2005, 431: 975—978.

Tauson V L, Mironov A G, Smagunov N V, et al. Gold in sulfides: state of the art occurrence and horizons of experimental studies. Russian Geology and Geophysics, 1996, 37: 1—11.

Taylor H P Jr. Oxygen and hydrogen isotope studies of plutonic granitic rocks. Earth Planet Sci Letts, 1978, 38: 177—210.

Taylor R. Ore Textures: Recognition and Interpretation. Springer, 2009.

Taylor S R, McLennan S M. The Continental Crust: Its Composition and Evolution. Oxford, England: Blackwell Scientific Publications, 1985, 312.

Tormanen T, Koski R A. Gold enrichment and the Bi-Au association in pyrrhotite-rich massive sulfide deposits, escanaba trough, southern Gorda Ridge. Econ Geol, 2005, 100: 1135—1150.

Tretbar D, Arehart G B, Christensen J N. Dating gold deposition in a Carlin-type gold deposit, using Rb/Sr methods on the mineral galkahaite. Geology, 2000, 28: 947—950.

Ulrich T, Günther D, Heinrich C A. Gold concentrations of magmatic brines and the metal budget of porphyry copper deposits. Nature, 1999, 399: 676—679.

Van Dongen M, Weinberg R F, Tomkins A G. REE-Y, Ti, and P remobilization in magmatic rocks by hydrothermal alteration during Cu-Au deposit formation. Econ Geol, 2010, 105: 763—776.

Veizer J, Hoefs J. The nature of $^{18}O/^{16}O$ and $^{13}C/^{12}C$ secular trends in sedimentary carbonate rocks. Geochim Cosmochim Acta, 1976, 40: 1387—1395.

von Quadt A, Erni M, Martinek K, et al. Zircon crystallization and the lifetimes of ore-forming magmatic hydrothermal systems. Geology, 2011, 39: 731—734.

Wagner T, Mlynarczyk M J, Williams-Jones A E. Stable isotope constraints on the ore formation at the San Rafael tin copper deposit southeast Peru. Econ Geol, 2009, 104: 223—248.

Walker R J, Morgan J W, Horan M F, et al. Re-Os isotopic evidence for an enriched-mantle source for the Noril' sk-type, ore-bearing intrusions, Siberia. Geochim Cosmochim Acta, 1994, 58: 4179—4197.

Wang Z H, Liu Y L, Liu H F, et al. Geochronology and geochemistry of the Bangpu Mo-Cu porphyry ore deposit, Tibet. Ore Geology Reviews, 2012, 46: 95—105.

Westerlund K J, Shirey S B, Richardson S H, et al. A subduction wedge origin for Paleoarchean peridotitic diamonds and harzburgites from the Panda kimberlite, Slave craton: evidence from Re-Os isotope systematics. Contrib Miner Petrol, 2006, 152: 275—294.

Wilde A R, Layer P, Mernach T, et al. The giant Muruntau gold deposit: geologic, geochronologic, and fluid inclusion constraints on ore genesis. Econ Geol, 2001, 96: 633—644.

Williams P, Barton M D, Johnson D A, et al. Iron oxide copper-gold deposits: geology, space-time distribution, and possible modes of origin. Econ Geol, 2005, 100: 371—405.

Williams-Jones A E, Heinrich C A. Vapor transport of metals and the formation of magmatic-hydrothermal ore deposits. Econ Geol, 2005, 100: 1287—1312.

Williams-Jones A E, Bowell R J, Migdisov A A. Gold in solution. Elements, 2009, 5: 281—287.

Wood S A. The geochemistry of rare earth elements and yttrium in geothermal waters. Society of Econ Geol, Special Publication, 2003, 10: 133—158.

Wu Y B, Gao S, Zhang Y F, et al. U-Pb age, trace-element, and Hf-isotope compositions of zircon in a quartz vein from eclogite in the western Dabie Mountains: constraints on fluid flow during early exhumation of ultrahigh-pressure rocks. Amer Miner, 2009, 94: 303—312.

Xavier R P, Wiederbeck M, Trumbull R B. Tourmaline B-isotope fingerprint marine evaporates as the source of high salinity ore-fluids in iron oxide copper-gold deposits, carajas mineral province (Brazil). Geology, 2008, 36: 743—746.

Xu S T, Okey A J, Ji S. Diamonds from the Dabie Shan metamorphic rocks and its implication for tectonic setting. Science, 1992, 256: 80—82.

Yang J H, Zhou X H. Rb-Sr, Sm-Nd, and Pb isotope systematics of pyrite: implications for the age and genesis of lode gold deposits. Geology, 2001, 29: 711—714.

Yigit Z, Hofstra A H, Hitzman M W, et al. Geology and geochemistry of jasperoids from the Gold Bardistrict, Nevada. Miner Deposita, 2006, 41: 527—547.

Zhang Z H, Mao J W, Du A D, et al. Re-Os dating of two Cu-Ni sulfide deposits in northern Xinjiang, NW China and its geological significance. J Asian Earth Sciences, 2008, 32: 204—217.

Zhang L F, Song S G, Ai Y L, et al. Relict coesite exsolution in omphacite from western Tianshan eclogites, China. Amer Miner, 2005, 89: 180—186.

Zezin D Y, Migdisov A A, Williams-Jones A E. The solubility of gold in hydrogen sulfide gas: an experimental study. Geochim Cosmochim Acta, 2007, 71: 3070—3081.

Zheng Y F, Fu B, Gong B, Li L. Stable isotope geochemistry of ultrahigh pressure metamorphic rocks from the Dabie-Sulu orogen in China: implications for geodynamics and fluid regime. Earth-Science Review, 2003, 62: 105—161.

Zheng Y F, Gao T S, Wu Y B, et al. Fluid flow during exhumation of deeply subducted continental crust: zircon U-Pb age and O isotope studies of quartz vein in eclogite. J Metam Geol, 2007, 25: 267—283.

Zhu Y F. Trace the missing carbon: the deeply subducted carbonate. In: Dobrev J, Markoviae P (eds), Calcite: Formation, Properties and Applications. Nova Science Publishers Inc, 2012, 147—168.

Zhu Y F. Zircon U-Pb and muscovite $^{40}Ar/^{39}Ar$ geochronology of the gold-bearing Tianger mylonitized granite, granite, Xinjiang, northwest China: implications for radiometric dating of mylonitized magmatic rocks. Ore Geology Reviews, 2011, 40: 108—121.

Zhu Y F, Ogasawara Y. Carbon recycled into the deep Earth: evidenced by dolomite dissociation in subduction-zone rocks. Geology, 2002, 30: 947—950.

Zhu Y F, Zeng Y S, Ai Y F. Experimental evidence for a relationship between liquid immiscibility and ore-formation in felsic magmas. Applied Geochemistry, 1996, 11: 481—487.

Zhu Y F, Zeng Y S, Jiang N. Geochemistry of the ore-forming fluids in gold deposits from the Taihang Mountains, Northern China. International Geology Review, 2001, 43: 457—473.

Zhu Y F, Zeng Y S, Gu L B. Geochemistry of the rare metal-bearing pegmatite no. 3 vein and related granites in the Keketuohai region, Altay mountains, northwest China. J Asian Earth Sciences, 2006, 27: 61—77.

Zhu Y F, Zhou J, Zeng Y S. The Tianger (Bingdaban) shear zone hosted gold deposit, west Tianshan, NW China: petrographic and geochemical characteristics. Ore Geology Reviews, 2007, 32: 337—365.

Zhu Y F, Massonne H J, Zhu M F. Petrology of low-temperature, ultrahigh pressure marbles and interlayered coesite eclogites near Sanqingge, Sulu terrane, eastern China. Miner Mag, 2009, 73: 307—332.

Zhu Y F, Xuan G, Song B, et al. Petrology, Sr-Nd-Hf isotopic geochemistry and zircon chronology of the Late Palaeozoic volcanic rocks in the southwestern Tianshan Mountains, Xinjiang, NW China. Journal of the Geological Society, London, 2009, 166: 1085—1099.

Zhu Y F, An F, Tan J J. Geochemistry of hydrothermal gold deposits: a review. Geoscience Frontiers, 2011, 2: 367—374.

Zimmerman A, Holly J S, Judith L H, et al. Tectonic configuration of the Apuseni-Banat-Timok-Srednogorie belt, Balkans-South Carpathians, constrained by high precision Re-Os molybdenite ages. Miner Deposita, 2008, 43: 1—21.

安芳, 朱永峰. 新疆哈图金矿蚀变岩型矿体地质和地球化学研究. 矿床地质, 2007, 26: 225—336.

安芳, 朱永峰. 新疆西准噶尔包古图金矿中的自然砷及其矿床成因意义. 科学通报, 2009, 54: 1465—1740.

博伊尔 R W. 金的地球化学及金矿. 马万钧, 等译. 北京: 地质出版社, 1984, 785.

陈懋弘, 等. 滇黔桂"金三角"卡林型金矿含砷黄铁矿和毒砂的矿物学研究. 矿床地质, 2009, 28: 539—557.

陈宣华, 等. 巴尔喀什成矿带 Cu-Mo-W 矿床的辉钼矿 Re-Os 同位素年龄测定及其地质意义. 地质学报, 2010, 849: 1333—1348.

陈华勇, 等. 新疆望峰金矿成矿物质和流体来源同位素示踪-碰撞造山成矿作用研究示例. 中国科学 (D 辑), 2000, 30 (增刊): 45—52.

陈衍景, 等. 新疆望峰金矿成矿流体研究及其成因意义. 地球学报, 1998, 19: 195—203.

陈郑辉, 等. 新疆哈密镜儿泉伟晶岩型稀有金属矿床 $^{40}Ar-^{39}Ar$ 年龄及其地质意义. 矿床地质, 2006, 25: 470—476.

丁悌平, 等. 闪锌矿-方铅矿硫同位素地质温度计的实验标定. 科学通报, 1992, 15: 1392—1395.

邓军, 等. 三江特提斯叠加成矿作用样式及过程. 岩石学报, 2012, 28: 1349—1361.

杜乐天. 烃碱流体地球化学原理——重论热液作用和岩浆作用. 北京: 科学出版社, 1996, 552.

费尔斯曼 A. 趣味地球化学 (原著 1954 年, 俄文). 安吉, 等译. 长沙: 湖南教育出版社, 1999, 1—452.

郭春丽, 等. 赣南中生代淘锡坑钨矿区花岗岩锆石 SHRIMP 年龄及石英脉 Rb-Sr 年龄测定. 矿床地质, 2007, 26: 432—442.

胡瑞忠,等.滇黔桂三角区微细浸染型金矿床成矿热液一种可能的演化途径:年代学证据.矿物学报,1995,15(2):144—149.

胡瑞忠,等.扬子地块西南缘大面积低温成矿时代.矿床地质,2007,26:583—596

胡受奚,等. 交代蚀变岩岩石学及其找矿意义.北京:地质出版社,2004,264.

韩宝福,等.新疆喀拉通克和黄山东含铜镍矿镁铁-超镁铁岩体的 SHRIMP 锆石 U-Pb 年龄及其地质意义.科学通报, 2004, 49:2324—2328.

侯增谦,浦边徹郎.古代与现代海底黑矿型块状硫化物矿床矿石地球化学比较研究. 地球化学,1996,25(3):228—241.

华仁民,王登红.关于花岗岩与成矿作用若干基本概念的再认识.矿床地质,2012,31:165—175.

李楠,等.西秦岭阳山金矿带硫同位素特征:成矿环境与物质来源约束. 岩石学报,2012,28:1577—1587.

罗照华,等.板内造山作用与成矿.岩石学报,2007,23:1945—1956.

罗照华,等.造山后脉岩组合与内生成矿作用.地学前缘,2008,15:1—12.

罗照华,等.透岩浆流体成矿作用导论.北京:地质出版社,2009.

毛景文,等.长江中下游地区铜金(钼)矿 Re-Os 年龄测定及其对成矿作用的指示. 地质学报,2004,78:121—131.

毛景文,等.新疆黄山东铜镍硫化物矿床 Re-Os 同位素测定及其地球动力学意义. 矿床地质,2002,21:323—330.

毛景文,等.四川省石棉县大水沟碲矿床地质,矿物学和地球化学.地球学报,1995,16:276—290.

邱添,朱永峰.新疆萨尔托海石英菱镁岩中发育的韧性剪切带及其对金矿的控制.岩石学报,2012,28(7):2250—2256.

斯米尔诺夫 B I. 矿床地质学(中文译本). 北京:地质出版社,1981.

田世洪,等.玉树地区东莫扎抓和莫海拉亨铅锌矿床 Rb-Sr 和 Sm-Nd 等时线年龄及其地质意义.矿床地质,2009,28:747—758.

汤中立,等.中国镍铜铂岩浆硫化物矿床与成矿预测.北京:地质出版社,2006.

谭娟娟,朱永峰.布什维尔德铂族元素矿床:铂族矿物赋存状态及其成因. 地学前缘,2009,16:227—238.

谭娟娟,朱永峰.新疆萨尔托海铬铁矿中的 Fe-Ni-As-S 矿物研究.岩石学报,2010,26:2264—2274.

涂光炽,等.分散元素地球化学成矿机制.北京:地质出版社,2004.

桜井弘.修文复,修佳骥译.元素新发现(日文).北京:科学出版社,2005.

王居里,等. 新疆胜利达坂金矿区韧性剪切带与金矿关系. 西北地质科学,1994,15:20—26.

王登红.关于矿床学研究方法的一点看法——就"埃达克岩"与成矿的关系问题与张旗先生商榷.矿床地质,2011,30:171—175.

王治华,等. 云南马厂箐矿田浅成低温热液-斑岩型 Cu-Mo-Au 多金属成矿系统. 岩石学报,2012,28:1425—1437.

袁见齐,朱上庆,翟裕生.矿床学.北京:地质出版社,1985.

张理刚,等.两阶段水-岩同位素交换理论及其勘查应用.北京:地质出版社,1995.

郑波,等.新疆包古图金矿中发现的自然铋及其找矿勘探意义.岩石学报,2009,25:1426—1436.

周根陶,郑永飞.文石-水体系氧同位素分馏系数的低温实验研究.高校地质学报,2000,6:89—105.

翟裕生,等.中国重要成矿系列的形成机制和结构特征.北京:地质出版社,2008.

赵振华,涂光炽. 中国超大型矿床(Ⅱ).北京:科学出版社,2003.

张复新,等.秦岭卡林型金矿床及相关问题探讨.矿床地质,1998,17:172—184.

张静,等.陕西金龙山卡林型金矿带成矿流体地球化学研究.矿床地质,2002,21:283—291.

张贻侠,主编.矿床模型导论.北京:地震出版社,1993.

中国科学院矿床地球化学开放研究实验室. 矿床地球化学. 北京：地质出版社, 1997.

朱永峰. 关于岩浆热液矿床形成的几个问题. 矿床地质, 1995, 14：381—384.

朱永峰. 硫在岩浆熔体中的溶解行为综述. 地质科技情报, 1998, 17：35—38.

朱永峰. 古老克拉通和古生代造山带中的韧性剪切带型金矿：金矿成矿条件与成矿环境分析. 矿床地质, 2004, 23：509—519.

朱永峰. 新疆的印支运动与成矿. 地质通报, 2007, 26：510—519.

朱永峰, 安芳. 热液成矿作用地球化学：以金矿为例. 地学前缘, 2010, 17：45—52.

朱永峰, 徐新. 新疆塔城别斯托别苏长辉长岩的岩石学和锆石 SHRIMP 年代学研究. 地质学报, 2009, 83：1316—1326.

朱永峰, 等. 花岗岩-KBF_4-Na_2MoO_4-WO_3 体系的实验研究及其矿床学意义. 岩石学报, 1995, 11：353—364.

朱永峰, 等. 新疆哈图金矿及其周边金矿成矿规律和深部找矿预测研究. 北京：地质出版社, 2012.

主 题 索 引

（以汉语拼音字母顺序排列，条目后的数字为"章—页码"）